建筑安装工程施工工艺标准系列丛书

建筑电气工程施工工艺

山西建设投资集团有限公司 组织编写

张太清 梁 波 主编

中国建筑工业出版社

图书在版编目(CIP)数据

建筑电气工程施工工艺/山西建设投资集团有限公司组织编写. —北京：中国建筑工业出版社，2018.12
(建筑安装工程施工工艺标准系列丛书)
ISBN 978-7-112-22868-3

Ⅰ.①建… Ⅱ.①山… Ⅲ.①房屋建筑设备-电气设备-建筑安装-工程施工 Ⅳ.①TU85

中国版本图书馆 CIP 数据核字(2018)第 242802 号

　　本书经广泛调查研究，认真总结工程实践经验，参考有关国家、行业及地方标准规范修订而成。

　　该书主要参考了《建筑工程施工质量验收统一标准》GB 50300—2013、《建筑电气工程施工质量验收规范》GB 50303—2015 等标准规范。每项标准按引用文件、术语、施工准备、操作工艺、质量标准、成品保护、注意事项、质量记录八个方面进行编写。

　　本书可作为建筑电气工程施工生产操作的技术依据，也可作为编制施工方案和技术交底的蓝本。在实施工艺标准过程中，若国家标准或行业标准有更新版本时，应按国家或行业现行标准执行。

责任编辑：张　磊
责任校对：党　蕾

建筑安装工程施工工艺标准系列丛书
建筑电气工程施工工艺
山西建设投资集团有限公司　**组织编写**

张太清　梁　波　**主编**

*

中国建筑工业出版社出版、发行（北京海淀三里河路9号）
各地新华书店、建筑书店经销
北京科地亚盟排版公司制版
北京市密东印刷有限公司印刷

*

开本：787×960 毫米　1/16　印张：18½　字数：355 千字
2019 年 3 月第一版　2019 年 3 月第一次印刷
定价：**60.00** 元
ISBN 978 - 7 - 112 - 22868 - 3
(32865)

发 布 令

为进一步提高山西建设投资集团有限公司的施工技术水平，保证工程质量和安全，规范施工工艺，由集团公司统一策划组织，系统内所有骨干企业共同参与编制，形成了新版《建筑安装工程施工工艺标准》（简称"施工工艺标准"）。

本施工工艺标准是集团公司各企业施工过程中操作工艺的高度凝练，也是多年来施工技术经验的总结和升华，更是集团实现"强基固本，精益求精"管理理念的重要举措。

本施工工艺标准经集团科技专家委员会专家审查通过，现予以发布，自2019年1月1日起执行，集团公司所有工程施工工艺均应严格执行本"施工工艺标准"。

山西建设投资集团有限公司

党委书记：

董事长：

2018 年 8 月 1 日

丛书编委会

4

序

　　企业技术标准是企业发展的源泉，也是企业生产、经营、管理的技术依据。随着国家标准体系改革步伐日益加快，企业技术标准在市场竞争中会发挥越来越重要的作用，并将成为其进入市场参与竞争的通行证。

　　山西建设投资集团有限公司前身为山西建筑工程（集团）总公司，2017年经改制后更名为山西建设投资集团有限公司。集团公司自成立以来，十分重视企业标准化工作。20世纪70年代就曾编制了《建筑安装工程施工工艺标准》；2001年国家质量验收规范修订后，集团公司遵循"验评分离，强化验收，完善手段，过程控制"的十六字方针，于2004年编制出版了《建筑安装工程施工工艺标准》（土建、安装分册）；2007年组织修订出版了《地基与基础工程施工工艺标准》、《主体结构工程施工工艺标准》、《建筑装饰装修施工工艺标准》、《建筑屋面工程施工工艺标准》、《建筑电气工程施工工艺标准》、《通风与空调工程施工工艺标准》、《电梯与智能建筑工程施工工艺标准》、《建筑给水排水及采暖工程施工工艺标准》共8本标准。

　　为加强推动企业标准管理体系的实施和持续改进，充分发挥标准化工作在促进企业长远发展中的重要作用，集团公司在2004年版及2007年版的基础上，组织编制了新版的施工工艺标准，修订后的标准增加到18个分册，不仅增加了许多新的施工工艺，而且内容涵盖范围也更加广泛，不仅从多方面对企业施工活动做出了规范性指导，同时也是企业施工活动的重要依据和实施标准。

　　新版施工工艺标准是集团公司多年来实践经验的总结，凝结了若干代山西建投人的心血，是集团公司技术系统全体员工精心编制、认真总结的成果。在此，我代表集团公司对在本次编制过程中辛勤付出的编著者致以诚挚的谢意。本标准的出版，必将为集团工程标准化体系的建设起到重要推动作用。今后，我们要抓住契机，坚持不懈地开展技术标准体系研究。这既是企业提升管理水平和技术优势的重要载体，也是保证工程质量和安全的工具，更是提高企业经济效益和社会效益的手段。

　　在本标准编制过程中，得到了住建厅有关领导的大力支持，许多专家也对该标准进行了精心的审定，在此，对以上领导、专家以及编辑、出版人员所付出的辛勤劳动，表示衷心的感谢。

在实施本标准过程中，若有低于国家标准和行业标准之处，应按国家和行业现行标准规范执行。由于编者水平有限，本标准如有不妥之处，恳请大家提出宝贵意见，以便今后修订。

山西建设投资集团有限公司

总经理：

2018 年 8 月 1 日

前　言

　　本篇为山西建设投资集团有限公司《建筑安装工程施工工艺标准系列丛书》之一，标准经广泛调查研究，认真总结工程实践经验，参考有关国家、行业及地方标准规范，经广泛征求意见的修订而成。

　　该标准编制主要参考了《建筑工程施工质量验收统一标准》GB 50300—2013、《建筑电气工程施工质量验收规范》GB 50303—2015 等标准规范。每项标准按引用文件、术语、施工准备、操作工艺、质量标准、成品保护、注意事项、质量记录八个方面进行编写。

　　1　本标准适用于新建、扩建、改建中的建筑电气工程施工和质量控制；

　　2　本标准详细阐述了目前建筑电气工程常用一般的设备和材料的安装主要施工工艺及注意事项；

　　3　在本标准中分别对不间断电源安装；裸母线、封闭母线、插接式母线安装；耐高温矿物绝缘电缆终端头制作；绝缘穿刺线夹安装中各分项工程都有翔实的工艺介绍。

　　本书可作为建筑电气工程施工生产操作的技术依据，也可作为编制施工方案和技术交底的蓝本。在实施工艺标准过程中，若国家标准或行业标准有更新版本时，应按国家或行业现行标准执行。

　　本书在编制过程中，限于编者水平，有不妥之处，恳请提出宝贵意见，以便今后修订完善。随时可将意见反馈至山西建设投资集团总公司技术中心（太原市新建路 9 号，邮政编码 030002）。

目　　录

第1章 电力变压器安装

本工艺标准适用于 10kV 及以下，频率为 50Hz 的电力变压器安装工程的施工。

1 引用标准

《建筑电气工程施工质量验收规范》GB 50303—2015

《电气装置安装工程 电气设备交接试验标准》GB 50150—2016

《电气装置安装工程 接地装置施工及验收规范》GB 50169—2016

《电气装置安装工程 盘、柜及二次回路接线施工及验收规范》GB 50171—2012

《电气装置安装工程 电力变压器、油浸电抗器、互感器施工及验收规范》GB 50148—2010

2 术语（略）

3 施工准备

3.1 施工材料及机具

3.1.1 施工材料：型钢、变压器油（应与变压器油箱内的油标号一致）、钢板垫板、电气复合酯、2500mm×200mm×160mm 枕木、镀锌扁钢—40×4（镀锌层无剥落）、镀锌精制带帽螺栓 M18×100 以内、制动装置、乙炔气、氧气、棉纱、0#～2# 铁砂布、塑料布聚乙烯 0.05、结 422φ3.2 电焊条、汽油、8#～12# 镀锌铁丝、白布、300mm×300mm 滤油纸、橡胶垫、调和漆、L=300 锯条、各种颜色酚醛磁漆、20mm×20m 白纱带、δ=0.8 橡胶垫、木材、扒钉。

3.1.2 机具：汽车起重机（根据变压器毛重选择）、载重汽车（根据变压器毛重选择）、交流电焊机、电动卷扬机（根据变压器毛重选择）、滚杠（单筒慢速）、滤油机、液压千斤顶（根据变压器重量选择）、三脚架、倒链、钢丝绳、台钻、砂轮切割机、角向磨光机、干燥机、绝缘摇表、万用表、水平仪、电调试验设备仪器仪表。

3.2 作业条件

3.2.1 变压器室内地面工程及渗油坑已施工完毕，门窗、保护网门及栏杆

1

也已安装完毕，有损安装的装饰工程、高空作业项目已全部结束。

3.2.2 模板及施工设施已全部清除，现场及蓄油坑已清理干净，运输通道畅通无阻，周边无影响施工的障碍物。

3.2.3 变压器基础及构架已达到了允许安装的条件，并已办理中间交接手续。

3.2.4 变压器基础轨道已检验完毕，并已办理中间交接手续（由安装单位自行施工除外）。

3.2.5 安装干式变压器室内还应无粉尘，相对湿度保持在70％以下。

3.2.6 施工用的主、辅料已备足，并有厂家或供应商提供的产品质量合格证书、产品合格证、材质检验合格证书（三证有一证即可），能满足连续施工的需要。

4 操作工艺

4.1 工艺流程

装卸、运输 → 开箱检查 → 保管 → 变压器轨道制安 → 变压器安装 →

变压器接地 → 变压器吊芯检查 → 变压器干燥处理 → 补充注油 → 交接试验 →

试运行前检查 → 冲击试验 → 空载试运行 → 入网运行 → 交工验收

4.2 装卸、运输

4.2.1 装卸地点的土质必须坚实平坦，运输通道必须畅通。

4.2.2 变压器装卸、运输不应有冲击和严重震动，在装卸、运输过程中其倾斜角度均不得超过15°，以防止内部结构变形。易损件应有防护措施。

4.2.3 运输时必须用钢丝绳固定牢靠。

4.2.4 远距离应使用载重汽车运输，近距离可用卷扬机、铲车运输。

4.2.5 无论是吊装还是牵引，所用钢丝绳、索具必须经检验合格，规格应相匹配。

4.2.6 干式变压器在运输过程中应有防雨措施。

4.3 开箱检查

4.3.1 变压器运到施工现场后，应会同建设单位或供货单位共同开箱检查，按装箱清单逐件清点数量并如实做好记录。

4.3.2 根据装箱技术文件核对变压器铭牌，其型号、规格、各项标注等均应相符，并满足设计要求。

4.3.3 外观检查

1 变压器及其附件应无机械损伤、渗油、漆层剥落现象。

2 变压器油位应指示正常。

3 易损件应无破损裂纹。

4 调压切换开关应转动灵活。

5 底座两组滚轮的轮距应基本相等且转动灵活。

4.4 保管

4.4.1 暂时不安装的变压器应妥善保管，无论存放在室内还是室外，都应该采取好防碰撞、防倾倒、防高空落物等措施，为防意外，有条件最好恢复原包装。

4.4.2 各种附件按体积大小，是否易损，是否怕潮等分别存放，并有针对性地采取好保护措施。

4.4.3 进入施工现场的变压器，如果三个月之内还不能安装，应按规范要求采取好保护性措施。

4.5 变压器轨道制安

4.5.1 变压器轨道制安一般应由土建单位在施工变压器基础时一并进行。

4.5.2 变压器轨道在安装时应严格按规范施工，其材质、型号、规格、间距、高度均应符合设计要求。

4.5.3 变压器轨道找平至少要检测六个点，用水平仪测量，直至确认其水平度合格。

4.5.4 变压器基础中间交接

1 土建单位将变压器基础（含轨道）施工完毕后，经安装单位检验合格，双方可办中间交接手续。

2 办理中间交接时，土建单位必须提供相关的工程档案资料。

3 变压器基础因工程质量不合格或相关的工程档案资料不健全，安装单位有权拒绝接收，所造成的后果应有土建单位负责。

4.6 变压器安装

4.6.1 变压器安装时，应注意方位和距离与设计相符，允许误差为±25mm。

4.6.2 变压器横向距建筑物的距离不得小于 800mm，距门不得小于1000mm。

4.6.3 变压器的轨道应水平，轨距与轮距应相匹配。

4.6.4 装有瓦斯继电器的变压器应使其顶盖沿气流方向有 1‰～1.5‰ 的升高坡度（制造厂规定不需要安装坡度者除外）。

4.6.5 变压器在室内安装时：宽面推进，低压应向外；窄面推进，油枕侧应向外；装有开关的情况下，操作方向应留有 1200mm 的宽度。以上规定设计另

3

有要求者除外。

4.6.6　装有滚轮的变压器，就位后应使用制动装置将滚轮固定，以防变压器受震动移位，固定时应使用紧固螺丝，而不应使用电、气焊固定。

4.6.7　与封闭母线连接的变压器，套管的中心线与封闭母线的中心线应一致，连接后的封闭母线不应产生较大的应力。

4.7　箱式变电所就位

4.7.1　箱式变电所可采用滚杠和撬杠将柜体平移并调整就位。

4.7.2　在调整过程中，垂直度、水平度、柜间缝隙等安装允许偏差应符合现行国家标准《建筑电气工程施工质量验收规范》GB 50303 的规定。调整找正时，可采用 0.5mm 钢垫片找平，每处垫片最多不超过三片。

4.7.3　根据柜体固定螺栓位置及孔径尺寸，在基础槽钢上画好固定位置并开孔，采用镀锌螺栓将箱体与基础槽钢固定。

4.7.4　组合的箱体找平、找正后，应将箱与箱用镀锌螺栓连接牢固。

4.7.5　成套箱式变电所的接地，应每箱独立与基础槽钢连接，严禁串联。接地干线与箱式变电所的 N 母线和 PE 母线直接连接，变电所箱体、支架或外壳的接地应用带有防松装置的螺栓连接，连接应紧固可靠。

4.8　变压器接地

4.8.1　变压器的接地应使用镀锌扁钢，通过接地端子及接地母线连接成电气通路，连接应牢靠，接触应良好，不允许将镀锌扁钢直接焊接在变压器油箱上。

4.8.2　接地用的扁钢在材质、规格及施工质量上均应符合规范和设计要求。

4.8.3　在中性点直接接地的供电系统中可以同时采用 TN 系统和 TT 系统，具体应根据设计确定。

4.8.4　变压器的工作零线与中性点接地线应分别敷设，工作零线宜用绝缘导线。

4.8.5　变压器中性点接地回路中靠近变压器处宜做一个可拆卸的连接点。变压器本体应两点接地，中性点接地引出后，应有两根接地引线与主接地网的不同干线连接。

4.8.6　靠近变压器的金属围栏及网门应接地。

4.8.7　实测的接地电阻值应符合设计或规范要求。

4.9　变压器吊芯检查

4.9.1　并不是每台安装的变压器都要做吊芯检查，按规范要求和产品技术文件规定，需要做吊芯检查的方可进行吊芯检查。符合下列条件的可不做吊芯检查：

1 制造厂规定不做吊芯检查者。

2 容量为 1000kV·A 以下，运输过程中无异常情况者。

3 本地产品仅作短途运输，且参加了制造厂的器身总装，质量符合要求，在运输过程中进行了有效监督，无紧急制动，无剧烈震动、冲撞或严重颠簸等异常情况者。

4.9.2 需进行吊芯检查的，可在安装前进行，也可在安装后进行，视现场情况和对吊装设备的要求而定。

4.9.3 吊芯检查应完成下列准备工作：

1 装设临时接地装置。

2 室外的变压器应搭设防雨雪和风沙的帐篷。

3 准备足够的可以作为补充注油的变压器油以备吊芯检查后冲洗油箱和器身，以及补充注油。

4 吊芯检查用的工具、材料：三脚架、倒链、钢丝绳、卡扣、枕木、油箱、油桶、油壶、永久磁铁、手电筒、卡扣、套扳手、活扳手、绸布、白布、棉纱、塑料布。

5 吊芯检查用的试验设备、仪器、仪表。

4.9.4 吊芯检查的项目

1 检查全部的连接螺栓是否已紧固，有无防松动措施，绝缘螺栓的绝缘层有无损坏，需绑扎处是否绑扎完好。

2 检查铁芯有无变形，铁轭与夹件间绝缘是否完好。

3 铁芯外引接地的变压器，拆开接地线后检查铁芯对地的绝缘是否良好。

4 打开夹件与铁轭接地片后，检查铁轭螺杆与铁芯、铁轭与夹件、螺杆与夹件间的绝缘是否良好。

5 铁轭采用钢带绑扎时，检查铁轭与钢带间的绝缘是否良好。

6 打开铁芯屏蔽接地引线，检查屏蔽绝缘是否良好。

7 打开夹件与线圈压板连接，检查压钉的绝缘是否良好。

8 检查铁芯拉板及铁轭拉带是否紧固，绝缘是否良好。

9 检查绕组绝缘层是否完整无损，绕组有无变位现象。

10 检查绕组的引出线焊接是否良好，引出线的绝缘包扎是否牢固，裸露部分有无毛刺、尖角，接线是否正确，连接螺栓是否紧固。

11 检查调压切换装置，各分接点与绕组的连接是否正确、紧固，转动接点与各分接点接触时，指示器所指的位置是否对应一致，切换装置有无变形，所有部件是否完好无损，转盘动作是否灵活、与转动接点是否对应一致。

12 检查油箱是否密封良好，放油阀有无堵塞漏油现象。

13 检查防爆隔板（隔膜）是否完好无损且固定牢靠、密实。

14 检查油箱底部、器身有无杂物、焊渣，外观是否清洁。

15 变压器端盖与油箱的连接螺栓是否齐全，规格是否与螺孔相匹配。

4.9.5 吊芯检查应遵守下列规定：

1 周围空气温度不宜低于 0℃，器身温度不应低于周围空气温度，当器身温度低于周围空气应将器身加热，使其高于周围空气温度，加热方法可采用热风干燥法。

2 当空气相对湿度大于 75％时，器身暴露在空气中的时间不得超过 16h。

3 调压切换装置吊出检查、调整时，暴露在空气中的时间应符合表 1-1 的规定。

调压切换装置的露空时间   表 1-1

环境温度（℃）	>0	>0	>0	<0
空气相对湿度（％）	65 以下	65～75	75～85	不控制
持续时间不大于（h）	24	16	10	8

时间计算：带油运输的变压器由开始放油算起，不带油运输的变压器由揭开顶盖或打开任一堵塞算起，至抽真空或注油开始为止。

4 空气相对湿度或露空时间超过规定时，必须采取相应的可靠措施，例如对周围环境采取加热升温，送入热空气等措施。

5 吊芯检查时，除保证周边环境清洁外，还应有防尘、防雨雪的措施。

6 雾天不应在室外进行吊芯检查。

7 参加吊芯检查的工作人员应戴安全帽，身穿干净的工作服，袖口扎紧，纽扣锁牢，与工作无关随身佩戴易掉落的物品应临时取下来妥善保管，如钢笔、钥匙、装饰品等。

4.9.6 吊芯方法：吊芯时可用三脚架、倒链、钢丝绳组合成吊芯工具，将变压器油箱端盖上的紧固螺栓全部拧下来妥善保管，再将钢丝绳与挂在变压器上端的吊装环用锁具锁牢，确认平衡后，可缓慢起吊。当芯部离开主体油箱后，用干燥无灰尘杂物污染的枕木或型钢均匀地平垫在主体油箱上口，再将器身落下平稳地放在枕木或型钢上面。

4.10 变压器干燥处理

4.10.1 并不是每台安装的变压器都需要进行干燥处理，符合下列条件的可不进行干燥处理：

1 绝缘油电气强度及微量水试验合格。

2 绝缘电阻及吸收比（或极化指数）符合规定。

3 介质损失角正切值 tanδ(％)符合规定。

4.10.2 需要干燥的变压器应事先编写干燥处理方案。

4.10.3 干燥时必须对变压器各部分温度进行监控。不带油干燥利用油箱加热时，箱壁温度不宜超过 110℃，箱底温度不宜超过 100℃，绕组温度不得超过 95℃，带油干燥时，上层油温不得超过 85℃；热风干燥时，进风温度不得超过 100℃。

干式变压器干燥时，其绕组温度应根据绝缘等级而定。

4.10.4 干燥完毕应进行器身检查，如果不能及时检查时，应先注入合格的变压器油，油温可预热到 50～60℃，绕组温度应高于油温。

4.10.5 干燥方法

1 热油干燥法：可采用自带加热器的真空滤油机对变压器油进行循环加热，达到干燥的目的。加热时上层油温不得超过 85℃。

2 铁损干燥法：将变压器油箱内的绝缘油全部放掉，并用干净棉布将油箱内外壁擦干净，油箱外壁用耐火保温材料包裹起来，再用石棉绳绑扎牢靠。在保温层外面四周立放 10～20mm 厚的木板条，相互间距 300～500mm，将绝缘导线紧紧缠绕在木板条外侧，从下往上缠绕，油箱下半部缠绕全部线圈匝数的 2/3，上半部缠绕剩余的 1/3。将检验合格的电阻温度计安放在油箱两侧线圈的上、中、下部。

线圈的励磁电源可采用单相交流 220V、125V 或 65V，该电源容量不宜小于干燥所需电力的 130％，通电后观察箱壁温度不应超过 120～125℃，变压器线圈温度不应超过 95℃。干燥过程中每隔 1h 测量一次变压器线圈绝缘电阻、各部温度、励磁线圈电流，认真做好记录，并绘制变压器干燥曲线图。

为了达到调节电流的目的，缠绕励磁线圈时，可以采取抽头的办法，一般以始端作为公用接线端子。在 70％的位置上抽第一个头，在 85％的位置上抽第二个头，导线的末端作为第三个抽头。

3 热风干燥法：对变压器送热风达到干燥的目的，干燥用的热风不得超过 100℃。

4 真空干燥法：用铁损干燥法或热风干燥法先对变压器进行预热，然后对变压器采取抽真空的办法进行干燥。抽真空的速度控制在每小时均匀增高 0.7×10^4 Pa 为宜，110kV 及以下的变压器不超过 4×10^4 Pa，抽真空后变压器变形度不得超过箱壁的两倍。

4.11 补充注油

4.11.1 当变压器油位不足时，应进行补充注油，注油前应对油箱的油和需补充的油进行检验。首先油的型号、规格必须相同，混油试验必须合格，耐压试验必须合格，达到以上条件方可注油。

4.11.2 注油时可利用滤油机的压力从油箱底部放油阀注入。

4.11.3 补充注油完成后需静置 2h，待气体排出后视储油柜油位高低，再决定是否需继续补充注油，所注油略高于油位线（红色线）为宜。

4.11.4 注油后的变压器整体静置 24h 以上方可投入运行。

4.11.5 耐压试验不合格的变压器油必须经滤油机过滤，合格后方可使用。滤油可使用压力滤油机、真空滤油机，以真空滤油机为宜，它速度快、自动加温排潮效果很好。

4.11.6 从油箱取油样化验时，应从底部放油阀释放，盛放油样的容器必须事先刷洗干净、无水分。油样取出后应标明单位工程名称、变压器位号、变压器型号、变压器油标号、取油样时间（年月日时分）、化验项目、施工单位等。

4.12 交接试验

4.12.1 电气变压器试验参见本书《电气动力设备试验和试运行》的相关内容。

4.12.2 箱式变电所的常规试验：箱式变电所电气交接试验，变压器按本标准 4.12.1 的规定进行。高压成套配电柜必须按国家现行标准《电气装置安装工程 电气设备交接试验标准》GB 50150 的规定交接试验合格，且应符合下列规定：

1 继电保护元件、逻辑元件、变送器和控制用计算机等单体校验合格，整组试验动作正确，整定参数符合设计要求。

2 凡经法定程序批准，进入市场投入使用的新高压电气设备和继电保护装置，按产品技术文件要求交接试验。

3 高压瓷件表面严禁有裂纹、缺损和瓷釉损坏等缺陷，低压绝缘部件完整。

4.13 试运行前检查

4.13.1 试验报告项目应齐全，并全部达到电气设备交接试验标准。

4.13.2 变压器室及变压器本体清理干净，无任何杂物。

4.13.3 油箱、油枕无漏油、渗油现象，油位正常，本体与附件均无受损。

4.13.4 变压器一、二次引线相位正确。

4.13.5 变压器外壳和其他非带电金属部件均应接地良好可靠。

4.13.6 油浸变压器的电压切换装置及干式变压器的分接头位置应置于正常电压档位。

4.13.7 保护网、保护网门、围栏均未受损、接地良好。

4.13.8 连接螺栓无松动。

4.13.9 变压器室内通风良好。

4.13.10　并列运行的变压器，已完全符合并列运行条件。

4.13.11　有中性点接地的变压器在进行冲击合闸前，中性点必须接地。

4.13.12　保护装置整定值符合规定要求，操作及联动试验正常。

4.13.13　无外壳干式变压器护栏安装完毕，各种标志牌、门锁齐全。

4.13.14　箱式变电所接线完毕后应进行柜体内部清扫，用擦布将柜内外擦干净；检查母线上、柜内有无遗留的工具、材料等。

4.14　冲击试验

4.14.1　变压器空载投入冲击试验：变压器不带负荷投入，所有负荷侧开关应全部拉开。按规程规定在变压器试运行前，必须进行全电压冲击试验，以考验变压器的绝缘和保护装置。全电压冲击合闸，第一次投入时由高压侧投入，受电后，持续时间不少于 10min，经检查无异常情况后，再每隔 5min 进行冲击一次，连续进行 3～5 次全电压冲击合闸，励磁涌流不应引起保护装置误动作，最后一次进行 24h 空载试运行。

4.14.2　变压器空载运行主要检查温升及噪声。正常时发出嗡嗡声，异常时有以下几种情况：声音比较大而均匀时，可能是外加电压比较高；声音比较大而嘈杂时，可能是芯部有松动；有嗞嗞放电声音，可能是芯部和套管有表面闪络；有爆裂声响，可能是芯部有击穿现象。应严加注意，并查明原因及时分析处理。

4.14.3　在冲击试验中，操作人员应注意观察冲击电流、空载电流及一、二次侧电压等，并做好详细记录。

4.14.4　变压器空载试运行 24h，无异常情况后，方可投入负荷运行。

4.15　空载试运行

冲击试验合格后，再进行空载试运行 24h，无异常情况则表明该电力变压器具备入网条件了。

4.16　入网运行

入网运行必须向当地电力主管部门报验审批，获准后方可正式入网运行。在与指定电网连接（接火）时，原则上应由供电单位施工；当确需由安装单位施工时，应严格遵守停、送电操作规程，到电力主管部门办理有关手续，并在供电单位工作人员监督下进行。

4.17　交工验收

变压器从正式受电起，运行 24h 无异常情况即可办理交工手续。

办理交工手续时，应将与变压器有关的各种工程资料、技术文件、产品说明书、各项记录、试验报告等备齐，交工程监理审验，合格后即可办理交工手续。

5 质量标准

5.1 主控项目

5.1.1 变压器安装应位置正确、附件齐全，油浸变压器油位正常，无渗油现象。

5.1.2 接地装置引出的接地干线与变压器的低压侧中性点直接连接；接地干线与箱式变电所的 N 母线和 PE 母线直接连接；变压器箱体，干式变压器的支架或外壳接地（PE）；所有连线应可靠，紧固件及防松零件齐全。

5.1.3 高压电气设备和布线系统、继电保护系统的交接试验必须符合现行国家标准《电气装置安装工程　电气设备交接试验标准》GB 50150 的规定。

5.1.4 箱式变电所及落地式配电箱的基础应高于室外地坪，周围排水通畅。用地脚螺栓固定的螺母齐全，拧紧牢固；自由安放的应垫平放正。金属箱式变电所及落地配电箱，箱体应接地（PE）或接零可靠，且有标志。

5.1.5 并列运行的变压器，必须符合并列运行条件。

5.1.6 箱式变电所的交接试验必须符合下列规定：

1 由高压成套开关柜、低压成套开关柜和变压器三个独立单元组合成的箱式变电所高压电气部分交接试验必须符合现行国家标准《电气装置安装工程　电气设备交接试验标准》GB 50150 的规定。

2 高压开关、熔断器等与变压器组合在同一个密闭油箱内的箱式变电所，交接试验按产品提供的技术文件要求执行。

3 低压成套配电柜交接试验合格。

5.2 一般项目

5.2.1 变压器本体安装应符合以下要求：

1 装有滚轮的变压器就位后、应将滚轮用能拆卸的制动部件固定。

2 箱式变电所内外涂层完整、无损伤，有通风口的风口防护网完好。高、低压柜内部接线完整，低压柜每个输出回路标记清晰，回路名称准确。

5.2.2 变压器的器身检查和附件安装应符合以下规定：

1 变压器的器身检查应符合产品技术文件的要求。就地生产仅进行短途运输的变压器，在运输过程中有效监督，无紧急制动、剧烈振动、冲撞或严重颠簸等异常情况，可不做器身检查；制造厂规定不检查器身者也不可检查。

2 绝缘件应无裂纹、缺损和瓷件瓷釉损坏等缺陷，外表清洁，测温仪表指示准确。

3 有载调压开关的传动部分润滑应良好，动作应灵活，点动给定位置与开关位置一致，自动调节符合产品的技术文件要求。

4 装有气体继电器的变压器顶盖沿气体继电器气流方向有 1.0%~1.5% 的升高坡度。

5.2.3 变压器与线路连接应符合以下规定：连接紧密，连接螺栓的锁紧装置齐全，套管不受外力；连接接触面应涂有电力复合酯，紧固力矩应符合规定值。

6 成品保护

6.0.1 不要碰撞已安装好的保护网、保护网门、围栏、电气管线、支架等。

6.0.2 如变压器在三个月之内不能安装，应按规范要求采取必要的保护措施。

6.0.3 变压器室的门应加锁，非安装人员未经许可不准入内。

6.0.4 高、低压瓷套管、环氧树脂铸件以及其他易损件应有防砸、防碰撞措施。

6.0.5 干式变压器就位后，要有防止铁件及其他杂物掉入线圈内的措施。

6.0.6 必须在变压器上方作业时，应对其进行全方位保护，不得造成任何损失（原则上在变压器安装前，其上方的施工项目应全部结束，特殊情况例外）。

6.0.7 电缆穿入保护管后，应及时将两端管口用密封填料严密封堵。

6.0.8 变压器漏油、渗油，应及时处理，防止油面太低潮气侵入，降低线圈绝缘强度，影响正常运行。

7 注意事项

7.1 应注意的质量问题

7.1.1 变压器轨道尺寸要准确。

7.1.2 变压器安装方向要正确。

7.1.3 变压器需升高 1%~1.5% 坡度时，其升高方向要正确。

7.1.4 中性点零线、接地线要分开敷设。

7.1.5 高、低压侧母线安装间距应符合规范或设计要求。

7.1.6 紧固件、接地扁钢必须采用镀锌品。连接要紧密、牢靠，焊接要符合规定。

7.1.7 变压器外观应无明显的缺陷，漆层完好。

7.2 应注意的安全问题

7.2.1 机械伤害、起重伤害、触电伤害、火灾。

7.2.2 吊装用的起重设备、机具必须经检验合格。

7.2.3 吊装时，应以起重工为主，电工为辅，钢丝绳必须挂在油箱的吊钩上，不得挂在上端的吊环上。吊装时，起重臂下严禁站人。

7.2.4 变压器运输时要固定牢靠，防止滑脱倾倒。

7.2.5 用卷扬机牵引时，配合人员要防止滚杠碾伤脚面。

7.2.6 变压器就位时，配合人员不要将手脚伸入其底部，下落时要缓慢、平稳。

7.2.7 使用电、气焊时，要清理周围的易燃物，以免发生火灾。

7.2.8 滤油、注油要做好防火工作。

7.2.9 变压器试运行期间，在事故排油通道上及喷油区内禁止人员行走或停留，以防烫伤。

7.3 应注意的绿色施工问题

7.3.1 变压器油不能随意丢弃，应由专业公司回收。

7.3.2 变压器应选用低噪声，低热损的节能产品。

8 质量记录

8.0.1 产品质量证书（产品合格证）、技术文件、试验报告单、安装使用说明书。

8.0.2 设备开箱检查记录。

8.0.3 吊芯检查记录。

8.0.4 干燥记录。

8.0.5 中间交接记录。

8.0.6 分项工程质量自检、互检记录。

8.0.7 交接试验报告。

8.0.8 冲击试验记录。

8.0.9 设计变更核定单。

8.0.10 洽商记录。

8.0.11 材料、构配件进场检验记录。

8.0.12 试运行记录。

8.0.13 变压器、箱式变电所安装检验批质量验收记录。

8.0.14 变压器、箱式变电所安装分项工程验收记录。

8.0.15 施工现场质量管理检查记录。

第2章　成套配电柜、控制柜（屏、台）安装

本工艺标准适用于电气安装工程中各类型配电盘、台、箱及成套柜的安装工程的施工。

1　引用标准

《建筑工程施工质量验收统一标准》GB 50300—2013

《建筑电气工程施工质量验收规范》GB 50303—2015

《电气装置安装工程　盘、柜及二次回路接线施工及验收规范》GB 50171—2012

《1000kV系统电气装置安装工程　电气设备交接试验标准》GB/T 50832—2013

《电气装置安装工程　接地装置施工及验收规范》GB 50169—2016

2　术语

保护导体（PE）：为防止发生电击危险而与下列部件进行电气连接的一种导体：裸露导体部件；主接地端子；外部导电部件。

3　施工准备

3.1　作业条件

3.1.1　施工涉及的建筑物、构筑物的土建工程基本结束，盘、柜就位后不能再进行的土建施工工作已全部结束。

3.1.2　室内无渗漏现象，并已具备封闭条件。

3.1.3　对盘（柜）安装有妨碍的模板、脚手架等已拆除，施工现场施工已清理干净。

3.1.4　根据工程特点，准备临时室内库房，并应考虑运输与装卸方便。

3.1.5　装设临时供电电源，并合理规划临时供电点。

3.1.6　加强现场安全管理，建立消防通道。

3.1.7　盘（柜）基础已达到允许安装的强度，经水平仪测试合格。

3.1.8　预留的基础沟、预埋件、电缆进出线孔洞，其位置和质量符合设计

要求。

3.2 材料及机具

3.2.1 主材：8♯～10♯槽钢、-40×4镀锌扁钢、M12×160地脚螺栓、M10×100镀锌精制带帽螺栓、钢板垫板、铜接线端子、塑料软管、塑料带、异形塑料管。

3.2.2 辅材：焊锡丝、焊锡膏、凡士林、锯条、电焊条、砂布、油漆、氧气、乙炔、汽油。

3.2.3 主要工机具：汽车式起重机、载重汽车、交流电焊机、卷扬机、铲车、三脚架、倒链、钢丝绳、台钻、砂轮切割机、角向磨光机、冲击电钻等。

3.2.4 测量器具：水平仪、校线仪、电调试验设备、绝缘摇表、万用表等。

4 操作工艺

4.1 工艺流程

装卸、运输 → 开箱检查 → 设备搬运 → 保管 → 基础槽钢制安 → 盘（柜）安装 → 盘（柜）安装二次回路接线、配线 → 盘（柜）交接试验 → 试运行检查 → 送电试运行

4.2 装卸、运输

4.2.1 盘（柜）的装卸、运输不应有冲击和严重振动。

4.2.2 盘（柜）上的绝缘子、仪表、指示灯等应有防破碎措施。

4.2.3 远距离运输可用汽车运输，近距离可用铲车、卷扬机运输。

4.2.4 盘（柜）运输过程中应有防雨措施。

4.3 开箱检查

4.3.1 设备开箱检查由施工单位执行，供货单位、建设单位、监理单位参加，并做好检查记录。

4.3.2 根据设计图纸，设备清单核对设备件数。按设备装箱单核对设备本体及附件、备件的规格、型号。核对产品合格证及使用说明书等技术资料。

4.3.3 柜（屏、台、盘）体外观检查应无损伤及变形，油漆完整，色泽一致。

4.3.4 柜内电器装置及元件齐全，安装牢固，无损伤无缺失。

4.3.5 开箱检查应配合施工进度计划，结合现场条件，吊装手段和设备到货时间的长短灵活安排。设备开箱后应尽快就位，缩短现场存放时间和开箱后保管时间。可先作外观检查，柜内检查待就位后进行。

4.4 设备搬运

4.4.1 柜（屏、台）搬运，吊装由起重工作业，电工配合。

4.4.2 设备吊点：柜顶设吊点者，吊索应利用柜顶吊点，未设有吊点者，吊索应挂在四角承力结构处，吊装时宜保留并利用包装箱底盘，避免索具直接接触柜体。

4.4.3 柜（屏、台）室内搬运、移位应采用手动叉车，卷扬机、滚杠和简易马凳式吊装架配倒链吊装，不应采用人力撬动方式。

4.4.4 设备进货时间按计划安排，成套配电柜到货时间宜相对集中，尽量减少现场库存和二次搬运。如需库存和二次搬运时应保证库存和运输安全。

4.5 保管

4.5.1 盘（柜）应存放在干燥、通风的库房内保管，尚不具备条件的可存放在能避风沙、雨雪的料棚内。

4.5.2 附件、备件可上料架保管，并保持原包装。

4.5.3 盘（柜）自带的小母线及其零部件可上料架保管。

4.5.4 成套盘（柜）成套保管，应尽量恢复原包装。

4.6 基础型钢制作安装

4.6.1 基础型钢架可预制或现场组装。基础槽钢必须用水平仪或红外线测试仪测量找平、找正。一般应测量六个点，两端四个点和中间两个点。调整时，垫片不超过三片，然后将基础型钢与预埋件、垫片焊牢。

4.6.2 型钢预先调直，除锈，刷防锈底漆。

4.6.3 按施工图纸所标位置将预制好的基础型钢架或型钢焊牢在基础预埋铁上。用水准仪及水平尺找平，校正。需用垫片的地方，须按钢结构施工规范要求。垫片最多不超过三片，焊后清理，打磨，补刷防锈漆。

4.6.4 紧固螺栓除地脚螺栓外一律采用镀锌品。

4.6.5 配电箱安装可用铁架固定或膨胀螺栓固定。铁架加工应按尺寸下料，找好角钢平直度，将埋注端做成燕尾形，然后除锈，刷防锈漆。埋入时注意铁架平直程度和螺孔间距离，用线坠和水平尺测量准确后固定铁架、注高强度等级水泥砂浆。待水泥砂浆凝固后达一定强度方可进行配电箱（盘）的安装。

4.6.6 基础型钢尺寸按设计要求，安装允许偏差见表 2-1；

柜（屏、台）安装允许偏差和检验方法　　　　　　表 2-1

项目	允许偏差	检验方法
	（mm/m）	（mm/全长）
不直度	1	5
水平度	1	5
不平行度	—	5

4.6.7 基础型钢与接地母线连接，将接地扁钢引入并与基础型钢两端焊牢。焊缝长度为接地扁钢宽度的 2 倍。

4.7 柜（屏、台）安装

4.7.1 柜（屏、台）安装应按施工图纸布置，事先编设备号、位号，按顺序将柜（屏、台）安放到基础型钢上。

4.7.2 单独柜（屏、台）只找正面板与侧面的垂直度。成列柜（屏、台）顺序就位后先找正两端的，然后挂小线逐台找正，以柜（屏、台）面为准。找正时采用 0.5mm 铁片调整，每处垫片最多不超过三片。

4.7.3 按柜底固定螺孔尺寸在基础型钢上定位钻孔，无特殊要求时，低压柜用 M12，高压柜用 M16 镀锌螺栓固定。柜（屏、台）安装允许偏差见表 2-2。

盘、柜安装的允许偏差　　　　　　　　　表 2-2

项目		允许偏差（mm）
垂直度（每米）		<1.5
水平偏差	相邻两盘顶部	<2
	成列盘顶部	<5
盘面偏差	相邻两盘边	<1
	成列盘面	<5
盘间接缝		<2

4.7.4 柜（屏、台）就位找正找平后，柜体与基础型钢固定，柜体与柜体，柜体与侧挡板均应用镀锌螺栓连接。

4.7.5 柜、台、箱的金属框架及基础型钢应与保护导体可靠连接；对于装有电器的可开启门，门和金属框架的接地端子间应选用截面积不小于 4mm² 黄绿色绝缘铜芯软导线连接，并应有标识。

4.7.6 柜（屏、台）漆层应完整无损，色泽一致。固定电器的支架均应刷漆。

4.7.7 负责柜（屏、台）安装的技术人员应了解相关设计规范，了解柜（屏、台）布置、通道、柜间距离等设计要求。

4.7.8 母线配置及电缆压接按母线及电缆施工要求进行。

4.7.9 不间断电源柜及蓄电池组安装及充放电指标均应符合产品技术条件及施工规范。电池组母线对地绝缘电阻值不应小于 0.5MΩ。

4.8 配电箱盘安装

4.8.1 弹线定位：根据设计要求找出配电箱（盘）位置，并按照箱（盘）外形尺寸进行弹线定位。配电箱安装底边距地一般为 1.4m，明装电度面表板底口（明装电度表面板）距地不小于 1.8m。在同一建筑物内，同类箱盘高度应一致，允许偏差 5mm。

4.8.2 安装配电箱（盘）的木砖及铁件等均应预埋，挂式配电箱（盘）应采用膨胀螺栓固定。

4.8.3 铁制配电箱（盘）均需先刷一遍防锈漆，再刷面漆二道。

4.8.4 配电箱（盘）安装应牢固、平正，其允许偏差不应大于 3mm，配电箱体高 50cm 以下，允许偏差 1.5mm。

4.8.5 配电箱（盘）上电器、仪表应牢固、平正、整洁、间距均匀。铜端子无松动，启闭灵活，零部件齐全，其排列间距应符合表 2-3 的要求。

电器、仪表排列间距要求   表 2-3

间距	最小尺寸（mm）		
仪表侧面之间或侧面与盘边	60		
仪表顶面或出线孔与盘边	50		
闸具侧面之间或侧面与盘边	30		
上下出线孔之间	40（隔有卡片柜）20（不隔卡片柜）		
插入式熔断器顶面或底面与出线孔	插入式熔断器规格（A）	10～15	20
		20～30	30
		60	50
仪表、胶盖闸顶间或底面与出线孔	导线截面（mm²）	10	80
		16～25	100

4.8.6 配电箱（盘）上配线需排列整齐，并绑扎成束，在活动部位应用长钉固定。盘面引出及引进导线应留有适当余度，以便于检修。

4.8.7 导线剥削处不应损伤芯线和芯线过长，导线接头应牢固可靠，多股导线应挂锡后再压接，不得减少导线股数。

4.8.8 配电箱（盘）的盘面上安装的各种刀闸及自动开关等，当处于断路状态时刀片可动部分和动触头均不应带电。

4.8.9 垂直装设的刀闸及熔断器等电器上端接电源，下端接负荷。横装时左侧（面对盘面）接电源，右侧接负荷。

4.8.10 配电箱（盘）上的电源指示灯，其电源应接至总开关外侧，并应装单独熔断器。盘面闸具位置应与支路相对应，其下面应装设卡片框，标明路别及容量。

4.8.11 TN-C 中的零线应在箱体（盘面上）进户线处做好重复接地。

4.8.12 零母线在配电箱（盘）上应用零线端子板分路，零线端子板分支路排列位置应与熔断器对应。

4.8.13 当 PE 线所用材质与相线相同时，其截面应满足表 2-4PE 线最小截面数值。

PE 线最小截面 表 2-4

相线线芯截面（mm²）	PE 最小截面（mm²）
$S \leqslant 16$	S
$16 < S \leqslant 35$	16
$S > 35$	$S/2$

4.8.14 PE 线若不是供电电缆或电缆外护层的组成部分时，按机械强度要求，截面不应小于下列数值：

1 有机械性保护时为 2.5mm²；

2 无机械性保护时为 4mm²。

4.8.15 配电箱内母线相序排列一致，母线色标正确，均匀完整，二次结线排列整齐，回路编号清晰齐全。

4.8.16 采用钢板盘面或木制盘面的出线孔应装绝缘嘴，一般情况一孔只穿一线。

4.8.17 明装配电箱（盘）的固定：

在混凝土墙上固定时，有暗配管及暗分线盒和明配管两种方式。如有分线盒，先将分线盒内杂物清理干净，然后将导线理顺，分清支路和相序，按支路绑扎成束。待箱（盘）找准位置后，将导线端头引至箱内或盘上，逐个剥削导线端头，再逐个压接在器具上。同时将保护地线压在明显的地方，并将箱（盘）调整平直后用钢架或金属膨胀螺栓固定。在电具、仪表较多的盘面板安装完毕后，应先用仪表核对有无差错，调整无误后试送电，并将卡片框内的卡片填写好部位，编上号。如在木结构或轻钢龙骨护板墙上固定配电箱（盘）时，应采用加固措施。配管在护板墙内暗敷设并有暗接线盒时，要求盒口应与墙面平齐，在木制护板墙处应做防火处理，可涂防火漆进行防护。

4.8.18 暗装配电箱的固定。在预留孔洞中将箱体找好标高及水平尺寸。稳住箱体后用水泥砂浆填实周边并抹平齐，待水泥砂浆凝固后再安装盘面和贴脸。如箱底与外墙平齐时，应在外墙固定金属网后再做墙面抹灰。不得在箱底板上直接抹灰。安装盘面要求平整。周边间隙均匀对称，贴脸（门）平正，不歪斜，螺丝垂直受力均匀。

4.8.19 绝缘摇测：配电箱（盘）全部电器安装完毕后，用 500V 兆欧表对线路进行绝缘摇测。摇测项目包括相线与相线之间，相线与零线之间，相线与地线之间，零线与地线之间，两人进行摇测，同时做好记录，做技术资料存档。

4.9　柜（屏、台）二次线连接及校线

4.9.1　按原理图逐台检查柜（盘）上的全部电器元件是否相符，其额定电压和控制操作电源电压必须一致。

4.9.2　按图敷设柜与柜之间的控制电缆连接线。电缆敷设要求按电缆敷设工艺要求进行。

4.9.3　控制线校线后，将每根芯线煨成圆圈，用镀锌螺丝、平垫圈、弹簧垫圈连接在每个端子板上。端子板每侧一般一个端子压一根线，最多不能超过两根，并且两根线间加平垫圈。多股线应涮锡，不准有断股，不留毛刺。

4.10　柜（屏、台）试验调整

4.10.1　高压试验应由当地供电部门许可的试验单位进行，试验标准符合国家规范、当地供电部门的规定及产品技术资料要求。

4.10.2　试验内容包括高压柜、母线、避雷器、高压瓷瓶、电压互感器、电流互感器、高压开关等。

4.10.3　调整内容包括过流继电器调整、时间继电器调整、信号继电器调整及机械连锁调整。

4.11　二次控制线调整及模拟试验

4.11.1　将所有的接线端子螺丝再检查紧固一次。

4.11.2　绝缘摇测：用500V摇表在端子板处测试每条回路的绝缘电阻，绝缘电阻必须大于0.5MΩ。

4.11.3　二次小线回路如有晶体管、集成电路、电子元件时，该部位的检查不准使用摇表测试，应使用万用表测试回路是否接通。

4.11.4　接通临时的控制电源和操作电源：将柜（盘）内的控制、操作电源回路熔断器上端相线摘掉，接上临时电源。

4.11.5　模拟试验：按图纸要求，分别模拟试验控制，连锁、操作、继电保护和信号动作。试验动作正确无误，灵敏可靠。

4.11.6　拆除临时电源，将摘下的电源线复位。

4.12　送电运行验收

4.12.1　送电前的准备工作：安装作业全部完毕，质量检查部门检查全部合格后着手组织试运行工作。明确试运行指挥者，操作者和监护人。明确职责和各项操作制度。由建设单位备齐试验合格的验电器、绝缘靴、绝缘手套、临时接地编织铜线、绝缘胶垫、粉末灭火器等。彻底清扫全部设备及变配电室、控制室的灰尘。用吸尘器清扫电气、仪表元件。清除室内杂物，检查母线上，设备上有无遗留下的工具、金属材料及其他物件。查验试验报告单，试验项目全部合格，继

电保护动作灵敏可靠，控制、连锁、信号等动作准确无误。

4.12.2 送电：由供电部门检查合格后，将电源送进配电室，经过验电校相无误。安装单位合进线柜开关受电，检查 PT 柜上电压表三相是否电压正常，并按以下步骤给其他柜送电：合进线柜开关→合变压器柜开关→合低压柜进线开关。每次合闸后均要查看电压表三相是否电压正常。

4.12.3 校相：在低压联络柜内，在开关的上下侧（开关未合状态）进行同相校核。用电压表或万用表电压档 500V，用表的两个测针分别接触两路的同相，此时电压表无读数，表示两路电同一相。用同样方法检查其他两相。

4.12.4 验收：送电空载运行 24h 无异常现象，办理验收手续，交建设单位使用。同时提交产品合格证、说明书、变更洽商记录、试验报告单等技术资料。工业项目在变配电交验后，经双方协商，由安装单位进行一段时间的保运。

5 质量标准

5.1 主控项目

5.1.1 柜、屏、台的金属框架及基础型钢必须接地（PE）或接零（PEN）可靠；装有电器的可开启门，门和框架的接地端子间应用裸编织铜线连接，且有标识。

5.1.2 低压成套配电柜、控制柜（屏、台）应有可靠的电击保护。柜（屏、台）内保护导体应有裸露的连接外部保护导体的端子，当设计无要求时，柜（屏、台）内保护导体最小截面积 S_p 不应小于下表的规定。

保护导体的截面积　　　　　　　　　　　表 2-5

相线的截面积 S（mm²）	相应保护导体的最小截面积 S_p（mm²）
$S \leqslant 16$	S
$16 < S \leqslant 35$	16
$35 < S \leqslant 400$	$S/2$
$400 < S \leqslant 800$	200
$S > 800$	$S/4$

注：S 指柜（屏、台、箱、盘）电源进线相线截面积，且两者（S、S_p）材质相同。

5.1.3 手车、抽出式成套配电柜推拉应灵活，无卡阻碰撞现象。动触头与静触头的中心线应一致，且触头接触紧密，投入时，接地触头先于主触头接触；退出时，接地触头后于主触头脱开。

高压成套配电柜必须按《建筑电气工程施工质量验收规范》GB 50303—2015第 3.1.5 条的规定交接试验合格，且应符合下列规定：

1 继电保护元器件、逻辑元件、变送器和控制用计算机等单体校验合格，整组试验动作正确，整定参数符合设计要求；

2 凡经法定程序批准，进入市场投入使用的新高压电气设备和继电保护装置，按产品技术文件要求交接试验。

5.1.4 低压成套配电柜交接试验，必须符合《建筑电气工程施工质量验收规范》GB 50303—2015 第 4.1.6 条的规定。

5.1.5 柜、屏、台间线路的线间和线对地间绝缘电阻值，馈电线路必须大于 0.5MΩ；二次回路必须大于 1MΩ。

5.1.6 柜、屏、台间二次回路交流工频耐压试验，当绝缘电阻值大于 10MΩ 时，用 2500V 兆欧表摇测 1min，应无闪络击穿现象；当绝缘电阻值在 1～10MΩ 时，做 1000V 交流工频耐压试验 1min，应无闪络击穿现象。

5.1.7 直流屏试验，应将屏内电子器件从线路上退出，检测主回路线间和线对地间绝缘电阻值应大于 0.5MΩ，直流屏所附蓄电池组的充、放电应符合产品技术文件要求；整流器的控制调整和输出特性试验应符合产品技术文件要求。

5.2 一般项目

5.2.1 基础型钢安装应符合表 2-6 的规定。

基础型钢安装允许偏差   表 2-6

项目	允许偏差	
	（mm/m）	（mm/全长）
不直度	1	5
水平度	1	5
不平行度	—	5

5.2.2 柜、屏、台相互间或与基础型钢应用镀锌螺栓连接，且防松零件齐全。

5.2.3 柜、屏、台安装垂直度允许偏差为 1.5‰，相互间接缝不应大于 2mm，成列盘面偏差不应大于 5mm。

5.2.4 柜、屏、台内检查试验应符合下列规定：

1 控制开关及保护装置的规格、型号符合设计要求。

2 闭锁装置动作准确、可靠。

3 主开关的辅助开关切换动作与主开关动作一致。

4 柜、屏、台、箱、盘上的标识器件标明被控设备编号及名称，或操作位置，接线端子有编号，且清晰、工整、不易脱色。

5 回路中的电子元件不应参加交流工频耐压试验；48V 及以下回路可不做交流工频耐压试验。

5.2.5 低压电器组合应符合下列规定：

1 发热元件安装在散热良好的位置。

2 熔断器的熔体规格、自动开关的整定值符合设计要求。

3 切换压板接触良好，相邻压板间有安全距离，切换时，不触及相邻的压板。

4 信号回路的信号灯、按钮、光字牌、电铃、电筒、事故电钟等动作和信号显示准确。

5 外壳需接地（PE）或接零（PEN）的，连接可靠。

6 端子排安装牢固，端子有序号，强电、弱电端子隔离布置，端子规格与芯线截面积大小适配。

5.2.6 柜、屏、台间配线：电流回路应采用额定电压不低于750V、芯线截面积不小于 $2.5mm^2$ 的铜芯绝缘电线或电缆；除电子元件回路或类似回路外，其他回路的电线应采用额定电压不低于750V、芯线截面不小于 $1.5mm^2$ 的铜芯绝缘电线或电缆。

5.2.7 二次回路连线应成束绑扎，不同电压等级、交流、直流线路及计算机控制线路应分别绑扎，且有标识；固定后不应妨碍手车开关或抽出式部件的拉出或推入。

5.2.8 连接柜、屏、台面板上的电器及控制台、板等可动部位的电线应符合下列规定：

1 采用多股铜芯软电线，敷设长度留有适当余量。

2 线束有外套塑料管等加强绝缘保护层。

3 与电器连接时，端部绞紧，且有不开口的终端端子或搪锡，不松散、断股。

4 可转动部位的两端用卡子固定。

6 成品保护

6.0.1 设备运到现场后，暂不安装就位，应及时用苫布盖好，并把苫布绑扎牢固，防止设备风吹、日晒或雨淋。

6.0.2 设备搬运过程中，不许将设备倒立，防止设备油漆、电器元件损坏。

6.0.3 设备安装完毕后，暂时不能送电运行，变配电室门、窗要封闭，设人看守。

6.0.4 未经允许不得拆卸设备零件及仪表等，防止损坏或丢失。

7 注意事项

7.1 应注意的质量问题

7.1.1 成套配电柜（盘）及动力开关柜安装应注意的质量问题见表2-7。

常产生的质量问题和防治措施表　　　　表 2-7

序号	常产生的质量问题	防治措施
1	基础型钢焊接处焊渣清理不净，除锈不干净，油漆刷不均匀，有漏刷现象	增强质量意识，加强作业者责任心，做好工序搭接和自、互检检查
2	柜（盘）内，电器元件、瓷件油漆损坏	加强责任心，保护措施具体
3	柜（盘）内控制线压接不紧，接线错误	加强技术学习，提高技术素质。加强学习，提高工作责任心
4	手车式柜二次小线回路辅助开关切换失灵，机械性能差	反复试验调整，达不到要求的部件要求厂方更换
5	盘（柜）就位应注意安装的水平度、垂直度、不直度	调整时所用垫片不应超过三片

7.2　应注意的安全问题

7.2.1　平直型钢时，要防止碰伤自己和他人。

7.2.2　使用移动电动工具时，要有漏电开关保护，导线应使用轻型橡胶套软电缆。

7.2.3　盘（柜）就位时，不得从事高空作业。

7.2.4　盘（柜）进行试验、调整时，除电调人员和配合人员外其余人员不得进入施工现场。

7.2.5　盘（柜）进行试送电时，至少有两人参加，参加者必须穿戴绝缘鞋和绝缘手套。

7.2.6　盘（柜）内的电流互感器未接入仪表或继电器时，二次侧必须短接。

7.2.7　设备运到现场后，暂不能安装就位时，应及时遮盖，防止设备风吹、日晒、雨淋。如有设备库最好将设备存放在库房内，并设专人看管。

7.2.8　搬运设备过程中，不允许将设备倒立，防止设备油漆、电器元件损坏。

7.2.9　设备安装完毕后，暂不能送电运行时，变配电室门窗应关好，并设专人看管，未经允许不得拆卸设备零件及仪表等。

8　质量记录

8.0.1　产品质量证书（产品合格证）、技术文件、试验报告单、安装使用说明书。

8.0.2　设备、材料进场全数（抽样）检验记录。

8.0.3　电气设备、材料每批进场全数（抽样）检查记录。

8.0.4　分项工程质量，自检、互检记录。

8.0.5　低压成套配电柜交接试验记录。

8.0.6 交接试验报告。

8.0.7 设计变更单。

8.0.8 洽商记录。

8.0.9 电气设备空载试运行记录。

8.0.10 成套配电柜、控制柜（屏、台）安装检验批质量验收记录。

8.0.11 成套配电柜、控制柜（屏、台）安装分项工程验收记录。

第3章 配电箱（盘）安装

本工艺标准适用于民用建筑、石化等电气安装工程中照明开关柜、动力开关柜、控制柜的安装。

1 引用标准

《建筑电气工程施工质量验收规范》GB 50303—2015

《电气装置安装工程 盘、柜及二次回路结线施工及验收规范》GB 50171—2012

《建筑工程施工质量验收统一标准》GB 50300—2013

2 术语（略）

3 施工准备

3.1 作业条件

3.1.1 配电箱的预留洞与预埋件的标高、尺寸均符合设计要求。

3.1.2 安装明配电箱及暗配电箱的箱面时，土建装修完毕。

3.2 材料及机具

3.2.1 主要材料：配电箱（盘）、角钢、镀锌扁钢、绝缘导线等。

3.2.2 其他材料：膨胀螺栓、螺栓等。

3.2.3 主要机具：电工组合工具、钢锯、扁锉、圆锉、手锤、台钳、活手、套筒扳手、錾子、扎锥、喷灯、台钻、电钻、电锤、电焊工具、电炉、电烙铁、液压开孔器、高凳、锡锅、电笔、灰铲等。

3.2.4 测量器具：兆欧表、万用表、卷尺、角尺、水平尺、钢板尺、小线坠。

4 操作工艺

4.1 工艺流程

4.1.1 明装配电箱工艺流程如下：

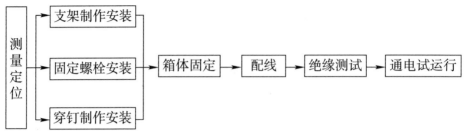

4.1.2 暗装配电箱工艺流程如下：

测量定位 → 箱体安装 → 箱（盘）芯安装 → 盘面安装 → 配线 → 绝缘测试 →

通电试运行

4.2 测量定位

根据施工图纸确定配电箱（盘）位置，并按照箱（盘）的外形尺寸进行弹线定位。

4.3 明装配电箱（盘）支架制作安装

依据配电箱底座尺寸制作配电箱支架。将角钢调直，量好尺寸，画好锯口线，锯断煨弯，钻出孔位，并将对口缝焊牢，然后除锈，刷防锈漆。将支架按需要标高用膨胀螺栓固定。

4.4 明装配电箱（盘）固定螺栓安装

在混凝土墙或砖墙上采用金属膨胀螺栓固定配电箱（盘）。先根据弹线定位确定固定点位置，用冲击钻在固定点位置钻孔，其孔径及深度应刚好将金属膨胀螺栓的胀管部分埋人，且孔洞应平直，不得歪斜。

4.5 明装配电箱（盘）穿钉制作安装

在空心砖墙上，可采用穿钉固定配电箱（盘）。根据墙体厚度截取适当长度的圆钢制作穿钉。背板可采用角钢或钢板，钢板与穿钉的连接方式可采用焊接或螺栓连接。

4.6 明装配电箱（盘）箱体固定

根据不同的固定方式，把箱体固定在紧固件上。在木结构上固定配电箱时，应采用相应的防火措施。管路进明装配电箱的做法如图 3-1 所示。

4.7 暗装配电箱（盘）箱体安装

在现浇混凝土墙内安装配电箱（盘）时，应设置配电箱（盘）预留洞。

4.7.1 暗装配电箱（盘）箱体固定：首先根据施工图要求的标高位置和预留洞位置，将箱体放入洞内找好标高和水平位置，并将箱体固定好。用水泥砂浆填实周边，并抹平。待水泥砂浆凝固后再安装盘面和贴脸。如箱底保护层厚度小于 30mm，应在外墙固定金属网后再做墙面抹灰，不得在箱底板上直接抹灰。

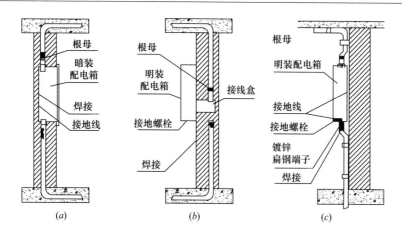

图 3-1 管路进配电箱做法

(*a*) 暗配管暗箱做法；(*b*) 暗配管明箱做法；(*c*) 明配管明箱做法

4.7.2 在二次墙体内安装配电箱时，可将箱体预埋在墙体内。

4.7.3 在轻钢龙骨墙内安装配电箱时，如深度不够，应采用明装式或在配电箱前侧四周加装饰封板。

4.7.4 钢管入箱应顺直，排列间距均匀，箱内露出锁紧螺母的丝扣为 2～3 扣，用锁母内外锁紧，做好接地。焊跨接地线使用的圆钢直径不小于 6mm，焊在箱的棱边上。多管进配电箱预留活板开孔安装做法如图 3-2 所示。

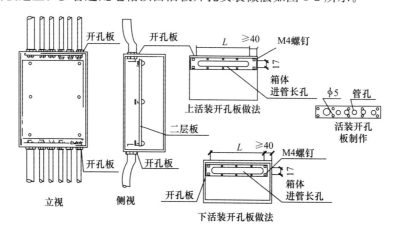

图 3-2 铁制配电箱多管进箱预留活装开孔板做法

4.8 箱（盘）芯安装

先将箱壳内杂物清理干净，并将线理顺，分清支路和相序，箱芯对准固定螺栓位置推进，然后调平、调直，拧紧固定螺栓。

4.9　盘面安装

安装盘面要求平整，周边间隙均匀对称，贴脸（门）平正、不歪斜，螺丝垂直受力均匀。

4.10　配线

配电箱（盘）上配线需排列整齐，并绑扎成束，盘面引出或引进的导线应留有适当的余度，以便检修。垂直装设的刀闸及熔断器上端接电源，下端接负荷；横装者左侧（面对盘面）接电源，右侧接负荷。导线剥削处不应过长，导线压头应牢固可靠，多股导线必须涮锡且不得减少导线股数。导线连接采用顶丝压接或加装压线端子。箱体用专用的开孔器开孔。

4.11　绝缘测试

配电箱（盘）全部电器安装完毕后，用 500V 兆欧表对线路进行绝缘摇测，绝缘电阻值不小于 0.5MΩ。摇测项目包括相线与相线之间、相线与中性线之间、相线与保护地线之间、中性线与保护地线之间。两人进行摇测，同时做好记录，作为技术资料存档。

4.12　通电试运行

配电箱（盘）安装及导线压接后，应先用仪表核对各回路接线。如无差错后试送电，检查元器件及仪表指示是否正常，并将卡片框内的卡片填写好线路编号及用途。

5　质量标准

5.1　主控项目

5.1.1　箱、盘的金属框架及基础型钢必须接地（PE）或接零（PEN）可靠；装有电器的可开启门，门和框架的接地端子间应用裸编织铜线连接，且有标识。

5.1.2　动力、照明配电箱（盘）应有可靠的电击保护。箱（盘）内保护导体应有裸露的连接外部保护导体的端子，当设计无要求时，箱（盘）内保护导体最小截面积 S_p 不应小于表 3-1 的规定。

保护导体的截面积　　　　　　　　　　表 3-1

相线的截面积 S(mm²)	相应保护导体的最小截面积 S_p(mm²)
$S \leqslant 16$	S
$16 < S \leqslant 35$	16
$35 < S \leqslant 400$	$S/2$
$400 < S \leqslant 800$	200
$S > 800$	$S/4$

注：S 指箱（盘）电源进线相线截面积，且两者（S、S_p）材质相同。

5.1.3 箱、盘间线路的线间和线对地间绝缘电阻值，馈电线路必须大于 0.5MΩ；二次回路必须大于 1MΩ。

5.1.4 箱、盘间二次回路交流工频耐压试验，当绝缘电阻值大于 10 MΩ 时，用 2500V 兆欧表摇测 1min，应无闪络击穿现象；当绝缘电阻值在 1～10MΩ 时，做 1000V 交流工频耐压试验 1min，应无闪络击穿现象。

5.1.5 照明配电箱（盘）安装应符合下列规定：

1 箱（盘）内配线整齐，无绞接现象。导线连接紧密，不伤芯线，不断股。垫圈下螺丝两侧压的导线截面积相同，同一端子上导线连接不多于 2 根，防松垫圈等零件齐全；

2 箱（盘）内开关动作灵活可靠，带有漏电保护的回路，漏电保护装置动作电流不大于 30mA，动作时间不大于 0.1s。

3 照明箱（盘）内，分别设置零线（N）和保护地线（PE 线）汇流排，零线和保护地线经汇流排配出。

5.2 一般项目

5.2.1 基础型钢安装应符合表 3-2 的规定。箱、盘相互间或与基础型钢应用镀锌螺栓连接，且防松零件齐全。

基础型钢安装允许偏差　　　　　　　　　　　　　　表 3-2

项目	允许偏差	
	（mm/m）	（mm/全长）
不直度	1	5
水平度	1	5
不平行度	—	5

5.2.2 箱、盘安装垂直度允许偏差为 1.5‰，相互间接缝不应大于 2mm，成列盘面偏差不应大于 5mm。

5.2.3 箱、盘内检查试验应符合下列规定：

1 控制开关及保护装置的规格、型号符合设计要求；

2 闭锁装置动作准确、可靠；

3 主开关的辅助开关切换动作与主开关动作一致；

4 箱、盘上的标识器件标明被控设备编号及名称，或操作位置，接线端子有编号，且清晰、工整、不易脱色；

5 回路中的电子元件不应参加交流工频耐压试验；48V 及以下回路可不做交流工频耐压试验。

5.2.4 低压电器组合应符合下列规定：

1 发热元件安装在散热良好的位置；

2 熔断器的熔体规格、自动开关的整定值符合设计要求；

3 切换压板接触良好，相邻压板间有安全距离，切换时，不触及相邻的压板；

4 信号回路的信号灯、按钮、光字牌、电铃、电筒、事故电钟等动作和信号显示准确；

5 外壳需接地（PE）或接零（PEN）的，连接可靠；

6 端子排安装牢固，端子有序号，强电、弱电端子隔离布置，端子规格与芯线截面积大小适配。

5.2.5 箱、盘间配线：电流回路应采用额定电压不低于 750V、芯线截面积不小于 2.5mm^2 的铜芯绝缘电线或电缆；除电子元件回路或类似回路外，其他回路的电线应采用额定电压不低于 750V、芯线截面不小于 1.5mm^2 的铜芯绝缘电线或电缆。

5.2.6 二次回路连线应成束绑扎，不同电压等级、交流、直流线路及计算机控制线路应分别绑扎，且有标识；固定后不应妨碍手车开关或抽出式部件的拉出或推入。

5.2.7 连接箱、盘面板上的电器及控制台、板等可动部位的电线应符合下列规定：

1 采用多股铜芯软电线，敷设长度留有适当裕量；

2 线束有外套塑料管等加强绝缘保护层；

3 与电器连接时，端部绞紧，且有不开口的终端端子或搪锡，不松散、断股；

4 可转动部位的两端用卡子固定。

5.2.8 照明配电箱（盘）安装应符合下列规定：

1 位置正确，部件齐全，箱体开孔与导管管径适配，暗装配电箱箱盖紧贴墙面，箱（盘）涂层完整；

2 箱（盘）内接线整齐，回路编号齐全，标识正确；

3 箱（盘）不采用可燃材料制作；

4 箱（盘）安装牢固，垂直度允许偏差为 1.5‰；安装高度应符合设计要求。

6 成品保护

6.0.1 配电箱（盘）安装后，应采取保护措施，并设专人看管，避免碰坏、弄脏电器具、仪表。

6.0.2 配电箱（盘）安装过程中，临时放于现场的盘芯等设备应放在干燥场所，并采取防尘措施。

7　注意事项

7.1　应注意的质量问题

7.1.1　应按规范要求选择接地导线，并按有关规定正确连接，防止出现接地导线截面不够或保护地线串接。

7.1.2　盘后配线应按支路绑扎成束，并固定在盘内，防止导线排列乱。

7.1.3　配电箱箱体周边应用水泥砂浆填实抹平，以免箱体周边缝隙过大或出现空鼓。

7.1.4　按照配电箱内二层板位置进行配管，以免造成配管排列不合理。

7.2　应注意的安全问题

7.2.1　现场机具布置必须符合安全规范，机具摆放间距必须充分考虑操作空间，机具摆放整齐，留出行走及材料运输通道。严格按照机具使用的有关规定进行操作。

7.2.2　对加工用的电动工具要坚持日常保养维护，定期做安全检查，不用时立即切断电源。

7.2.3　登高作业时应采用梯子或脚手架进行，并采取相应的防滑施。高度超过 2m 时必须系好安全带。

7.2.4　使用明火时，必须经现场管理人员报有关部门批准。明火应远离易燃物，并在现场备足灭火器材，且做好必要防护，设专职看火人。

8　质量记录

8.0.1　配电箱（盘）及电气元件、绝缘导线等产品出厂合格证、生产许可证、检测报告、"CCC" 认证及证书复印件。

8.0.2　设备开箱检验记录。

8.0.3　材料、构配件进场检验记录。

8.0.4　配电箱（盘）安装工程预检、隐检记录。

8.0.5　设计变更、工程洽商记录。

8.0.6　电气绝缘电阻测试记录。

8.0.7　漏电开关模拟试验记录。

8.0.8　照明配电箱安装分项工程质量验收记录。

第4章 低压电动机、电加热器及 电动执行机构检查接线

本工艺标准适用于建筑电气安装工程交、直流电动机、电加热器及电动执行机构检查接线施工。

1 引用标准

《建筑电气工程施工质量验收规范》GB 50303—2015
《电气装置安装工程　旋转电机施工及验收规范》GB 50170—2006
《电气装置安装工程　电气设备交接试验标准》GB 50150—2016

2 术语

2.0.1 电气装置
为实现一个或几个具体目的且特性相配合的电气设备的组合。

2.0.2 建筑电气工程（装置）
为实现一个或几个具体目的且特性相配合的，由电气装置、布线系统和用电设备电气部分的组合。这种组合能满足建筑物预期的使用功能和安全要求，也能满足使用建筑物的人的安全需要。

3 施工准备

3.1 作业条件

3.1.1 施工图及技术资料齐全无误。

3.1.2 土建工程基本施工完毕，门窗玻璃安好。

3.1.3 在室外安装的电机，应有防湿、防雨措施。

3.1.4 安装场地清理干净，道路畅通。

3.1.5 电动机混凝土基础应达到设备安装的强度。

3.1.6 大型电机需具备相应容量的试运行电源。

3.2 设备材料及机具

3.2.1 原材料、半成品的要求

1 主要设备、材料、成品和半成品进场检验应有记录，确认符合《建筑电

气工程施工质量验收规范》GB 50303—2015 规定，才能在施工中应用。

2 查验合格证和随带技术文件，实行生产许可证和安全认证标志。

3 外观检查：有铭牌，附件齐全，电气接线端子完好，设备器件无缺损，涂层完整。

4 与电动机配套的控制、保护、起动设备完好齐全，且符合设计要求。

3.2.2 主要材料：各种规格的型钢、地脚螺栓、镀锌螺栓、各种规格的电线、电缆、绝缘带、镀锌扁钢、结 422ϕ3.2 电焊条、金属软管接头、金属软管、一级电力复合脂、20mm×5m 自粘性橡胶带、焊锡、焊锡膏、20mm×10m 黄蜡绸带、汽油、棉纱、接线端子、锯条、胶布、塑料软管、凡士林、压线帽等。

3.2.3 主要机具：梅花扳手、套筒扳手、活络扳手、电吹风机、吊链、钢卷尺、钢板尺、塞尺、水平尺、线坠、兆欧表、万用表、转速表、万用表、钳形电流表、电子温度计、测电笔、相序指示仪、倒链、钢丝绳、台钻、角向磨光机、液压钳。

4 操作工艺

4.1 工艺流程

开箱检查 → 安装前检查 → 抽芯检查 → 干燥处理 → 试运行前检查 →

交接试验 → 空载试运行 → 交工验收

4.2 设备开箱检查

4.2.1 设备开箱检查由安装单位、供货单位，监理单位会同建设单位代表共同进行，并作好记录。

4.2.2 按照设备清单、技术文件，对设备及其附件、备件的规格、型号、数量进行详细核对。

4.2.3 电动机、电加热器及电动执行机构本体、控制和起动设备外观检查应无损伤及变形，油漆完好。

4.2.4 电动机、电加热器及电动执行机构本体、控制和起动设备应符合设计要求，并应有合格证件，设备应有铭牌。

4.3 安装前的检查

4.3.1 电动机、电加热器及电动执行机构本体、控制和起动设备应完好，不应有损伤和变形现象。盘动转子应轻快，不应有卡阻及异常声响。

4.3.2 定子和转子分箱装运的电机，其铁心转子和轴颈应完整无锈蚀现象。

4.3.3 电机的附件、备件应齐全无损伤。

4.3.4 电动机的性能应符合电动机周围工作环境的要求。

4.4 抽芯检查

4.4.1 电动机有下列情况之一时，应作抽芯检查：

出厂日期超过制造厂保证期限，无保证期限的已超过出厂时间一年以上。

外观检查、电气试验、手动盘车和试运转，有异常情况者。

4.4.2 抽芯检查应符合下列要求

线圈绝缘层完好，无损伤绕组连接正确，端部绑线不松动，槽楔固定、无断裂，引线焊接饱满，电机的铁芯、轴颈、集电环和换向器内部清洁，无损伤和锈蚀现象，通风孔道无堵塞。

轴承无锈斑，注油（脂）的型号、规格和数量正确，转子平衡块紧固，平衡螺丝应锁紧，风扇方向正确，风扇叶片无裂纹。

磁极铁轭固定良好，励磁绕组紧贴磁板，不应松动。

鼠笼式电机转子铜导电条和端环应无裂纹，焊接良好。浇铸的转子表面应光滑平整，导电条和端环不应有气孔、缩孔、夹渣、裂纹、细条、断条和浇铸不满等现象。

直流电机的磁极中心线与几何中心线应一致。

连接用紧固件的防松零件齐全完整。

其他指标符合产品技术文件的特有要求。

4.5 电动机干燥

4.5.1 电机由于运输、保管或安装后受潮，绝缘电阻或吸收比达不到规范要求，应进行干燥处理。

4.5.2 电机干燥工作，应由有经验的电工进行，在干燥前应根据电机受潮情况制定烘干方法及有关技术措施。

4.5.3 烘干温度要缓慢上升，一般每小时升温 5～8℃，铁芯和线圈的最高温度应控制在 70～80℃。

4.5.4 当电机绝缘电阻值达到规范要求时，在同一温度下经 5h 稳定不变时，方可认为干燥完毕。

4.5.5 烘干工作可根据现场情况、电机受潮程度选择以下方法进行：

采用循环热风干燥室进行烘干。

灯泡干燥法：灯泡可采用红外线灯泡或一般灯泡使灯光直接照射在绕组上，温度高低的调节可用改变灯泡功率大小来实现。

电流干燥法：采用低压电压，用变阻器调节电流，其电流大小宜控制在电机额定电流的 60% 以内，并应设置测温计，随时监视干燥温度。

4.6 试运前的检查

4.6.1 土建工程全部结束，现场清扫整理完毕。

4.6.2　电机本体安装检查结束。

4.6.3　冷却、调速、滑润等附属系统安装完毕，验收合格，分部试运行情况良好。

4.6.4　电动机保护、控制、测量、信号、励磁等回路的调试完毕动作正常。

4.6.5　多速电动机的接线、极性应正确。联锁切换装置应动作可靠，操作程序应符合产品技术条件规定。

4.6.6　底座基础的建造

1　电动机底座的基础一般用混凝土浇筑或用砖砌成，基础的形状如图 4-1 所示：基础高出地面（H）一般为 100～150mm，长（L）和宽（B）的尺寸根据电动机机座安装决定，每边比电动机底座宽 100～150mm，以保证埋设的地脚有足够的强度。

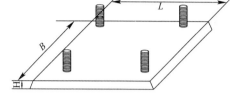

图 4-1　电动机基础示意图

2　如设计无要求，基础承重能力一般不小于电动机重量的 5 倍。

4.6.7　地脚螺栓埋设方法：按电动机地脚螺栓孔的间距，将地脚螺栓放在机架上进行固定。保证地脚螺栓埋设牢固，螺栓底一端制成燕尾形。埋入长度一般为螺栓直径的 10 倍左右，人字开口长度是埋入长度的一半左右。埋设螺栓长度应顺直，待电动机紧固后地脚螺栓高出螺母 3～5 扣。

4.6.8　有固定转向要求的电机，试车通电前必须检查电机与电源的相序，并应一致。

4.7　电动机交接试验

4.7.1　测量绝缘电阻：低压电动机使用 1000V 兆欧表测量，绝缘电阻值应大于 0.5MΩ。

4.7.2　100kW 以上或 1000V 以上的电动机应测量各相直流电阻值，相互差不应大于最小值的 2%；无中性点引出的电动机，测量线间直流电阻值，相互差不应大于最小值的 1%。

4.7.3　电刷与换向器或滑环的接触应良好。

4.7.4　盘动电机转子应转动灵活，无碰卡现象。

4.7.5　电机引出线应相位正确，固定牢固，连接紧密。

4.7.6　电机外壳油漆完整，保护接地良好。

4.8　空载试运行

4.8.1　电动机试运行一般在空载下进行，空载试运行时间为 2h，合格后在进行负荷运行。

4.8.2　电动机旋转方向应正确，无异响。

4.8.3 换向器、滑环及电刷工作正常，没有严重的火花。

4.8.4 电动机的振动符合规定。

4.8.5 降压启动的时间应符合规定。

4.8.6 测量电动机的本体温度、绕组温度、轴承温度均符合温升要求。

4.8.7 记录空载启动电流、满载电流值。

4.9 交工验收

4.9.1 空载、负荷试运行结束，运行时间符合规定要求。

4.9.2 各类调试试验记录表格填写完整，并经监理单位签字确认。

4.9.3 设备出厂资料、合格证件齐全。

4.9.4 办理移交手续。

5 质量标准

5.1 主控项目

5.1.1 电动机、电加热器及电动执行机构的可接近裸露导体必须接地（PE）或接零（PEN）。

5.1.2 电动机、电加热器及电动执行机构绝缘电阻值应大于 0.5MΩ。

5.1.3 100kW 以上或 1000V 以上的电动机应测量各相直流电阻值，相互差不应大于最小值的 2％；无中性点引出的电动机，测量线间直流电阻值，相互差不应大于最小值的 1％。

5.2 一般项目

5.2.1 电气设备安装应牢固，螺栓及防松零件齐全，不松动。防水防潮电气设备的接线入口及接线盒盖等应做密封处理。

5.2.2 除电动机随带技术文件说明为不允许在施工现场抽芯检查外，有下列情况之一的电动机，应抽芯检查。

5.2.3 出厂时间已超过制造厂保证期限，无保证期限的已超过出厂时间一年以上。

5.2.4 外观检查、电气试验、手动盘转和试运行，有异常情况。

5.2.5 抽芯检查应符合下列要求：

线圈绝缘层完好，无损伤，端部绑线不松动，槽楔固定、无断裂，引线焊接饱满，内部清洁，无损伤和锈蚀现象，通风孔道无堵塞。

轴承无锈斑，注油（脂）的型号、规格和数量正确，转子平衡块紧固，平衡螺丝应锁紧，风扇方向正确，风扇叶片无裂纹。

接紧固件的防松零件齐全完整。

其他指标符合产品技术文件的特有要求。

5.2.6 在设备接线盒内裸露的不同相导线间和导线对地间最小距离应大于8mm，否则应采取绝缘防护措施。

6 成品保护

6.0.1 起吊电机转子时，不可将吊绳绑在滑环、换向器或轴颈部分；起吊定子或转子时，不得碰伤定子绕组或铁芯。

6.0.2 电动机解体时，应随时将拆卸下来的零件做上记号，以便回装时各就各位。细小零件应放入专用小箱。对不更换润滑脂的轴承，应将它盖好，以免弄脏。

6.0.3 施工各工种之间要互相配合，保护设备不碰撞损伤。

6.0.4 控制设备的箱、柜要加锁，防潮湿，防腐蚀。低压电器安装后，应采取成品保护措施。

6.0.5 与低压电器成套的操作专用工具、钥匙以及可拆装的智能操作面板要派专人保管好。

6.0.6 低压电器出厂已整定好的参数，现场不需调整的应将其封闭好，能上锁的上锁，避免误动，影响运行的可靠性。

6.0.7 低压电器与外部连接时，不应承受太大的作用力，防止设备变形损坏。

7 注意事项

7.1 应注意的质量问题

7.1.1 电机接线盒内裸露导线，线间对地距离不够。

7.1.2 电机起动跳闸，电动机温升过高。

7.1.3 接线不正确；电机外壳接地（零）线不牢，接线位置不正确。

7.1.4 低压电器成套的零部件或专用操作工具等，安装点件时要核对清楚，不够的应配齐。

7.1.5 低压电器内部连接是否牢固，有无螺丝松动现象，安装之前统一检查。

7.1.6 电磁铁芯的表面存有锈斑及污物，通电时发出异常噪声，可将电磁铁芯表面通过打磨去污等手段来处理。

7.1.7 电器的辅助触点接触不良或动作异常，影响正常的操作或联动功能，必须调整触点或机构，使其正常动作。

7.1.8 安装自动开关等有返回弹簧的电器时应将开关置于断开位置。

7.2 应注意的安全问题

7.2.1 电机干燥过程中应有专人看护，配备灭火的防火器材，严格注意防火。

7.2.2 使用砂轮机、切割机或凿墙眼时应戴护目眼镜，钻孔时严禁戴手套操作。

7.2.3 电气设备外露导体必须可靠接地，防止设备漏电或运行中产生静电火花伤人。

7.2.4 电焊、喷灯作业应配备灭火器。

7.3 应注意的绿色施工问题

7.3.1 电机抽芯检查施工中应严格控制噪声污染，注意保护环境。

7.3.2 废机油、废油漆、汽油等不得排入下水道，应存入专用密闭容器内，在安全员的监护下，到废弃物处理场进行处理。

7.3.3 其他废弃材料集中回收处理。

8 质量记录

8.0.1 产品合格证。

8.0.2 产品出厂技术文件。

8.0.3 产品出厂试验报告单。

8.0.4 产品安装使用说明书。

8.0.5 电动机抽芯检查记录、电动机干燥记录。

8.0.6 绝缘电阻摇测记录。

8.0.7 电器设备通电试运行记录。

8.0.8 安装工程的预检、自检、互检记录。

8.0.9 设计变更，洽商记录，竣工图。

8.0.10 低压电器的交接试验报告。

8.0.11 质量检验评定记录。

第5章 柴油发电机组安装

本工艺标准适用于民用建筑、工业、石化等电气安装工程中自备柴油发电机组安装工程的施工。

1 引用标准

《建筑电气工程施工质量验收规范》GB 50303—2002
《建筑工程施工质量验收统一标准》GB 50300—2013
《自动化柴油发电机组分级要求》GB/T 4712—2008
《城市区域环境振动标准》GB 10070—88
《电气装置安装工程　电气设备交接试验标准》GB 50150—2016

2 术语

柴油发电机组：包括用于产生机械能的 RIC（往复式）压缩点燃式柴油发动机、转换机械能为电能的发电机，以及用于传递机械能的部件（如柔性联轴器）和用于监视控制发电机组正常运行控制盘。

假性负载：用于提供备用发电机组现场测试、定期启动带载运行的负载。

噪声：产生有害人体健康的声源，发电机组的噪声分燃烧噪声和机械噪声。度量单位为分贝（dB）。

减震器：用于隔离发电机组与安装基础之间震动的装置，一般隔震效果为 85%～95%，可分为机上安装减震器和独立式减震器。

接地：适用于保护发电机组或其连接的系统，可采用发电机组中性线和机壳直接接地方式或接地故障保护装置。

3 施工准备

3.1 作业条件

3.1.1 土建装饰工程基本完工，交接检验合格，门窗封闭完好。

3.1.2 柴油发电机组的安装场地清理干净、道路畅通。

3.1.3 在室外安装的柴油发电机组应有防雨措施。

3.1.4 柴油发电机组的安装基础、地脚螺栓孔及电缆管线的位置应符合设计及规范要求。

3.2 材料及机具

3.2.1 主材：角钢、导线、电缆等。

3.2.2 辅材：绝缘带、电焊条、防锈漆、调和漆、润滑脂、变压器油、清洗剂、砂布、油漆、氧气、乙炔、汽油等。

3.2.3 主要工机具：汽车式起重机、载重汽车、交流电焊机、卷扬机、铲车、三脚架、倒链、钢丝绳、台钻、砂轮切割机、角向磨光机、冲击电钻等。

3.2.4 测量器具：水平尺、转速表、兆欧表、万用表、钳形电流表、试电笔、电子点温计、塞尺等。

4 操作工艺

4.1 工艺流程

基础制作 → 开箱检查 → 主机安装 → 排气、燃油、冷却系统安装 →

电气设备安装 → 电气设备安装 → 机组接线 → 机组调试 → 试运行验收

4.2 操作要求

4.2.1 基础验收

柴油发电机组安装前应根据设计图纸及机组本身的技术文件资料和柴油发电机组本体实物对其设备基础进行全面检查，是否符合安装尺寸要求；

4.2.2 设备开箱检验；

4.2.3 设备开箱检验时应有安装单位、供货单位、建设单位及监理单位共同进行，并做好记录；

4.2.4 根据装箱单核对主机、附件、备件及专用工具是否齐全，检查随机文件及出厂合格证和出厂试运行记录，发电机及其控制柜有出厂试验记录；

4.2.5 检查外观无破损，机身无缺件，有铭牌；

4.2.6 柴油发电机组及其附属设备均应满足设计要求。

4.3 机组安装

4.3.1 在安装前应检查是否有充分的冷却空气及新鲜的吸入空气，是否有循环，空气排放口及烟气排放口，是否有辅助电源及便于运行维修的空间；

4.3.2 如果安装现场允许吊车作业时，可用吊车直接将机组吊起，把随机的减振器在机组底部装好，在土建施工完成的基础上放置好柴油发电机组。一般情况下，减振器不用固定，只要在减振器下垫一层薄橡胶板即可。放好机组后，拧紧螺栓；

4.3.3 若现场不允许用吊车，可将机组放在滚杠上，滚至选定位置。用千斤顶将机组一端台高（注意机组升高端两边一致），直至底座下的间隙能安装抬高一端的减振器。释放千斤顶时，再抬高机组另一端，装好剩余减振器，撤出滚杠并释放千斤顶。

4.4　燃料系统安装

供油系统一般由储油罐、日用油箱、油泵和电磁阀、连接管路构成，当储油罐位置低于机组油泵吸程或高于油门所承受的压力时，必须采用日用油箱，日用油箱上有液位显示及浮子开关（自动供油箱装备）油泵系统的安装要求参照水系统设备的安装规范要求。

4.5　排烟系统的安装

排烟系统一般由排烟管道、排烟消声器及各种连接件组成，安装时应符合下列要求：

4.5.1　将导风罩按设计要求固定在墙壁上；

4.5.2　将随机法兰与排烟管焊接（排烟管长度及数量根据机房大小及烟管走向），焊接时应注意法兰之间的配对，焊接应满足相关的规范要求；

4.5.3　根据消声器及排烟管的大小和安装高度，配置相应的套箍；

4.5.4　用螺栓将消声器、弯头、垂直方向排烟管、波纹管按设计要求连接好保证各处密封良好；

4.5.5　将水平方向排烟管与消声器出口用螺栓连接好，保证结合面的密封性；

4.5.6　排烟管外围包裹一层保温材料；

4.5.7　柴油发电机组与排烟管之间的连接，常规使用波纹管，所有排烟管的重量不允许压在波纹管上，波纹管应保持自由状态。

4.6　通风系统的安装

将进风预埋框预埋至墙内，用水泥沙浆护牢待干燥后装配。安装进风口或风阀及通风管道应按相关工艺标准。

4.7　排风系统安装

4.7.1　测量机组的排风口的坐标位置；

4.7.2　计算排风口的有关尺寸；

4.7.3　预埋排风口；

4.7.4　安装排风机、软接、风口等有关工艺标准见相关专业。

4.8　冷却水系统的安装

冷却系统分为随机安装散热水箱和热交换器，应符合下列要求：

4.8.1　水冷柴油发电机组的热交换器的进、出水口与冷却水源的压力方向应一致，散热水箱加水口和放水口处应留有足够空间；

4.8.2　冷却水进、出水管与发电机组本体的连接应使用软管隔离。

4.9　电气系统安装

4.9.1　发电机控制箱（屏）是发电机组的配套设备，主要控制发电机送电及调压。根据现场实际情况，小容量发电机的控制箱直接安装在机组上，大容量发电机的控制屏固定在机房的地面基础上，或安装在机组隔离的控制室内，具体安装方法参见本书《成套配电柜、控制柜（屏、台）安装》的相关内容。

4.9.2　对 500kW 以下的柴油发电机组，随机组配有相应配套的控制箱（屏）和励磁箱；对 500kW 以上机组，订货时可向机组生产商提出控制屏的特殊订货要求。

4.9.3　根据控制屏和机组的安装位置安装金属桥架，具体参见本书《电缆桥架安装》的相关内容。

4.10　地线安装

4.10.1　将发电机的中性线（工作零线）与接地母线用专用地线及螺栓连接，螺栓防松装置齐全。

4.10.2　将发电机本体和机械部分的可接近导体与保护接地（PE）或接地线（PEN）进行可靠连接。

4.11　蓄电池充电前的检查

按产品技术文件要求对蓄电池充液，充电。

4.12　发电机静态试验随机盘柜接线检查

4.12.1　按照表《发电机交换试验》完成柴油发电机组本体的定子电路、转子电路、励磁电路和其他项目的试验检查，并做好记录，检查时最好有厂家在场或直接由厂家完成。

4.12.2　根据厂家提供的随机资料，检查和校验随机控制屏的接线是否与图纸一致。

4.13　机组接线

4.13.1　敷设电源回路、控制回路的电缆，并与设备进行连接，具体工艺参见本书《电缆敷设》的相关内容。

4.13.2　发电机及控制箱接线应正确可靠。馈电线两端的相序必须与原供电系统的相序一致。

4.13.3　发电机随机的配电柜和控制柜接线应正确无误，所有紧固件应牢固，无遗漏脱落。开关、保护装置的型号、规格必须符合设计要求。

4.14　柴油发电机组的空载运行

柴油发电机组空载运行应检查无油、水泄露，手盘机械运转平稳，转速自动或手动符合要求。机组空载运行合格后方可做发电机空载试验。

4.14.1　断开柴油发电机组负载侧的断路器或 ATS，将机组控制屏的控制开关设定到"手动"位置，按启动按钮。检查机油压力表，检查机组电压、电池电压、频率是否在误差范围内，并及时进行适当调整。

4.14.2　以上一切正常，可接着完成正常停车与紧急停车。

4.15　发电机组带负荷试运行

4.15.1　空载运行合格后按"机组加载"按钮，由机组向负载供电；先进行假性负载试验合格后，由机组向负荷供电。

4.15.2　检查发电机组运行是否平稳，频率、电压、电流及功率是否正常；一切正常后发电机停机，控制屏上的控制开关设定到"自动"状态。

4.16　试运行验收

4.16.1　对受电侧的开关设备、自动或手动切换装置和保护装置等进行试验，试验合格后，按设计的备用电源使用分配方案进行试验，机组和电气装置连续运行 12h 无故障方可交接验收。

5　质量标准

5.1　主控项目

5.1.1　发电机的试验必须符合表 5-1 的规定。

发电机交换试验　　　　　　　　　　　　　　　表 5-1

序号	内容部位		试验内容	试验结果
1	静态试验	定子电路	测量定子绕组的绝缘电阻和吸收比	绝缘电阻值大于 0.5MΩ；沥青浸胶及烘卷云母绝缘吸收比大于 1.3；环氧粉云母绝缘吸收比大于 1.6
2			在常温下，绕组表面温度与空气温度差在 ±3℃ 范围内测量各相直流电阻	各相直流电阻值相互间差值不大于最小值 2%，与出厂值在同温度下比差值不大于 2%
3			交流工频耐压试验 1min	试验电压为 $1.5U_n+750$V，无闪络击穿现象，U_n 为发电机额定电压
4		转子电路	用 1000V 兆欧表测量转子绝缘电阻	绝缘电阻值大于 0.5MΩ
5			在常温下，绕组表面温度与空气温度差在 ±3℃ 范围内测量绕组直流电阻	数值与出厂值在同温度下比差值不大于 2%
6			交流工频耐压试验 1min	用 2500V 摇表测量绝缘电阻替代
7		励磁电路	退出励磁电路电子器件后，测量励磁电路的线路设备的绝缘电阻	绝缘电阻值大于 0.5MΩ
8			退出励磁电路电子器件后，进行交流工频耐压试验 1min	试验电压 1000V，无击穿闪络现象

续表

序号	内容部位		试验内容	试验结果
9	静态试验	其他	有绝缘轴承的用 1000V 兆欧表测量轴承绝缘电阻	绝缘电阻值大于 0.5MΩ
10			测量检温计（埋入式）绝缘电阻，校验检温计精度	用 250V 兆欧表检测不短路，精度符合出厂规定
11			测量灭磁电阻，自同步电阻器的直流电阻	与铭牌相比较，其差值为±10%
12	运转试验		发电机空载特性试验	按设备说明书比对，符合要求
13			测量相序	相序与出线标识相符
14			测量空载和负荷后轴电压	按设备说明书比对，符合要求

5.1.2 发电机组至低压配电柜馈电线路的相间、相对地间的绝缘电阻值应大于 0.5MΩ；塑料绝缘电缆馈电线路直流耐压试验为 2.4kV，15min，泄漏电流稳定，无击穿现象。

5.1.3 柴油发电机馈电线路连接后，两端的相序必须与原供电系统的相序一致。

5.1.4 发电机中性线（工作零线）应与接地干线直接连接，螺栓防松零件齐全，且有标识。

5.2 一般项目

5.2.1 发电机组随带的控制柜接线应正确，紧固件紧固状态良好，无遗漏脱落。开关、保护装置的型号、规格正确，验证出厂试验的锁定标记应无位移，有位移应重新按制造厂要求试验标定。

5.2.2 发电机本体和机械部分的可接近裸露导体应接地（PE）或接零（PEN）可靠，且有标识。

5.2.3 受电侧低压配电柜的开关设备、自动或手动装置和保护装置等试验合格，应按设计的自备电源使用分配预案进行负责试验，机组连续运行 12h 无故障。

6 成品保护

6.0.1 安装在机房内的机组及其辅助设备，机房门应加锁，未经安装等相关人员允许，其他人员不得入内。

6.0.2 安装在室外的机组及其辅助设备，应根据现场实际情况采取必要的保护措施（如控制箱、柜等须加锁）。

6.0.3 施工时各工种须注意保护设备，严禁碰撞、损伤设备。

6.0.4　机组安装完以后，应保持机房内清洁、干燥，防止设备锈蚀。

6.0.5　系统调试过程中，各主要环节应设有专人值班。

6.0.6　机房内应保持良好通风，室内温度应保持在 10～40℃，室内严禁用火和吸烟。

7　注意事项

7.1　应注意的质量问题

7.1.1　施工人员应严格按设计和发电机标注接线方式接线，防止接线不正确。

7.1.2　发电机与控制柜的引入导线，应有防护，配线整齐，端子与线连接紧密。

7.1.3　柴油发电机组的安装位置应正确，与基础连接的螺栓紧固，带有减震器的应与减震器连接紧密牢固，防松零件齐全、不松动。

7.1.4　发电机组的供油供水管道连接严密、固定牢靠、横平竖直、走向合理，与其他适配部件连接准确，各部件及附属设备应固定牢固，吊、支托架配置合理。

7.1.5　发电机的中性线（工作零线）与接地母线的引出端子应用专用螺栓直接连接起来，螺栓防松装置齐全；并有接地标志，避免发电机的中性线（工作零线）与接地母线连接不牢。

7.2　应注意的安全问题

7.2.1　柴油发电机组对人体有危险的部位必须张贴危险标志；

7.2.2　柴油发电机主体：

开机前所有的防护罩，特别是风扇罩必须正确地安装在机器上。

开机前所有的电气接头必须正确地连接，所有的仪器设备必须检查一遍以保安全。

所有接地必须良好。

开机前所有带锁的配电盘的门必须锁好。

维修人员必须经过培训，不要独自一人在机器旁维修，这样一旦事故发生时能得到帮助。

维修时禁止启动机器，可以按下紧急停机按钮或拆下启动电瓶。

7.2.3　燃油和润滑油：

在燃油系统施工和运行期间，不允许有明火、香烟、机油、火星或其他易燃物接近柴油发电机组和油箱。

燃油和润滑油碰到皮肤会引起皮肤刺痛，如果油碰到皮肤上，立即用清洗液或水清洗皮肤。如果皮肤过敏（或手部都有伤者）要带上防护手套。

燃油管要固定牢固且不渗漏，与发电机组连接的燃油管要用合格的软管。

保证所有进油口要装有正向关闭阀。

除非油箱与发电机是分离的，否则在发电机工作时不要往油箱内注油，燃油与热发电机组及废气接触是潜在的火患。

7.2.4 蓄电池：

如果蓄电池使用的是铅酸电池，如果要与蓄电池的电解液接触，一定要戴防护手套和特别的眼罩。

蓄电池中的稀硫酸具有毒性和腐蚀性，接触后会烧伤皮肤和眼睛。如果硫酸溅到皮肤上，用大量的清水清洗，如果电解液进入眼睛，用大量的清水清洗并立即去医院就诊。

蓄电池可释放易爆气体。火花和火焰要远离电瓶，特别是电瓶充电时，在拆装蓄电池时不能让正负极相碰，以防产生火花。启动前，拧紧接头，蓄电池的摆放或充电地点必须保持通风。

制作电解液时，浓硫酸必须用蒸馏水或离子水稀释。装电解液的容器必须是铅衬的木盒或陶制容器。

制作电解液时，先把蒸馏水或离子水倒入容器，然后加入酸，缓缓地不断地搅动，每次只能加入少量酸。不要往酸中加水，酸会溅出，这样危险，制作时要穿上防护衣、防护鞋、戴上防护手套，蓄电池使用前电解液要冷却到室温。

除油剂的使用，三氯乙烯等除油剂有毒性，使用时注意不要吸进它的气体，也不要溅到皮肤和眼睛里，在通风良好的地方使用，要穿戴劳保用品保护手眼和呼吸道。

7.2.5 转动部分：

严禁在不设皮带护挡和电器附件的情况下操作。

当在转动的部件附近或电力设备附近工作时，不要穿过分宽松的衣服及佩戴首饰，宽松的衣服可能会被转动部分挂住，首饰可能引起电线短路而触电起火。

保证发电机组的紧固件拧紧，在风扇或传动带上要有设置好的防护装置。

开始在发电机组工作前，应先断开启动电池，负极先断，以防止意外起动。

如果设备运转时进行调整，对于热的管道及移动的部件要特别当心。

7.2.6 噪声：

如果在机组附近工作，耳朵一定要采取保护措施，如果柴油发电机组外有罩壳，则在罩壳外不需要采取保护措施，但进入罩壳内则需采取。在需要耳部保护的地区标上记号。尽量少去这些地区。若必须要去，则一定要使用护耳器。一定要对使用护耳器的人员讲明使用规则。

不要在柴油发电机组的消声系统安装完成之前，起动柴油发电机组，否则会造成难以预测的后果。

7.2.7 排烟系统：

排烟系统排出的气体，含有大量的一氧化碳，必须经管道安全地排到室外去，在排烟管道施工完成之前，不能开启发电机组。

排烟管道的使用材质不允许使用铜质管道，排除的含硫气体会迅速腐蚀管道，可能会引起排气泄漏。

7.2.8 触电的预防：

在进行电气维修时，应严格遵照电气说明书进行，确保发电机组接地正确。

不能用湿手，或站在水中和潮湿地面上，触摸电线和设备。

不要将发电机组与建筑物的电力系统直接连接。电流从发电机组进入公用线路是很危险的，这将导致触电死亡和财产损失。

7.2.9 其他预防措施：

有压力时冷却剂的沸点比水高，当发电机运转时不要打开散热器或热交换器的压力帽，若需打开，应先让发电机组冷却和系统压力下降后再进行。

装备合适的灭火器在方便的位置。

不要将碎布放在发电机上或留在发电机附近。

需要将机器上的污油清理干净，过量的油污可能引起引擎过热而导致火患。

8　质量记录

8.0.1　设备、材料进场全数（抽样）检验记录表。

8.0.2　电气设备、材料每批进场全数（抽样）检查记录表。

8.0.3　电气线路绝缘电阻测试记录。

8.0.4　设计变更、工程洽商记录。

8.0.5　调试记录。

8.0.6　柴油发电机组安装检验批质量验收记录表。

8.0.7　柴油发电机组安装分项工程验收记录。

8.0.8　电气设备单体试运行记录。

第6章 不间断电源安装

本工艺标准适用于电压为 24V 及以上，500V 以下的 EPS 不间断电源设备安装工程。

1 引用标准

《建筑电气工程施工质量验收规范》GB 50303—2015

《不间断电源设备 第 1-1 部分：操作人员触及区使用的 VPS 的一般规定和安全要求》GB 7260.1—2008

2 术语

3 施工准备

3.1 施工材料及机具

3.1.1 材料：木材、耐酸漆、纯硫酸、蒸馏水、铝标志牌、碳酸氢钠、20mm×5m 自粘性橡胶带、20mm×20m 相色带、422φ3.2 电焊条、200♯溶剂汽油、M14～20×160～200 膨胀螺栓、棉纱、$L=300$ 锯条、肥皂水。

3.1.2 机具：5t 载重汽车、5t 叉式起重机、配酸容器、台钻、砂轮切割机、角向磨光机、交流电焊机、电气焊工具、绝缘摇表万能表、比重计、温度计、玻璃棒、非金属漏斗。

3.2 作业条件

3.2.1 蓄电池室内耐酸地面通风道已施工完毕，门窗已安装完毕，金属构架耐酸漆已刷完，装饰工程、高空作业项目已全部结束。

3.2.2 模板及施工设施已全部清除，现场及通风道已清理干净，运输通道畅通无阻，周边无影响施工的障碍物。

3.2.3 台墩已施工完，木台架已制作完，并已刷耐酸漆。

3.2.4 采暖、上下水、通风、照明工程已基本结束达到使用条件。

3.2.5 施工用的主、辅料已备足，并有厂家或供应商提供的产品质量合格证书、产品合格证、材质检验合格证书，能满足连续施工的需要。

4 操作工艺

4.1 工艺流程

装卸运输 → 开箱检查 → 保管 → 基础制安 → 设备安装 → 蓄电池安装 →

贮液注液 → 充放电 → 送电验收

4.2 装卸、运输

4.2.1 蓄电池装卸、运输不应有冲击和严重震动。

4.2.2 装电解液的容器应无渗漏，封口严密。

4.2.3 运输时，如相互叠放，受压件必须在承重允许范围内，否则不允许叠放。较大件不应叠放。

4.2.4 蓄电池严禁倒置，装卸应轻搬轻放。

4.2.5 防酸、隔爆型蓄电池装卸运输时，不应取下防酸、隔爆帽上的塑料袋。

4.2.6 对装有温度计和比重计的蓄电池应采取好保护措施。

4.2.7 运输时用绳子捆扎牢靠。

4.2.8 远距离应使用载重汽车运输，近距离可用手推车运输。

4.3 开箱检查

4.3.1 蓄电池运到施工现场后应会同建设单位或供货单位共同开箱，按装箱单逐件清点数量，并如实作好记录。

4.3.2 根据装箱技术文件核对蓄电池铭牌，其型号、规格等应相符，并满足设计要求。

4.3.3 铅酸蓄电池应检查以下内容：

1 蓄电池槽应无断裂、损伤，槽盖板应密封良好。

2 蓄电池的正、负端柱必须极性正确，并应无变形，无斑痕。防酸栓、催化栓等配件应齐全、无损伤，滤气帽的通气性能良好。

3 透明的蓄电池槽，检查极板应无严重受潮和变形，槽内部件应齐全无损伤。

4.3.4 镉镍碱性蓄电池应检查以下内容：

1 蓄电池壳应无裂纹、损伤、漏液等现象。

2 极性正确，正负端柱无变形，无斑痕，壳内部件齐全无损伤，孔眼无堵塞现象。

3 连接条、螺栓、螺母齐全，连接紧固无松动、无锈蚀。

4 带电解液的蓄电池，其液面高度应在两液面线之间，防漏栓塞应无松动、脱落，电解液无渗漏现象。

4.3.5 检查 UPS 的整流器、充电器、逆变器、静态开关，其规格性能必须符合设计要求；内部接线正确，标志正确清晰，紧固件可靠无松动，焊接牢固无脱落。

4.4 保管

4.4.1 蓄电池组宜存放在 5～40℃通风良好，干燥清洁的室内。

4.4.2 固定型开口式铅酸蓄电池的极板不应受潮和受日光暴晒，正、负极板分开存放而不得叠置，木隔板、木隔棒应按产品技术要求妥为保存，亦可浸入蒸馏水中或洒以蒸馏水置于阴凉处，使其保持潮湿。酸性和碱性蓄电池组不应存放在同一室内，因受条件限制必须存放在同一室内时，应临时设置隔离墙。并标注"酸性蓄电池室"和"碱性蓄电池室"以示区别避免混放。

4.5 基础制安

4.5.1 根据产品技术文件，确定设备的实际安装尺寸和固定螺栓安装孔距尺寸，测量出型钢的几何尺寸。基础型钢安装的允许偏差参考表 6-1。

允许偏差   表 6-1

项目	允许偏差	
	（mm/m）	（mm/全长）
不直度	1	5
水平度	1	5
不平行度	—	5

4.5.2 型钢先调直找正后，焊接成框架，再根据设备固定螺栓孔，钻出固定孔。

4.5.3 框架加工完毕，配合土建确定地面基准线后，进行框架安装，用水平尺、水准仪找平，再固定牢固。基础型钢应焊接接地螺栓，与接地干线用扁钢焊接接地。

4.5.4 对焊接部位除锈并进行防腐处理。

4.6 设备安装

4.6.1 根据图纸，用液压叉车将设备就位到基础上，找平找正后固定设备。

4.6.2 分别敷设 UPS 电源主回路、控制回路的线缆，并与设备进行连接，具体工艺参见本书《电缆敷设》的相关内容。

4.6.3 将 UPS 输出端的中性线（N 极）与由接地装置直接引来的接地干线连接，做重复接地。

4.6.4 UPS 的可接近裸露导体应接地（PE），连接可靠且有标记。

4.7 蓄电池安装

4.7.1 固定型防酸隔爆式铅蓄电池安装

1 此种蓄电池在制造厂内已组装成整体，现场无须组装。

2 按工程设计要求施工，铺设相应的绝缘、耐酸垫层或垫块。

3 蓄电池用的温度计、比重计置于易检查的一侧。各蓄电池之间的间隔应满足设计或制造厂的规定。当无规定时，以25mm为限。

4 连接条与蓄电池正、负极压接时，应压接紧密牢固，但不得产生应力。在压接螺栓上应涂一层中性凡士林。

4.7.2 固定型开口式蓄电池安装

1 容器与台架之间应以绝缘耐酸垫层或垫块隔开，蓄电池槽与台架之间应使用绝缘子隔开并在槽与绝缘子之间垫有铅质或耐酸材料的软质垫片。

2 绝缘子应按台架中心线对称设置，并尽可能地靠近槽的四周。

3 每个蓄电池均应有略小于槽顶面的麻面玻璃盖板。

4 极板应平整、清洁，框架无裂纹、孔洞，极板不应受潮或氧化。

5 对于弯曲变形的极板应进行修复，严重变形的禁止使用。

6 极板安装前应清除容器内的积水、灰尘和杂物。

7 将极板垂直地装入容器内，并调整其高度，使各容器内极板高度一致。

8 极板之间的距离应相等并平行，边缘对齐。

9 极板焊接不得出现虚焊、有气孔和焊后变形现象。

10 极板焊接组装完毕后，将容器清理干净方可安装木隔板等附件。

11 极板组两侧的铅弹簧弹力充足，高度一致。

4.8 贮液

4.8.1 根据所配电解液的多少准备相应的容器、清洗用品、劳保用品、消防用品以及温度计、比重计、搅棒、漏斗等小型仪表器具。

4.8.2 室外配液时，搭设能防雨雪、风沙的帐篷。

4.8.3 准备足够的符合标准的硫酸、蒸馏水，对其质量有怀疑时应进行化验检查。

4.8.4 配制碱性蓄电池电解液时，应准备足够的纯氢氧化钠或氢氧化钾以及纯水。

4.8.5 配液可采用体积比或质量比的方式配制。在室内配制时应通风良好，冬季有采暖设施。

4.8.6 配制好5%的苏打水。

4.8.7 先将蒸馏水倒入配液容器中，然后将硫酸缓慢注入蒸馏水中，同时用玻璃棒均匀搅拌。配液时，蒸馏水与硫酸的比例见表6-2。

电解液中蒸馏水与浓硫酸的比例（参考） 表 6-2

电解液比重（20℃时）纯硫酸比重为1.835时	体积比 水（10^{-3}L）/酸（10^{-3}L）	质量比 水（kg）/酸（kg）	电解液比重（20℃时）纯硫酸比重为1.835时	体积比 水（10^{-3}L）/酸（10^{-3}L）	质量比 水（kg）/酸（kg）
1.10	9.80：1	6.82：1	1.21	4.07：1	2.22：1
1.11	8.80：1	5.84：1	1.22	3.84：1	2.09：1
1.12	8.00：1	5.40：1	1.23	3.60：1	1.97：1
1.13	7.28：1	4.40：1	1.24	3.40：1	1.86：1
1.14	6.68：1	3.98：1	1.25	3.22：1	1.76：1
1.15	6.15：1	3.63：1	1.26	3.05：1	1.60：1
1.16	5.70：1	3.35：1	1.27	2.80：1	1.57：1
1.17	5.30：1	3.11：1	1.28	2.75：1	1.54：1
1.18	4.95：1	2.90：1	1.29	2.60：1	1.41：1
1.19	4.63：1	2.52：1	1.30	2.47：1	1.34：1
1.20	4.33：1	2.36：1	—	—	—

4.8.8 随时用温度计和比重计进行测定，以监视电解液的变化，其温度不得超过70℃，否则应暂停注酸，当比重接近规定值时，应放慢注酸速度。

4.8.9 按比例或体积配完电解液后，静置冷却至30℃以下，再行测量，如与需用值不符时，可用水或硫酸多次调整，直到达到要求为止。蓄电池电解液的标准见表 6-3。

蓄电池电解液标准 表 6-3

项目序号	指标名称	浓硫酸	新配制的硫酸溶液（注用入）	蒸馏水（净化水）
1	外观	透明	透明	无色透明
2	色度测定	需标准醋盐铅溶液 $2×10^{-3}$L	溶液着色 $0.6×10^{-3}$L	—
3	20℃时的比重	1.830～1.833	根据制造厂规定	1.00（4℃）
4	硫酸（H_2SO_4）含量（%）大于	92	根据制造厂规定	—
5	不挥发物含量（%）小于	0.05	—	—
6	锰（Mn）含量（%）小于	0.0001	0.0001	—
7	铁（Fe）含量（%）小于	0.012	0.004	0.0004
8	砷（As）含量（%）小于	0.0001	0.0001	—
9	氯（Cl）含量（%）小于	0.001	0.001	0.0008
10	氮的氧化物（N_2O_3），含量（%）小于	0.0001	0.0001	0.0001
11	有机物含量（%）（以醋酸计）小于			0.003
12	硫化氢组金属（除去铁铅）	需经试验		
13	高锰酸钾还原物（$KMnO_4$）	0.01N 的高锰酸钾溶液		
		$8×10^{-3}$L	$3×10^{-3}$L	

4.8.10 碱性镉镍蓄电池电解液配制：将纯化的氢氧化钠或氢氧化钾轻轻放入纯水中，如为液态的氢氧化钠或氢氧化钾，应将其徐徐注入纯水中，严禁将纯水往装有氢氧化钠或氢氧化钾的容器中倾注。碱性电解液配制数据见表6-4。

镉镍蓄电池电解液配制数据   表6-4

序号	使用环境温度（℃）	比重（g/mL）	电解液的成分	质量比（碱∶水）
1	＋10～＋45	1.18±0.02	氢氧化钠＋20g/L氢氧化锂	1∶5
2	−10～＋35	1.20±0.02	氢氧化钾＋40g/L氢氧化锂	1∶3
3	−25～＋10	1.25±0.01	氢氧化钾	1∶2
4	−40～−15	1.28±0.01	氢氧化钾	1∶2

4.9 注液

4.9.1 注液可采用虹吸法、酸泵法、漏斗法，可视其具体条件、注液量大小选用。

4.9.2 电解液注入蓄电池后，其液面高度应在高、低液面线之间，固定型开口式蓄电池的液面应高出极板上部10～20mm。

4.9.3 防酸隔爆式蓄电池注液后应及时装上防酸隔爆栓，以防充电时酸气大量外泄。

4.9.4 注液时间不宜超过4～6h。

4.9.5 电解液注完后静置3～4h，如液面下降，应作补充注液到应有高度。

4.9.6 注入电解液后，由于极板的吸收，比重会下降，此时可不必调整。

4.10 充、放电

4.10.1 初充电

1 蓄电池组注液后静置3～5h，当液温低于30℃时即可开始初充电。

2 初充电开始后25h内应保持连续充电，电源不可中断，特殊情况例外。

3 充电接近结束时，电解液液面和比重均要发生变化。应根据情况以备用的电解液、硫酸或是蒸馏水进行调整，并再进行0.5h的充电，使电解液混合均匀。

4 碱性镉镍蓄电池充电期间应监视蓄电池的温度，不加氢氧化钾的电解液，其温度不得超过30℃，而加入氢氧化钾电解液，其温度不得超过40℃，当温度过高时，停止充电，待冷却后再充电。镉镍蓄电池充电制见表6-5。

镉镍蓄电池充电制（参考）   表6-5

充电制	充电电流（A）	充电时间（h）
正常充电	25%额定容量数	7
过充电	25%额定容量数	9
快速充电	50%额定容量数	4
浮充电	不定	不定

5 蓄电池不应过充电，初充电达到下列条件时可认为充电结束（充足电）。

电池的电压及电解液比重连续在 3h 内稳定不变，且符合产品技术文件的规定值。

当蓄电池两极间的电压升至要求值时，经 1h 后无明显的变化，且充入的电量已达到放出电量的 140％时，即认为充电结束。

4.10.2 初放电

1 初充电完成后即应进行初放电，初放电可采用可变电阻放电法，或电能反馈法。

2 初放电时，每隔 0.5～1.0h 测量一次每个蓄电池的电解液比重、温度和端电压，如发现个别蓄电池差异较大，应停止放电进行处理，以防止过放电。

3 当大部分蓄电池达到最低放电电压和比重时，即达到产品技术文件规定值时，放电即结束，并立即测量和记录每个蓄电池的电解液比重、温度和端电压，且与整组蓄电池中单个蓄电池的平均电压值差值不超过 1.0％～1.5％，电压不符合标准的蓄电池数量不应超过蓄电池组中总数的 5％。

4 蓄电池最低放电电压和比重见表 6-6。

蓄电池最低放电电压和比重 表 6-6

放电率（h）	1	3	5	10
最低放电电压（V）	1.75	1.80	1.80	1.80
最低电解液比重	1.180	1.165	1.158	1.150

4.10.3 再充电

1 首次放电完毕，应立即再充电，其间隔时间不宜超过 10h，以防蓄电池硫化。

2 再充电的电流和时间应符合产品技术文件规定的经常充电数值。

3 再充电一般方法是：先用 10h 放电电流值充电，当电压升至 2.25V 以上且两极发生明显气泡后逐渐降低充电电流至 40％～60％。

4.11 蓄电池的送电及验收

4.11.1 蓄电池二次充电后，经过对蓄电池电压、电解液比重、温度检查正常后，即可试送电。

4.11.2 试送电合格后，向建设单位进行交验，交验需提供以下资料文件：产品说明书，相关的技术文件，蓄电池安装、充、放电记录，材质化验报告。

5 质量标准

5.1 主控项目

5.1.1 不间断电源的整流装置、逆变装置和静态开关装置的规格、型号符合设计要求。内部结线连接正确，紧固件齐全，可靠不松动，焊接连接无脱落现象。说明：现行国家标准《不间断电源设备》GB 7260 中明确，其功能单元由整流装置、逆变装置、静态开关和蓄电池组四个功能单元组成，由制造厂以柜式出厂供货，有的组合在一起，容量大的分柜供应，安装时基本与柜盘安装要求相同。但有其独特性，即供电质量和其他技术指标是由设计根据负荷性质对产品提出特殊要求，因而对规格型号的核对和内部线路的检查显得十分必要。

5.1.2　不间断电源的输入、输出各级保护系统和输出的电压稳定性、波形畸变系数、频率、相位、静态开关的动作等各项技术性能指标试验调整必须符合产品技术文件要求，且符合设计文件要求。

5.1.3　不间断电源的整流、逆变、静态开关各个功能单元都要单独试验合格，才能进行整个不间断电源试验。这种试验根据供货协议可以在工厂或安装现场进行，以安装现行试验为最佳选择，因为如无特殊说明，在制造厂试验一般使用的是电阻性负载。无论采用何种方式，都必须符合工程设计文件和产品技术条件的要求。不间断电源装置间连线的线间、线对地间绝缘电阻值应大于 $0.5M\Omega$。

5.1.4　不间断电源输出端的中性线（N 极），必须与由接地装置直接引来的接地干线相连接，做重复接地。

5.2　一般项目

5.2.1　安放不间断电源的机架组装应横平竖直，水平度、垂直度允许偏差不应大于 1.5‰，紧固件齐全。

5.2.2　引入或引出不间断电源装置的主回路电线、电缆和控制电线、电缆应分别穿保护管敷设，在电缆支架上平行敷设应保持 150mm 的距离；电线、电缆的屏蔽护套接地可靠，与接地干线就近连接，紧固件齐全。

5.2.3　不间断电源装置的可接近裸露导体应接地（PE）或接零（PEN）可靠，且有标识。

5.2.4　不间断电源正常运行时产生的 A 声级噪声，不应大于 45dB；输出额定电流为 5A 及以下的小型不间断电源噪声，不应大于 30dB。

6　产品保护

6.0.1　蓄电池室的门应加锁。

6.0.2　蓄电池组自充电至交工期内应设专人值班看护。

6.0.3　凡需在蓄电池室内施工必须采取好保护措施。

6.0.4　蓄电池室通风良好，温度应保持在 10～30℃。

6.0.5 室内严禁烟火。

7 注意事项

7.1 应注意的质量问题

7.1.1 同一蓄电池组中的各个蓄电池应具有相同的特性（采用同一型号产品）。

7.1.2 蓄电池安装应平稳，且受力均匀，所有蓄电池槽应高低一致，排列整齐。

7.1.3 连接条及抽头的接线正确，压接紧密牢固。

7.1.4 由合成树脂制作的槽不得粘有芳香烃、煤油等有机溶剂。如需要去除槽壁上的污垢，可用脂肪烃、酒精擦拭。

7.1.5 与蓄电池连接的材料应用耐酸材料。

7.1.6 蓄电池充、放电时，要避免过充、过放。

7.1.7 制作木质蓄电池架时，严禁使用金属制品（铁钉、木螺丝、拐角等）。

7.2 应注意的安全问题

7.2.1 不间断电源安装危险源：酸液腐蚀、触电。

7.2.2 在现场焊母线接头时，禁止在其周围调酸。

7.2.3 电解液调配在通风良好的室内或能防风、防雨雪的帐篷内进行，并配备足够的清水，5%的小苏打溶液，二氧化碳灭火器、干砂等。

7.2.4 配液时，作业人员应穿戴全套防酸劳动保护用品及护目眼镜。

7.2.5 配液时，只能将硫酸徐徐注入蒸馏水中，严禁将蒸馏水倒入硫酸中，以防发生剧烈爆炸。

7.2.6 配液时，用玻璃棒搅拌用力要均衡，以防溅出。

7.2.7 配制碱液时，禁止将水注入碱（或碱液）中。

7.2.8 调制防锈漆时，要防止汽油或松香水外流。

7.2.9 蓄电池室内严禁烟火。

7.2.10 安装极板时，作业人员应戴口罩、手套，并佩戴护目眼镜。

7.3 应注意的绿色施工问题

7.3.1 蓄电池为环境污染严重的物品应严格管控，从采购开始建立详细的台账，废旧蓄电池必须由专业厂家回收处理，不能丢弃。

7.3.2 电池液为腐蚀性液体，搬运时应防止电池损坏，有防止环境污染的应急措施。

8　质量记录

8.0.1　产品质量证书（产品合格证）。

8.0.2　产品出厂技术文件。

8.0.3　产品出厂试验报告单。

8.0.4　产品安装使用说明书。

8.0.5　工艺设备开箱检查记录。

8.0.6　充放电记录。

8.0.7　电解液配比记录。

8.0.8　电解液比重记录。

8.0.9　分项工程质量自检记录。

8.0.10　分项工程质量互检记录。

8.0.11　中间交接记录。

8.0.12　洽商记录。

8.0.13　试运行记录。

8.0.14　钢材、木材材质证明。

8.0.15　分项工程质量评定记录。

8.0.16　分部分项工程质量验收记录。

8.0.17　竣工图。

第7章 低压电气动力设备试验和试运行

本工艺标准适用于一般工业与民用建筑内电动机、电动执行机构和控制设备的试验和试运行。

1 引用标准

《建筑电气工程施工质量验收规范》GB 50303—2015
《建筑工程施工质量验收统一标准》GB 50300—2013
《电气装置安装工程 电气设备交接试验标准》GB 50150—2016
《电气装置安装工程 旋转电机施工及验收规范》GB 50170—2006

2 术语

2.0.1 电气设备：发电、变电、输电、配电或用电的任何物件，诸如电机、变压器、电器、测量仪表、保护装置、布线系统的设备、电气用具。

2.0.2 电气装置：为实现一个或几个具体目的且特性相配合的电气设备的组合。

2.0.3 建筑电气工程（装置）：为实现一个或几个具体目的且特性相配合的，由电气装置、布线系统和用电设备电气部分的组合。这种组合能满足建筑物预期的使用功能和安全要求，也能满足使用建筑物的人的安全需要。

3 施工准备

3.1 作业条件

3.1.1 准备足够容量及回路的临时电源。

3.1.2 调试用场地、工作室根据需要布置。

3.1.3 门窗安装完毕。

3.1.4 运行后无法进行的和影响安全运行的施工工作完毕。

3.1.5 施工中造成的建筑物损坏部分应修补完整。

3.2 材料及机具

3.2.1 材料：试验导线、短接线、夹子、20♯铁丝、焊锡丝、焊锡丝、焊锡膏、单相刀闸三相刀闸、电池、塑料带、黑胶布、标志牌、棉纱等。

3.2.2 主要工机具：螺丝刀、钢丝钳、纱布、电工刀、对讲机、扳手等。

3.2.3 主要仪器、仪表：

主要仪器、仪表　　　　　　　　　　表 7-1

名称	规格、型号	名称	规格、型号
试验变压器	50kA、5kV·A	低压兆欧表	250V、500V、1000V
油试验器	10kA、1kV·A	高压兆欧表	2500V、5000V
直流高压试验器	0~60k·V	单臂电桥	QJ23
三相调压器	15kV·A 0~450V	双臂电桥	QJ44
	5kV·A 0~450V	相位表	MJ-29
三相移相器	3kV·A	接地电阻测试仪	4102
单相调压器	5kV·A 0~250V	双线示波器	XJ4330
	3kV·A 0~250V	交、直流电流表	0.5 级（各量程）
安全变压器	1kV·A	数字多用表	PF66
标准电流互感器	600A/5A	数字、指针万用表	通用型
滑竿电阻	20A、15A、10A、5A、2A	高精度数字表	PZ134
数字分压器	0~100kV	数字毫安表	0.5 级 0~200~1000mA
变比吊桥	QJ35	直流毫伏表	0.5 级
电秒表	415 型	功率表	0.5 级 100V/5A
相序表	8031	高压核相仪	10kV、6kV

注：使用的仪器、仪表都必须在检定期内，并满足精度要求；仪表应贴有合格标签，装箱时要考虑到防潮、防震。

4　操作工艺

4.1　工艺流程

技术准备 → 单体试验 → 分系统调试 → 整体调试 → 整理移交试验报告

4.2　技术准备

4.2.1　被试电气装置已安装完毕，安装质量符合国家《电气装置安装工程旋转电机施工及验收规范》的要求或有关专业标准。

4.2.2　进行电气绝缘的测量和试验时，当只有个别项目达不到规定时，应根据全面的试验记录进行综合判断，经综合判断认为可以投入运行者方可投入运行。

4.2.3　在进行与温度、湿度有关的各种试验时，应同时测量被试物温度和周围的温度、湿度。测量方法应符合有关规定，如油浸变压器应以上层油温作为测试温度。绝缘试验应在天气良好、被试物温度和仪器周围温度不低于5℃、空气相对湿度不高于 80％的条件下进行。

4.2.4 试验用电源的容量及电压等级应符合被试装置、试验仪器仪表及试验标准的要求。

4.3 单体调试

单体调试指电气设备及元件的本体试验和调校，分为一次元件和二次元件。一次元件主要有发电机、电力变压器、断路器、电力电缆、母线、电压互感器、电流互感器、电容器、避雷器、熔断器、交流电动机、直流电动机等。二次元件主要有保护元件、控制信号元件及检测仪表等。

4.3.1 电气设备的基本试验：

1 直流电阻的测量：电桥法是用直流电桥测量直流电阻的方法。直流电桥是测量电阻的专用仪器，它具有较高的灵敏度和准确度。根据结构形式，直流电桥可分为单臂电桥和双臂电桥两种。一般被测电值在 10Ω 以上者，用单臂电桥；10Ω 以下者，用双臂电桥。使用直流电桥应注意以下各项：

电桥使用时应放平稳，切忌倾斜与振动。被测电阻接线端子要拧紧，防止测量时因接线脱落造成电桥极端不平衡而损坏检流计。被测电阻电感较大时，应先将电源按钮按下一段时间后（时间长可按电感量大小决定）再按检流计按钮，以免因自感电势损坏检流计。测量含有电容的设备时，应先放电一段时间后（时间长短可由电大小决定）再进行测量。双臂电桥的接线，必须将电压线 P 和电流线 C 分开，按使用说明书正确接线。

2 绝缘电阻和吸收比的试验：测量设备的绝缘电阻是检查其绝缘状态最简单的方法，在现场普遍使用兆欧表来测量绝缘电阻。绝缘电阻的测量应采用 60s 的绝缘电阻值，吸收比的测量应采 60s 与 15s 绝缘电阻值的比值，极化指数应为 10min 与 1min 的绝缘电阻值的比值。多绕组设备进行绝缘试验时，非被试绕组应短路接地。测量绝缘电阻时，采用兆欧表的电压等级在未作特殊规定时，应按下列规定执行：100V 以下的电气设备或回路，采用 250V 兆欧表；100～500V 的电气设备或回路，采用 500V 兆欧表；500～3000V 的电气设备或回路，采用 1000V 兆欧表；3000～10000V 的电气设备或回路，采用 2500V 兆欧表。

3 进行绝缘试验时，除制造厂装配的成套设备外，宜将连接在一起的各种设备分开单独试验。同一试验标准的设备可以连在一起试验。为便于现场试验工作，已有出厂试验记录的同一电压等级、不同试验标准的电气设备，在单独试验有困难时，也可以连在一起进行试验，试验标准应采用连接的各种设备中的最低标准。油浸式变压器的绝缘试验应在充满合格油静置 24h 以上且待气泡消除后方可进行。

4 直流耐压和泄漏电流试验：能检查出设备的受潮、劣化和局部缺陷。泄漏电流试验与绝缘电阻的测量原理基本相同，区别是电压高，且电压可随意调节，对不同等级的被试物施加不同的试验电压，使绝缘薄弱点更容易暴露出来。同时，可以将电流与时间的关系以及电流与试验电压的关系绘制成曲线进行全面的分析。

5 工频交流耐压试验：进行绝缘电阻、吸收比、泄漏电流等项目的试验，对整体的绝缘状况进行初步鉴定，当发现绝缘有缺陷时，应研究处理后再进行此项试验。进行交流耐压试验时，加至试验标准电压后的持续时间，无特殊说明时应为 1min。耐压试验电压值以额定电压的做计算时，发电机和电动机应按铭牌额定电压计算，电缆可按电缆额定电压计算。

非标准电压等级的电气设备，其交流耐压试验的电压值没有规定时，可根据本标准规定的相邻电压等级按比例采用插入法计算。

4.3.2 柴油发电机的试验

民用建筑一般采用柴油发电机作为急电源，其试验内容如下：测量定子绕组的绝缘电阻和吸收比；要求绝缘电阻值大于 0.5MΩ；吸收比对沥青浸胶及烘卷云母绝缘应大于 1.3，对环氧粉云母绝缘应大于 1.6。测量定子绕组和转子绕组的直流电阻。测量转子绕组的绝缘电阻时用 1000V 兆欧表，绝缘电阻值大于 0.5MΩ。定子绕组和转子绕组的交流耐压试验。励磁电路：退出励磁电路电子器件后，测量励磁电路的线路设备绝缘电值，应大于 0.5MΩ；退出励磁电路电子器件后，进行交流工频耐压试验 1min，试验电压 1000V，无闪络击穿现象。有绝缘轴承的采用 1000V 兆欧表测量轴承绝缘电阻值，应大于 0.5MΩ。测量埋入式检温计的绝缘电阻并校验精度（采用 250V 兆欧表测量，无短路现象。检温计精度符合出厂规定。）测量灭磁电阻器、自同步电阻器的直流电阻，应与铭牌数值比较，其差值不应超过 ±10%。发电机空载特性试验。发电机带负荷后，测量轴电压，应符合设备说明书的要求。

4.3.3 真空断路器的试验

10kV 及以下的高压断路器，在民用建筑中大部分采用真空断路器。其现场交接试验项目包括下列内容：测量绝缘拉杆的绝缘电阻值。由有机物制成的绝缘拉杆的绝缘电阻值，在常温下不应低于 1200MΩ。测量每相导电回路的电阻。可采用双臂电桥 QJ44 进行测量，接试验导线必须压接紧固，以减少接触电阻。测量值应符合产品技术件的规定。工频交流耐压试验。测量断路器的分、合闸时间。检查及调整断路器主触头分、合闸的同期性，应符合产品技术条件的规定。测量断路器合闸过程中触头接触后的弹跳时间，要求不应大于 2ms。测量分、合闸线圈及合闸接触器线圈的绝缘电阻和直流电阻。前者不应低于 10MΩ，后者与产品出厂试验值相比应无明显差别。断路器操动机构的试验，应符合规定要求。

4.3.4 互感器的试验

包括电压互感器和电流互感器。测量一次绕组对二次绕组及外壳、二次绕组间及其对外壳的绝缘电阻。绕组连同套管对外壳的交流耐压试验。测量电压互感器一次绕组的直流电阻值。测值与产品出厂值或同相同型号产品的测得值相比，应无明显差别。用于继电保护的二次绕组，应进行励磁特性曲线的测试。测值产品出厂值或同批相同型号产品的测得值相比，应无明显差别。测量 1000V 以上电压互感器的空载电流：用调压器在互感器二次侧加电压至额定值，测量空载记录励磁电流，再升至 130% 额定电压值，记录励磁电流。空载电流不作规定，但与同批产品的测得值或出厂值比较，应无明显差别。检查互感器的三相接线组别和单相互感器引出线的极性。采用电桥法或直流法进行测试。测试结果必须符合设计要求，并应与铭牌上的标记相符。检查互感器的变比。

4.3.5 电力变压器的试验

测量绕组连同套管的直流电阻，应符合下列规定：测量应在各分接头的所有位置上进行；1600kV·A 及以下三相变压器，各相测得值的相互差值应小于平均值的 4%，线间测得值的相互差值应小于平均值的 2%；1600kV·A 以上三相变压器，各相测得值的相互差值应小于平均值的 2%，线间测得值的相互差值应小于平均值的 1%；变压器的直流电阻与同温下产品出厂实测数值比较，相应变化不应大于 2%；由于变压器结构等原因，差值超过本款第二项时，可只按本款第三项进行比较。检查所有分接头的变压比，与制造厂铭牌数据相比应无明显差别，且应符合变压比的规律。变压比测试方法有变比电桥法和双电压表两种。检查三相变压器的接线组别和单相变压器引出线的极性。三相变压器的接线组别可采用双电压表法和交流相位表法。交流法又可分双电压表法和交流相位表法。测量绕组连同套管的绝缘电阻。绕组连同套管的交流耐压试验、测量与铁芯绝缘的各紧固体及铁芯接地线引出套管对外壳的绝缘电阻，应符合规定。绝缘油的试验、电气强度试验、绝缘油电气强度试验采用油耐压试验器进行。油应干净、干燥，倒入油杯中的油量不应溢出杯口，静置 10min 以消除油中的气泡。

4.3.6 交流电动机的试验

测量绕组的绝缘电阻和吸收比；测量绕组的直流电阻；定子绕组直流耐压试验和泄漏电流测量；交流耐压试验；可变电阻器、启动电阻器、灭磁电阻器的绝缘电阻当与回路一同测量时，绝缘电阻值不应低于 $0.5M\Omega$；测量可变电阻器、启动电阻器、灭磁电阻器的直流电阻值，与产品出厂数值比较，其差值不应超过 10%；调节过程中应接触良好，无开路现象，电阻值的变化应有规律；测量电动机轴承的绝缘电阻，当有油管连接时，应在油管安后采用 1000V 兆欧表测量，绝缘电阻值不应低于 0.5MΩ；检查定子绕组的极性及其连接的正确性；检查绕组的极性可采用直流法或交流法，找出同极性端，然后根据需要接成"丫"或"△"中性点未引出者可不检查极性；电动机空载转动检查的运行时间可为 2h，并记录电动机的空载电流。当电动机与其机械部分的连接不易拆开时，可连在一起进行空载转动检查试验。

4.3.7 电力电缆的试验

测量各电缆线芯对地或对金属屏蔽层以及各线芯间的绝缘电阻；直流耐压试验及泄漏电流的测量；检查电缆线路的两端相位，应一致，并与电网相位符合。

4.3.8 避雷器的试验

避雷器包括阀式避雷器、磁吹式避雷器和金氧化物避雷器。试验内容包括：测量绝缘电阻，应与出厂试验值比较无明显差别，FS 型的绝电阻值不应小于 2500MΩ；测量电导和泄漏电流，并检查组合元件的非线性系数；测量金属氧化物避雷器在运行电压下的持续电流，其阻性电流或总电流值应符合产品技术条件的规定。

4.3.9 隔离开关、套管、悬式绝缘子和支柱绝缘子的试验

绝缘电阻的测量；交流耐压试验。

4.3.10 1kV 以下配电装置和电力线路的试验

测量绝缘电阻：绝缘电阻值不应小于 0.5MΩ。交流耐压试验：试验电压为 1000V，当回路绝缘电阻在 10MΩ 以上时，可采用 2500V 兆欧表代替，持续时间为 1min。

4.4　分系统调试

4.4.1 在单体调试完成并检验合格，所有的二次线安装完成后，就可以进行分系统的调试，包括直流操作电源及信号回路、二次回路的调试等。

4.4.2 直流操作电源：电气设备的控制、信号、继电保护以及事故照明等，均要求有专门的供电电源，这种电源统称操作电源。操作电源一般采用装设有足够容量的蓄电池组构成独立、可靠的直流电源，电压为 220V。

4.4.3 信号回路：是供运行人员监视设备运行状况的报警和指示回路。当发生事故和异常情况时，运行人员可以根据信号指示迅速而准确地判断故障的性质和地点，以便及时采取相应的对策。

4.4.4 二次回路的检验大致可归纳为以下三个步骤：一般检验，电流、电压回路模拟通电试验，操作联动试验。

4.4.5 一般检查项目：首先认真查阅有关图纸，包括设计原理图、平面图和安装接线图。然后对照图纸进行以下检查：二次线的安装质量应符合有关规定的要求；检查直流回路中表计和继电器端子接入极性是否正确，检查交流回路中

表计和继电器所接入的电流电压相别和进出极性是否正确；检查熔断器中熔丝规格是否适合，螺旋式熔断器接触是否良好，热元件整定是否合适；检查断路器，隔离开关的辅助触点是否良好，通断位置是否与断路器主触头的位置相对应；检查互感器二次回路的接地是否可靠，电压回路和一般电流回路，都在互感器出线端子箱内一点接地；对差动保护回路，只允许在保护屏上一点接地；当电流互感器次级有两个以上的绕组时，应将准确级最高的绕组接入测量表计回路，D级或准确级较低的次级绕组接入继电保护回路；用 1000V 兆欧表检查电压互感器次级绕组中性点接地的击穿保险是否良好。

4.4.6 绝缘电阻的测量：小母线在断开所有其他并联支路时，不应小于 $10M\Omega$；二次回路的每一支路和断路器、隔离开关的操动机构的电源回路等均不应小于 $1M\Omega$，在比较潮湿的地方可不小于 $0.5M\Omega$。

4.4.7 交流耐压试验：试验电压为 1000V，当回路绝缘电阻值在 $10M\Omega$ 以上时，可采用 2500V 兆欧表代替，持续时间为 1min；48V 及以下回路可不做交流耐压试验。

4.4.8 电流、电压回路模拟通电试验。

4.4.9 操作和联动试验：主要检查所有操作回路、信号回路的接线准确性以及有关设备的联动情况。

4.5 整体调试

整体调试指成套电气设备的整套启动调试，包括用电系统受电试验及机组整套启动调试。

4.5.1 整套启动应具备的条件：明确启动范围，并确认启动范围内电气设备已经质检部门验收合格。编制、讨论设备的启动和试运行方案，并报试运行指挥部门批准执行。准备工作已完成，包括：启动范围内所有设备及场所清洁无杂物；各种运行标示牌已准备就绪，各设备的代号已编好并书写完毕；图纸、运行规范已准备就绪；建立试运行班组，上岗人员已就位；调试人员准备好测试仪表及试验接线等。

4.5.2 启动试运行应检查的项目：检查电流、电压回路、盘面表指示是否正确；有相位要求的元件，用相位表进行相位检查；计量电度表的转向是否符合要求；在空载或不同负荷下进行运行参数的测试，包括启动电流、运行电流、转速、温度、振动等；试运行时间包括空载运行时间及带设备运行时间，必须按规程规定进行；试运行期间的测试及记录，应分几个时段进行测量和记录。

4.5.3 输电线路受电试验：检查线路计量表计或带电指示器指示正确，相序为正相序，线路运行声音正常。

1 高压配电系统受电试验：对高压母线充电，检查计量表计指示值及相序正确，两段母线时应检查母线间的相序及相位。中央信号动作正确。

2　变压器的受电试验：在额定电压下对变压器进行冲击合闸试验，冲击 5 次，每次间隔时间宜为 5min，无异常现象。

3　低压系统受电试验：对低压母线充电，检查计量表计指示值及相位（序）正确，两段母线的相序应一致。中央信号动作正确。

4　带一定的负荷后，检查电流回路的相位和保护接线应正确。

5　用电系统受电完成，卸掉全部负荷，设备进行 24h 空载带电试运行。运行正常后，可委托建设单位代管。带电设备的操作，由运行值班人员按照规程规定进行。

4.5.4　交流电动机的空载启动顺序如下：

1　将断路器置于试验位置进行操作，检查控制、信号及保护回路动作正确；将断路器置于运行位置，一切准备就绪后，进行第一次启动，待启动电流下降即断开，看电动机转向是否正确；第二次启动，记录合闸前后的电压、合闸时的电压下降、启动电流最大值、启动时间、空载电流值、机身和轴承的震动及温升，检查三相电流是否对称；机组空载运行 2h，30min 记录一次，异常时立即停机并查明原因。交流电动机在空载状态下可启动的次数及时间间隔应符合产品技术条件的要求。无要求时，连续启动 2 次的时间间隔不应小于 5min，再次启动应在电动机冷却至常温下。

2　电动机带负荷的启动顺序如下：由机械施工人员对启动范围的机械部分进行检查，所有设备都处于运行状态；合闸启动，记录合闸前后的电压、合闸时的电压下降、启动电流的最大值、启动时间、负荷电流值、定子温升、机身和轴承的震动及温升；检查三相电流是否对称，电度表或功率表的转向及指示是否正确；机组负载运行 8h，30min 记录一次，如有异常，应立即停机，查原因。

3　发电机组的启动调试：发电机组的油路系统及排烟系统都达到启动条件。发电机空载状态下的手动启动：测量启动时间、空载电压、机组震动，都应满足要求。发电机空载状态下的自动启动：模拟市电消失，机组自启。发电机空载状态下的自动投入：将备用母线所带的负荷全部甩掉，自动切换断路器置于工作位置，模拟市电消失，机组应自启并能自动切换，带备用母线空载运行。从空载母线处，检查发电机的相序，必须与原供电系统的相序一致。发电机的自动退出：检测到市电恢复供电时，发电机电源与市电立即切换，机组自动退出。按设计的自备电源使用分配预案进行负荷试验，机组连续运行 12h 无故障。

4.6　**整理移交试验报告**

4.6.1　主要包括设备及元件的单体调试记录、分系统及系统的调试记录。

4.6.2　试验报告中测试的参数在符合设计要求、产品技术文件的规定以及

《电气设备交接试验标准》等相关规程的规定时，可认为被试设备为合格。试验报告中，应标注使用标准表的型号、规格、检验日期等，有温、湿度要求的参数测试结果后，应注明试验时的温度、湿度、大气情况。列表形式的试验报告中，所有表格都应填有试验内容，空白处应注明原因。试验人员至少要填写两名以上人员。试验报告在整理成册、盖试验结论章后，经内部审核、批准，送有关质检、监理部门进一步审查，最后交建设单位批准。

5 质量标准

5.1 主控项目

5.1.1 试运行前，相关电气设备和线路应按《建筑电气工程施工质量验收规范》GB 50303—2015 规定试验合格。

5.1.2 现场单独安装的低压电器交接试验项目应符合表 7-2 的规定。

低压电器交接试验　　　　　　　　　　　　　　表 7-2

序号	试验内容	试验标准或条件
1	绝缘电阻	用 500V 兆欧表摇测，绝缘电阻值大于等于≥1MΩ；潮湿场所，绝缘电阻值大于等于≥0.5MΩ
2	低压电器动作情况	除产品另有规定外，电压、液压或气压在额定值的 85%～110% 范围内能可靠动作
3	脱扣器的整定值	整定值误差不得超过产品技术条件的规定
4	电阻器和变阻器的直流电阻差值	符合产品技术条件规定

5.2 一般项目

5.2.1 成套配电（控制）柜、台、箱、盘的运行电压、电流应正常，各种仪表指示正常。

5.2.2 电动机应试通电，检查转向和机械转动有无异常情况；可空载试运行的电动机，时间一般为 2h，记录空载电流，且检查机身和轴承的温升。

5.2.3 交流电动机在空载状态下（不投料）可启动次数及间隔时间应符合产品技术条件的要求；无要求时，连续启动 2 次的时间间隔不应小于 5min，再次启动应在电动机冷却至正常温下。空载状态（不投料）运行，应记录电流、电压、温度、运行时间等有关数据，且应符合建筑设备或工艺装置的空载状态运行（不投料）要求。

5.2.4 大容量（630A 及以上）导线或母线连接处，在设计计算负荷运行情况下应做温度抽测记录，温升值稳定且不大于设计值。

5.2.5 电动执行机构的动作方向及指示，应与工艺装置的设计要求保持一致。

6　成品保护

6.0.1　现场安装的电气设备在绝缘检查合格后，应做好环境的防水、防潮、防尘等工作，防止设备的绝缘性能降低。

6.0.2　试验合格后才安装的设备，安装时应采取相应的保护措施，防止安装过程中过大的机械外力造成设备性能的破坏。

6.0.3　继电器调整完后，应及时装入外壳或盖上面板，并根据编号装入保护屏（柜）的相应位置。安装方式应符合继电器要求，不能倒或倾斜。

6.0.4　保护继电器在系统的整组试验或启动试验进一步确认无误后，应及时加装铅封，从铅封的标记和编号应能查出该继电器的试验单位及试验人员。

6.0.5　指示、计量仪表在校验合格后，应及时加装铅封、贴合格标签，并注明检验日期、检验人员及有效检定期。

6.0.6　屏（柜）内各元件，在对应的标签框中，应装入写有该元件用途及其回路中代表符号的标签，字体应标准、清楚且不褪色。

7　注意事项

7.1　应注意的质量问题

电气设备的测试结果，必须符合《电气设备的交接试验试验标准》GB 50150及产品技术文件中的有关规定，与规定不符者为不合格，必须进行调整、修复或更换处理，并经再次检验合格后方可投入使用。

7.2　应注意的安全问题

7.2.1　一切电气调试工作均不应少于两人，严禁一人作业。高电压的调试作业，应设专人监护。

7.2.2　参与调试的一切工作人员应戴合格的安全防护用品，熟悉被试装置的技术性能及调试要求，严格遵守安全操作规程。

7.2.3　高压试验现场应装设遮栏或围栏，向外悬挂"止步、高压危险"等警示牌。被试设备两端不在同一地点时，应派专人在试验现场及被试物的另一端看守。

7.2.4　试验装置的电源开关应使用明显断开的双极刀闸，为了防止误合闸，在刀刃上装绝缘罩。

7.2.5　高压引线应尽量缩短，必要时用绝缘物支持紧固。

7.2.6　加压前必须认真检查试验接线、表计倍率、量程、调压器回零及仪表的开始状态，均正确无误后，通知有关人员离开被试物，并取得试验负责人许可后方可加压，加压过程中应有人监护并呼唱。

7.2.7 未装接地线的大电容被试物，应先行放电，再做试验。高压直流试验时，每告一段落或试验结束时，应将被试物对地放电数次，至放尽。

7.2.8 改变试验接线或试验结束时，应首先降低试验电压，断开试验电源放电，并将升压设备的高压部分短路接地。

7.2.9 试验结束后，试验人员应拆除自装的接地短路线，并对被试物进行检查和清理现场。

8 质量记录

8.0.1 电气设备及保护元件的产品合格证。

8.0.2 主要设备的出厂检验报告单。

8.0.3 试验报告。

8.0.4 单机试车记录。

8.0.5 联动试车记录。

8.0.6 设计变更核定单。

第8章 裸母线、封闭母线、插接式母线安装

本工艺标准适用于矩形硬母线、封闭母线、插接母线以及配件安装工程的施工。

1 依据标准

《建筑工程施工质量验收统一标准》GB 50300—2013
《建筑电气工程施工质量验收规范》GB 50303—2015
《电气装置安装工程 母线装置施工及验收规范》GB 50149—2010
《电气装置安装工程 电气设备交接试验标准》GB 50150—2016

2 术语

2.0.1 电气装置
为实现一个或几个具体目的且特性相配合的电气设备的组合。

2.0.2 建筑电气工程（装置）
为实现一个或几个具体目的且特性相配合的，由电气装置、布线系统和用电设备电气部分的组合。这种组合能满足建筑物预期的使用功能和安全要求，也能满足使用建筑物的人的安全需要。

3 施工准备

3.1 作业条件

3.1.1 土建工程已基本结束，室内装饰、粉刷、油漆等影响安装的工作已全部结束。

3.1.2 母线装置安装用的预埋件、预留孔（洞）等符合工程设计要求，并无遗漏。

3.1.3 外线工程，已具备架设软母线的条件。

3.1.4 根据工程量大小，和施工时间长短准备加工场地及材料堆放场地，场内应平整压实，并应考虑运输与装卸的方便。

3.1.5 施工现场有影响作业的障碍物清理干净，运输通道畅通无阻。

3.1.6 安装的构架已达到了允许安装的条件。

3.1.7 施工用的主、辅料已备足，并能满足连续施工的需要。

3.2 施工材料及机具

3.2.1 材料：型钢、镀锌扁钢、铜焊条、钍钨极棒、电力复合脂、M16×25 精制沉头螺栓、M12×100～M20×100 内镀锌精制带帽螺栓、焊锡、焊锡膏、母线金具、穿墙套管、硬塑料板、酚醛布板、直角挂板、球头挂环、碗头挂环、U 形环、铝焊条、铝焊粉、硼砂、铜铝过渡接头、尼龙砂轮片、铝包带 1×10、酚醛磁漆（各种颜色）、MJG1～4 间隔垫、瓷嘴、硝基化稀释剂、石墨、5♯～7♯ 机油、0♯～2♯ 铁砂布、户内支持绝缘子、户外支持绝缘子、悬式绝缘子、并沟线夹、卡扣、防震锤、L＝300 锯条、18♯～22♯ 镀锌铁线、绝缘清漆、乙炔气、氧气、氩气、铜接线端子、铝接线端子、铜连接管、铝连接管。

3.2.2 机具：5t 汽车式起重机、3t 电动卷扬机、200t 液压压接机、φ25 立式钻床、500A 氩弧焊机、万能母线机、650 型牛头刨床、20×2000 剪板机、400×1600 弓锯床、三脚架、倒链、钢丝绳、砂轮切割机、电调测试设备、仪器、仪表，绝缘摇表。

4 操作工艺

4.1 工艺流程

装卸运输 → 开箱检查 → 保管 → 测量放线 → 支架安装 → 绝缘子安装 →

穿通板安装 → 套管安装 → 拉紧装置安装 → 母线加工 → 母线联结 → 母线安装 →

交接试验 → 送电前检查试送电 → 交工验收

4.2 装卸运输

4.2.1 装卸时应轻拿轻放，不得随意拖拉抛扔。

4.2.2 插接母线，封闭母线，由于有外壳等附属件，每节体积较大，较重，装卸时要避免碰撞，谨防变形。

4.2.3 装卸软线盘时，应立放，不得平放，且软母线端头要固定牢靠，由于软母线盘易滚动，装车时应采取好防滚动措施。

4.2.4 在装卸运输软母线盘时，应注意保护软母线盘不受损变形。

4.2.5 成盘的软母线一般包装简单（甚至无包装）卸软母线时，禁止直接向下推放，可采用搭设木板滑道缓慢下放。

4.2.6 散装无盘软母线应事先理顺盘整好，用绳子多处捆扎，再平放至适合存放的地方。

4.2.7 短距离运输可采用滚动软母线盘方法，滚动时按软母线盘上标注的箭头方向，如未标注箭头时可按软母线缠绕方向滚动，切不可反缠绕方向滚动，以免软母线松弛。长距离运输应采用载重汽车或其他运输工具，并将软母线盘固定牢靠防止相互撞击。

4.2.8 软母线一般施工线路较长，不同时间使用的主、辅料应分批运至施工现场指定地点，不宜一次性全部运至施工现场。

4.3 开箱检查

4.3.1 母线装置和附件运到施工现场后，应会同建设单位，或供货单位共同对母线、绝缘子、金具、套管等名称、型号、规格、电压、数量、长度、出厂日期、生产单位、与装箱单核对清楚，并如实做好记录。

4.3.2 根据装箱单的技术文件，校对母线装置的性能，应相符，并满足设计要求，技术文件应齐全。

4.3.3 母线装置及附件，无机械损伤，矩形母线表面应平整、洁净、无裂纹、无变形、扭曲现象。

4.3.4 成套供应的封闭母线、插接母线各分段应标志清楚，附件齐全，并配套，外部无变形，内部无损伤。

4.3.5 封闭母线、插接母线、焊接或压接，均应接触良好，螺栓固定的搭接面，应平整，镀银层完整且不应有麻面。

4.3.6 软母线、无断股、无松股、无氧化斑现象。

4.3.7 瓷件、彩釉无脱落，无裂纹，与底座固定牢靠。

4.4 保管

4.4.1 母线装置应存放在无腐蚀性气体的库房内保管。受条件限制必须存放在室外时应有防潮、防雨、雪措施。

4.4.2 母线的堆放高度要适当，防止受压变形。

4.4.3 瓷件保管应尽量恢复原包装，避免互相碰撞受损。

4.4.4 封闭母线，插接母线，要保护好外壳，防止因外界因素造成漆层脱落、变形。

4.5 测量放线

4.5.1 设计与施工现场情况有无矛盾。

4.5.2 沿母线全长检查，有无与设备、管道、风管等安装部件交叉现象。

4.5.3 配电盘（柜）内母线其安全距离是否符合要求。

4.5.4 根据施工现场情况及设计要求具体确定母线走向、安装高度、安装位置以及支架尺寸、各段母线加工尺寸。

4.6 支架制安

4.6.1 母线支架应采用型钢制作，型钢应采用机械方法切断，严禁用气焊切割，电焊吹割。

4.6.2 制作母线支架的型钢应做调直处理。

4.6.3 大型组合式支架或桥式支架宜先制作成样板，在地面平台组装焊接成型。

4.6.4 型钢支架的螺孔宜加工成椭圆形，螺孔中心距偏差不应大于 2mm，严禁用气焊割孔，电焊吹孔，可采用冲压成孔或人工先钻小孔再扩孔。

4.6.5 为确保支架达到统一标高，可采用沿母线全长拉钢丝的方法。

4.6.6 各支架间距应均匀一致。

4.6.7 支架根据施工现场情况，可采用螺栓固定，焊接固定，埋设固定，埋设时其深度应大于 150mm，采用金属膨胀螺栓固定时，其规格不能小于 M12×150。

4.6.8 支架安装应牢固，严禁将支架直接焊接在金属结构上。（设计有规定的除外）

4.6.9 母线采用拉紧装置时，终端或中间应采用装有调节螺杆的拉线。拉紧装置的终端要固定牢靠，防止拉紧装置受力后发生拉脱现象。

4.7 绝缘子安装

4.7.1 绝缘子安装前应进行绝缘检查 1kV 及以下用 1000V 兆欧表，其绝缘电阻值不应低于 10MΩ，3kV 及以上用 2500V 兆欧表，其绝缘电阻值不应低于 100MΩ，并应进行耐压试验。

4.7.2 安装在同一平面或垂直面上支柱绝缘子顶面应处于同一平面上，中心线位置应符合设计要求。

4.7.3 绝缘子上、下应各垫一个石棉垫。

4.8 穿通板安装

4.8.1 穿通板的孔径应大于穿墙套管孔径嵌入部分 5mm 以上。

4.8.2 穿通板及框架尺寸应符合设计要求。

4.8.3 穿通板制作应横平竖直，无明显变形。

4.9 穿墙套管安装

4.9.1 穿墙套管安装前应进行绝缘检查，1kV 及以下用 1000V 兆欧表，其绝缘电阻值不应低于 10MΩ，3kV 及以上用 2500V 兆欧表，其绝缘电阻值不应低于 100MΩ，并应进行耐压试验。

4.9.2 安装在同一平面或垂直面的穿墙套管，应处于同一平面上，中心线位置应符合设计要求。

4.9.3 穿墙套管垂直安装时，法兰应向上，水平安装时，法兰应向外。

4.9.4 600A 及以上的母线穿墙套管端部的金属夹板，应采用非磁性材料。

4.10 拉紧装置安装

4.10.1 拉紧装置无论是以预埋铁件方式固定还是双头螺栓穿墙方式固定，都必须保证有足够的机械强度。

4.10.2 卡具数量每个端部不得少于二个，且必须紧固，以防滑脱。

4.10.3 调节装置要留有足够的调节余度。

4.10.4 拉紧调节装置，卡具规格应与被拉紧母线相匹配。

4.11 矩形硬母线加工

4.11.1 母线的调直与切断

1 母线调直应使用母线调直器，手工调直时应使用木槌，下面垫上道木进行调直，严禁使用铁锤和其他金属物品。

2 母线切断可使用手锯、宽齿电锯、砂轮切割机等机械方法切割，不得用气焊切割、电焊吹割。

4.11.2 母线煨弯：根据具体情况可手工煨制也可用煨弯器煨制，煨弯宜冷煨，母线最小允许弯曲半径（R）值见表8-1。

母线最小允许弯曲半径（R）值 表8-1

弯曲种类		最小弯曲半径	
		铜	铝
平弯	50×5 及以下	$2a$	$2a$
	120×10 及以下	$2a$	$2a$
立弯	50×5 及以下	$1b$	$1.5b$
	120×10 及以下	$1.5b$	$2b$

注：a——母线厚度；b——母线宽度。

1 母线煨平弯：

120mm×120mm 及以下可采用手工冷煨，煨弯时要匀称弯曲，防止出现死弯。较大的母线可采用母线平弯煨弯器，煨制过程中可适当地加热。多片母线煨平弯时，可以夹在一起一次煨成。

2 母线煨立弯：应使用母线立弯煨弯器，把母线置于胎具内，煨制时，母线弯曲的中心线要对准胎具的中心线。母线的立弯与平弯见图8-1。

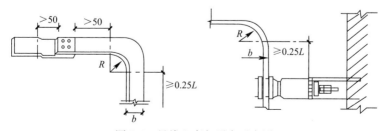

图 8-1 母线立弯与平弯示意图

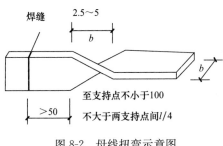

图 8-2 母线扭弯示意图

3 母线煨等差弯（鸭脖弯）：可手工亦可用机械煨制，弯曲处应对称。

4 母线煨扭弯（麻花弯）：

母线煨扭弯可手工，亦可用母线扭弯器煨制，弯曲后如无特殊要求时母线应互呈垂直状态。煨制时，扭转部分的长度，应为母线宽度的 2.5～5.0 倍。母线的扭弯见图 8-2。

4.12 矩形硬母线连接

4.12.1 母线螺栓连接（搭接）：

1 连接用的紧固件，必须是镀锌制品。

2 母线平置时，连接用的螺栓由下向上穿，在其他情况下螺母应置于维修侧。

3 母线连接时，其搭接面必须除掉氧化铝（铜）层，接触面应涂电力复合酯或中性凡士林，接触部分的长度应等于或大于母线的宽度。矩形硬母线连接（搭接）要求见表 8-2。

矩形硬母线连接（搭接）要求 表 8-2

类别	序号	连接尺寸（mm）			钻孔要求		螺栓规格
		b_1	b_2	a	ϕ（mm）	个数	
直线连接	1	125	125		21	4	M20
	2	100	100	b_1 或 b_2	17	4	M16
	3	80	80	b_1 或 b_2	13	4	M12
	4	63	63	b_1 或 b_2	11	4	M10
	5	50	50	b_1 或 b_2	9	4	M8
	6	45	45		9	4	M8
直线连接	7	40	40	80	13	2	M12
	8	31.5	31.5	63	11	2	M10
	9	25	25	50	9	2	M8
垂直连接	10	125	125		21	4	M20
	11	125	100～80	—	17	4	M16
	12	125	63	—	13	4	M12
	13	100	100～80	—	17	4	M16
	14	80	80～63	—	13	4	M12
	15	63	63～50	—	11	4	M10
	16	50	50		9	4	M8
	17	45	45		9	4	M8

续表

类别	序号	连接尺寸（mm）			钻孔要求		螺栓规格
		b_1	b_2	a	ϕ（mm）	个数	
垂直连接	18	125	50～40		17	2	M16
	19	100	63～40	—	17	2	M16
	20	80	63～40	—	15	2	M14
	21	63	50～40	—	13	2	M12
	22	50	45～40	—	11	2	M10
	23	63	31.5～25	—	11	2	M10
	24	50	31.5～25		9	2	M8
垂直连接	25	125	31.5～25	60	11	2	M10
	26	100	31.5～25	50	9	2	M8
	27	80	31.5～25	50	9	2	M8
垂直连接	28	40	40～31.5	—	13	1	M12
	29	40	25	—	11	1	M10
	30	31.5	31.5～25	—	11	1	M10
	31	25	22	—	9	1	M8

4 母线连接时为保证两段母线的中心线在一条直线上，可将搭接的下端煨成等差弯。

5 连接处距支柱绝缘子的支持夹板的边缘，不应小于50mm，上片母线端头与下片母线平弯开始处的距离不应小于50mm。

6 铜母线与铜母线连接，室内干燥场所可直接连接，室内高温或潮湿，或有腐蚀性气体场所，及室外必须镀锡（搪锡）后再连接。

7 铝母线与铝母线在任何情况下均可直接连接，有条件宜加镀层。

8 铜母线与铝母线连接在室内干燥场所，铜母线应镀锡，室内潮湿或室外应使用铜铝过渡接头。

9 封闭母线螺栓连接搭接面应镀银。

4.12.2 母线对接焊接

1 母线的焊接工作应由合格焊工施焊、施焊前应先取样试验，不合格者禁止施焊。

2 焊接前应将对接母线端头各50mm范围内清除掉氧化层，油垢以及其他胶物。

3 对接母线端头应打成30°～40°的坡口，留有1.5～2.0mm的钝边。

4 施焊时所用焊条，其物理性能和化学成分应与原材料一致。

5 施焊所用的碳精垫板，碳精挡块，碳精棒应在施焊前按需要形状加工好。施焊过程中对于因电弧烧烤已受损变形的碳精垫板、碳精挡块、碳精棒应及时更换，否则将影响焊接质量。

6 施焊完毕其焊缝应有凸起 2～4mm 加强高度，焊口两侧各凸出 4～7mm 的加强高度。

7 母线的焊缝离支持绝缘子母线夹板边缘不应小于 50mm，两条焊缝间的距离不应小于 200mm，同相母线，不同片上的直线段的对接焊缝错开位置不应小于 50mm。

8 母线对口焊焊口尺寸见表 8-3。

对口焊焊口尺寸 表 8-3

母线类别	母丝厚度 a	钝边厚度 b	间隙 c	坡口角度 α
矩形母线	<5.0	—	<2.0	—
	5.0	105	1.0～2.0	65.0°～75.0°
	6.3～12.5	1.5～2.0	2.0～4.0	65.0°～75.0°

4.13 母线安装

4.13.1 矩形硬母线安装

1 母线安装不能对支柱绝缘子，电气端子，螺杆端子产生额外应力。

2 母线应按设计要求装设补偿器（即伸缩器），其组装后的总截面不应小于母线截面的 120%。若无设计要求时，应每隔 30m 装设一个补偿器（补偿器可用铜片、铝片制成）。

3 母线在支柱绝缘子上固定时，其金具在支柱绝缘子上固定应平整牢固。

4 母线的相序排列，如设计无规定时，应按下列规定布置：

上、下布置的母线由上向下，交流 A、B、C 相或直流正、负极。水平布置的母线由内向外，交流 A、B、C 相或直流正、负极。引下的母线、由左向右交流，A、B、C 相或直流正、负极。

5 母线应按下列规定涂相色漆：

三相交流母线，A 相黄色，B 相、绿色，C 相、红色。单相交流母线与引出相颜色相同。独立的单相母线，一相涂黄色，一相涂红色，排列顺序与三相交流相同。直流母线正极涂赭色，负极涂蓝色。直流均衡汇流母线，及交流中性汇流母线，不接地者涂紫色，接地者涂紫色带黑色条纹。母线在下列各处应涂相色漆：单片、多片母线的所有各面，封闭母线在两端和中点适当各部位相色标志。母线在下列各处不应涂相色漆：母线与螺栓连接处，支持连接处，电器连接处在10mm以内的地方。

4.13.2　插接母线槽安装

1　水平或垂直敷设的母线槽固定点应每段设置一个，且每层不得少于一个支架，其间距应符合产品技术文件的要求，距拐弯0.4～0.6m处应设置支架。

2　悬挂母线的吊钩（吊架）应有调整装置，固定要牢靠。

3　母线的端头应装封闭罩，引出线孔的盖子应完整。

4.13.3　封闭母线安装

1　封闭插接母线应按设计和产品技术文件规定进行组装，组装前应对每段进行绝缘电阻的测定，测量结果应符合设计要求，并做好记录。

2　母线槽，固定距离不得大于2.5m。水平敷设距地高度不应小于2.2m。

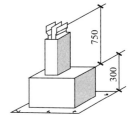

3　母线槽的端头（图8-3）应装封闭罩，各段母线槽的外壳的连接应是可拆的，外壳间有跨接地线，两端应可靠接地。

4　母线与设备连接宜采用软连接（图8-4）。母线紧固螺栓应由厂家配套供应，应用力矩扳手紧固。

图8-3　母线端头封闭罩

5　母线槽沿墙水平安装（图8-5）。安装高度应符合设计要求，无要求时不应距地小于2.2m，母线应可靠固定在支架上。

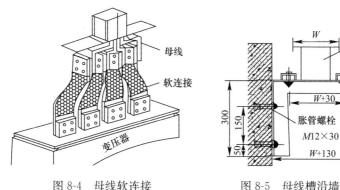

图8-4　母线软连接　　　　图8-5　母线槽沿墙水平安装

6　母线槽悬挂吊装。（图8-6、图8-7）吊杆直径应与母线槽重量相适应，螺母应能调节。

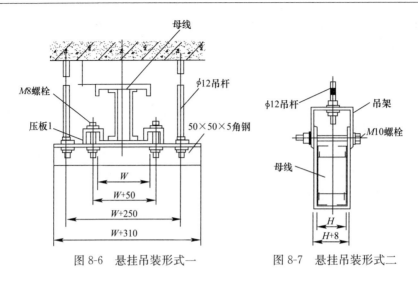

图 8-6 悬挂吊装形式一　　　　图 8-7 悬挂吊装形式二

7 封闭式母线的落地安装，安装高度应按设计要求，设计无要求时应符合规范要求。立柱可采用钢管或型钢制作。

8 封闭式母线垂直安装。沿墙或柱子处，应做固定支架，过楼板处应加装防振装置，并做防水台（图 8-8）。

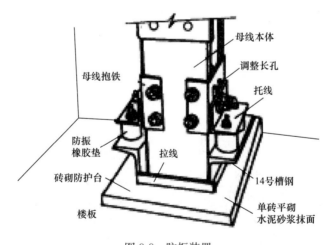

图 8-8 防振装置

9 母线槽直线敷设长度超过 80m，每 50～60m 宜设置伸缩节，跨越建筑物的伸缩缝或沉降缝处，宜采取适应的措施，设备订货时，应提出此项要求。

10 封闭式母线插接箱安装应可靠固定，垂直安装时，安装高度应符合设计要求，设计无要求时，插接箱底口宜为 1.4m（图 8-9）。

11 封闭式母线垂直安装距地 1.8m 以下应采取保护措施（电气专用竖井、配电室、电机室、技术层等除外）。

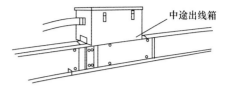

图 8-9　插接箱

12 封闭式母线穿越防火墙、防火楼板时，应采取防火隔离措施。

4.14　母线中间交接试验

4.14.1 测量各电缆线芯对地或对金属屏蔽层以及各线芯间的绝缘电阻。

4.14.2 检查电缆线路的两端相位应一致，并与电网相一致。

4.15　送电前检查

4.15.1 试验报告项目应齐全，并全部达到电气设备交接试验标准。

4.15.2 母线、支架、吊架、应清除掉任何杂物。

4.15.3 紧固件应无松动。

4.15.4 需接地的部位、无遗漏，接地良好。

4.16　试送电

母线本身没有必要单独试送电，可利用所接的电气设备送电试运行时，同时进行，运行时可观察母线受电后，在规定的时间内若未发现母线本身有异常现象，即为合格可连同所接电气设备一并交工，若发现异常现象应立即停电进行检修，查出故障，及时处理，直至能恢复正常运行为止。

4.17　交工验收

4.17.1 连续随电气设备运行 24h 无异常现象，即可办理交工手续。

4.17.2 办理交工手续时，应将母线有关的各种资料，技术文件，各项记录，试验报告等备齐，进行移交。

5　质量标准

5.1　主控项目

5.1.1 绝缘子的底座、套管的法兰、保护网（罩）及母线支架等可接近裸露导体应接地（PE）或接零（PEN）可靠。不应作为接地（PE）或接零（PEN）的接续导体。

5.1.2 母线与母线或母线与电器接线端子，采用螺栓搭接连接时，应符合下列规定：

1 母线的各类搭接连接的钻孔直径和搭接长度及用力矩扳手拧紧钢制连接螺栓的力矩值符合《电气装置安装工程　母线装置施工及验收规范》GB 50149—2010 的规定。

2 母线接触面保持清洁，涂电力复合脂，螺栓孔周边无毛刺。

3 连接螺栓两侧有平垫圈，相邻垫圈间有大于 3mm 的间隙，螺母侧装有弹簧垫圈或锁紧螺母。

4 螺栓受力均匀，不使电器的接线端子受额外应力。

5.1.3 封闭、插接式母线安装应符合下列规定：

1 母线与外壳同心，允许偏差为 ±5mm；

2 当段与段连接时，两相邻段母线及外壳对准，连接后不使母线及外壳受额外应力；

3 母线的连接方法符合产品技术文件要求。

5.2 一般项目

5.2.1 母线的支架与预埋铁件采用焊接固定时，焊缝应饱满；采用膨胀螺栓固定时，选用的螺栓应适配，连接应牢固。

5.2.2 母线与母线、母线与电器接线端子搭接，搭接面的处理应符合下列规定：

1 铜与铜：室外、高温且潮湿的室内，搭接面搪锡；干燥的室内，不搪锡。

2 铝与铝：搭接面不做涂层处理。

3 钢与钢：搭接面搪锡或镀锌。

4 铜与铝：在干燥的室内，铜导体搭接面搪锡；在潮湿场所，铜导体搭接面搪锡，且采用铜铝过渡板与铝导体连接。

5 钢与铜或铝：钢搭接面搪锡。

5.2.3 母线的相序排列及涂色，当设计无要求时应符合下列规定：

1 上、下布置的交流母线，由上至下排列为 A、B、C 相；直流母线正极在上，负极在下。

2 水平布置的交流母线，由盘后向盘前排列为 A、B、C 相；直流母线正极在后，负极在前。

3 面对引下线的交流母线，由左至右排列为 A、B、C 相；直流母线正极在左，负极在右。

4 母线的涂色：交流，A 相为黄色、B 相为绿色、C 相为红色；直流，正极为赭色、负极为蓝色；在连接处或支持件边缘两侧 10mm 以内不涂色。

5.2.4 母线在绝缘子安装应符合下列规定：

1 金具与绝缘子间的固定平整牢固，不使母线受额外应力。

2 交流母线的固定金具或其他支持金具不形成闭合铁磁回路。

3 除固定点外，当母线平置时，母线支持夹板的上部压板与母线间有 1～1.5mm 的间隙；当母线立置时，上部压板与母线间有 1.5～2mm 的间隙。

4 母线的固定点，每段设置 1 个，设置于全长或两母线伸缩节的中点。

5　母线采用螺栓搭接时，连接处距绝缘子的支持夹板边缘不小于 50mm。

5.2.5　封闭、插座式母线组装和固定位置应正确，外壳与底座间、外壳各连接部位和母线的连接螺栓应按产品技术文件要求选择正确，连接紧固。

6　成品保护

6.0.1　已调直好的母线应妥善保管，以防再变形。

6.0.2　安装支架、吊架、母线时应保护好已装饰的墙面。

6.0.3　已安装好的瓷件不应承受额外应力，以防损坏。

6.0.4　不要碰撞已安装好的支架、吊架、母线。

6.0.5　对母线有影响的建筑物二次喷浆，应将母线遮盖好。

7　注意事项

7.1　应注意的质量问题

7.1.1　母线支架测量放线要准确。

7.1.2　连接螺栓和其他金具必须是镀锌。

7.1.3　支架、吊架、除锈要净，刷漆无遗漏。

7.1.4　支架严禁用气焊割孔，电焊吹孔。

7.1.5　母线螺栓连接时，搭接面确保接触紧密。严禁用砂布、砂纸打磨搭接面。

7.1.6　插接母线、封闭母线、硬母线要防止受损、变形。托臂、吊架、立柱、金具等要与母线相匹配。

7.2　应注意的安全问题

7.2.1　机械伤害、触电、高处坠落、火灾。

7.2.2　支架钻孔，严禁戴手套。

7.2.3　母线安装大部分是高处作业，工作时应一人操作、一人保护。

7.2.4　动用电、气焊接，要清理好周围的易燃物，以防发生火灾。

7.2.5　母线镀锡时，熔锡锅内严禁进水，操作人员应戴护目镜。

7.2.6　软母线安装大部分是杆上高空作业，工作人员应系安全带，地面配合人员应戴安全帽，传递工具、材料要用工具袋，拉绳不允许抛扔。

7.2.7　平直母线，型钢时要关照周围的人。

7.3　应注意的绿色施工问题

7.3.1　母线材质一般为贵重金属，应做好防盗工作。

7.3.2　边角料及时回收，再生利用。

7.3.3　油脂、油膏不能随意丢弃，集中回收处理。

8 质量记录

8.0.1 产品质量证书（产品合格证）。

8.0.2 产品技术文件。

8.0.3 产品试验报告单。

8.0.4 产品安装使用说明书。

8.0.5 工艺设备开箱检查记录。

8.0.6 分项工程质量自检记录。

8.0.7 分项工程质量互检记录。

8.0.8 交接试验报告。

8.0.9 设计变更核定单。

8.0.10 洽商记录。

8.0.11 材质证明书。

8.0.12 试运行记录。

8.0.13 分项工程质量评定记录。

8.0.14 分部分项工程验收记录。

8.0.15 竣工图。

第9章　电缆支架安装

本工艺标准适用于建筑电气安装工程电缆支架的安装。

1　引用标准

《建筑工程施工质量验收统一标准》GB 50300—2013
《建筑电气工程施工质量验收规范》GB 50303—2015

2　术语（略）

3　施工准备

3.1　作业条件

3.1.1　结构施工中的预留孔洞、预埋件全部完成。

3.1.2　电缆沟、电缆夹层内土建作业全部完成。

3.1.3　施工图纸和技术资料齐全。

3.1.4　施工方案编制完毕并经审批。

3.1.5　施工前应组织参施人员熟悉图纸、方案，并进行安全、技术交底。

3.2　材料及机具

3.2.1　材料：成品电缆支架应具有出厂合格证。支架表面应光滑、平整，无棱刺、无扭曲变形、无磨损、划痕，其规格应符合设计要求。制作支架的槽钢、角钢或扁钢等型材具有出厂合格证和材质证明。电缆支架及紧固件均应镀锌处理或做防腐处理。

3.2.2　机具设备：电焊机、台钻、切割机、手电钻、冲击钻、铅笔、卷尺、水平尺、线坠、墨斗等。

4　操作工艺

4.1　工艺流程

材料检查 → 电缆支架加工 → 电缆支架安装 → 接地线安装 → 检查和验收

4.2　材料检查

4.2.1　检查槽钢、角钢或扁钢等型材是否具有出厂合格证和检验报告。

4.2.2 检查型材的尺寸是否满足设计要求。

4.3 电缆支架加工

4.3.1 电缆支架的加工应符合下列要求：

1 钢材应平直，无明显扭曲。下料误差应在 5mm 范围内，切口应无卷边、毛刺。

2 支架应焊接牢固，无显著变形。各托臂间的垂直净距与设计偏差不应大于 5mm。

3 金属电缆支架必须进行防腐处理。位于湿热、盐雾以及有化学腐蚀地区时，应根据设计作特殊的防腐处理。

4.3.2 电缆支架可由生产厂家制作或现场加工，考虑到施工现场加工设备的数量、制作精度和生产效率，对于批量生产的电缆支架宜采用生产厂家制作的方式。

4.3.3 电缆支架的层间允许最小距离，当设计无要求时，可采用表 9-1 的规定。但层间净距不应小于两倍电缆外径加 10mm，35kV 及以上高压电缆不应小于 2 倍电缆外径加 50mm。

电缆支架的层间允许最小距离值（mm）　　　　　　表 9-1

电缆类型和敷设特征		支（吊）架	桥架
控制电缆		120	200
电力电缆	10kV 及以下（除 6～10kV 交联聚乙烯绝缘外）	150～200	250
	6～10kV 交联聚乙烯绝缘	200～250	300
	35kV 单芯	—	—
	35kV 三芯	300	350
	110kV 及以上，每层 1 根	250	300
电缆敷设与盒槽内		$h+80$	$h+100$

注：h 表示盒槽外壳高度。

4.4 电缆支架安装

4.4.1 支架安装形式

在变配电室电缆夹层和电缆沟施工中，电缆支架的安装主要有见图 9-1 所示的 4 种类型，其中（d）式支架用于承重较重、电缆数量较多的场所，电缆支架的上、下底板与立柱为散件到货，需在安装过程中进行焊接。以图 9-1 中（d）式支架为例说明。

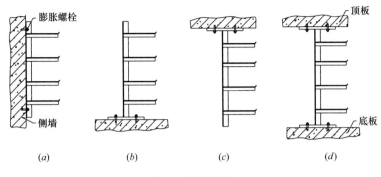

图 9-1　支架的类型

4.4.2　测量定位

1　根据设计图纸，测量出电缆支架边缘距轴线、中心线、墙边的尺寸，在同一直线段的两端分别取一点。

2　用墨斗在电缆夹层顶板上弹出一条直线，作为支架距轴中心或墙边的边缘线。

3　以顶板的墨线为基准线，用线坠定出立柱在地板的相应位置，用墨斗在地面弹一直线。

4　按照设计图纸的要求在直线上标出底板的位置。

4.4.3　底板安装

1　按标注的位置，将底板紧贴住夹层地面或夹层顶板，根据底板上的孔位，用记号笔在地面和夹层顶板做出标记（对于结构有预埋铁时，将上下底板直接焊接到预埋铁上）。

2　取下底板，在记号位置用电锤将孔打好。

3　将膨胀螺栓敲入眼孔，装好底板，紧固膨胀螺栓将底板固定牢固。

4.4.4　立柱焊接、防腐

1　测量夹层上、下底板之间的准确距离，根据此距离切割出相应长度的立柱槽钢长度。槽钢长度比上、下底板之间的距离小 2～3mm。

2　采用可拆卸托臂时，切割槽钢时必须保证槽钢各托臂安装位置在同一高度。

3　将直线段两端的槽钢立柱放在电缆支架的上、下底板之间，确认立柱位置无误后，采用电焊将立柱与下部底板点焊固定。

4　用水平尺检验槽钢立柱的垂直度，确认无误后，将槽钢立柱与上、下底板焊接牢固。

5　用两根线绳在两根立柱之间绷紧两条直线，顶部与下部各一条。

6 以此直线为依据安装其他立柱，使所有立柱成为直线。

7 除去焊接部位的焊渣，用防锈漆和银粉进行防腐处理。

4.4.5 对于图 9-1（a）式支架，采用膨胀螺栓直接固定。

4.4.6 在有坡度的电缆沟内或建筑物上安装的电缆支架，应有与电缆沟或建筑物相同的坡度。

4.4.7 电缆支架应安装牢固，横平竖直；各支架的同层横档应在同一水平面上，其高度偏差不应大于 5mm。

4.4.8 电缆支架最上层至沟顶、楼板或最下层至沟底、地面的距离，当设计无规定时，不宜小于表 9-2 的数值。

电缆支架最上层及最下层至沟顶、楼板或沟底、地面的距离（mm） 表 9-2

敷设方式	电缆隧道及夹层	电缆沟	吊架	桥架
最上层至沟顶或楼板	300～350	150～200	150～200	350～450
最下层至沟底或地面	100～150	50～100	—	100～150

4.5 接地线安装

4.5.1 在金属电缆支架的立柱内或外侧，敷设接地扁钢或圆钢作接地线。

4.5.2 接地线与立柱采用焊接方式，电缆支架及其接地线焊接部位必须进行防腐处理。

4.5.3 电缆支架的接地线与接地干线可靠连接。

4.6 检查和验收

4.6.1 根据电缆支架线路平面布置图，检查电缆支架最上层至沟顶、楼板或最下层至沟底、地面的距离；检查电缆支架的托臂间距，托臂和立柱的水平度和垂直度。

4.6.2 电缆支架接地良好。

4.6.3 对焊接部位进行检查，焊接及防腐应符合要求。

5 质量标准

5.1 主控项目

金属电缆支架必须接地（PE）或接零（PEN）可靠。

5.2 一般项目

电缆支架安装应符合下列规定：

5.2.1 位置正确，固定可靠，油漆完整，镀锌件无锈蚀，转弯平缓。电缆支架最上层至沟顶、楼板或最下层至沟底、地面的距离，应符合表 9-3 的规定。

电缆支架最上层及最下层至沟顶、楼板或沟底、地面的距离（mm）　表9-3

敷设方式	电缆隧道及夹层	电缆沟	吊架	桥架
最上层至沟顶或楼板	300～350	150～200	150～200	350～450
最下层至沟底或地面	100～150	50～100	—	100～150

5.2.2　电缆支架层间距离，在设计无要求时应符合表9-4的规定。

电缆支架的层间允许最小距离值（mm）　表9-4

电缆类型和敷设特征		支（吊）架	桥架
控制电缆		120	200
电力电缆	10kV及以下（除6～10kV交联聚乙烯绝缘外）	150～200	250
	6～10kV交联聚乙烯绝缘	200～250	300
	35kV单芯		
	35kV三芯	300	350
	110kV及以上，每层1根	250	300
电缆敷设与盒槽内		$h+80$	$h+100$

注：h 表示盒槽外壳高度。

5.2.3　支架与预埋件焊接固定时，焊缝饱满；用膨胀螺栓固定时，选用螺栓适配，连接紧固，防松零件齐全。

6　成品保护

6.0.1　电缆支架搬运和安装过程中，应采取保护措施，避免磨损、划痕。

6.0.2　电缆支架不宜安装在腐蚀性气体管道和热力管道的上方及腐蚀性液体管道的下方，否则采取防腐、隔热措施。

6.0.3　电缆支架安装完成后，其他工种施工时，应有保护措施，防止损坏或污染支架。

7　注意问题

7.1　应注意的质量问题

7.1.1　支架的焊接处要及时进行防腐处理，以防锈蚀。

7.1.2　安装支架时，及时将螺母拧紧，发现开焊处及时补焊，以防支架固定不牢。

7.1.3　金属膨胀螺栓固定时，在钻头上做出深度的标记，严格控制打孔的直径和深度，以防固定不牢或吃墙过深或出墙过多。

7.2　应注意的安全问题

7.2.1　触电伤害、密闭空间窒息、机械伤害、火灾。

7.2.2 在狭窄的空间内作业应使用 36V 安全照明灯，潮湿环境使用 24V 安全照明灯。

7.2.3 电焊作业携带灭火器器，专人监护。

7.3 应注意的绿色施工问题

7.3.1 废料及时回收利用。

7.3.2 废油漆、油漆桶不能随意丢弃，由环卫部门专业回收。

8 质量记录

8.0.1 材料合格证、检验证明。

8.0.2 材料、构配件进场检验记录。

8.0.3 设计变更、工程洽商记录。

8.0.4 预检记录。

8.0.5 分项工程质量验收记录。

第10章　电缆桥架安装

本工艺标准适用于建筑电气安装工程电缆桥架安装（建筑物内）。

1　引用标准

《建筑电气工程施工质量验收规范》GB 50303—2015
《建筑工程施工质量验收统一标准》GB 50300—2013

2　术语

2.0.1　桥架：由托架、附件和支（吊）架三类部件构成的、支承电缆线路的具有连续刚性的结构系统（简称桥架）。

2.0.2　托架：直接承托电缆线路荷重的刚性槽形部件（托盘、梯架的直通及其弯通）。

2.0.3　有孔托盘：由带孔眼的底板和侧边构成或由整块钢板冲孔后弯制成的槽形部件。

2.0.4　无孔托盘：由底板与侧边构成或由整块钢板弯制成的槽形部件。

2.0.5　组装托盘：可任意组合的用螺栓或插接方式连接成槽形的部件。

2.0.6　梯架：由侧边与若干根横档构成的刚性梯形部件。

3　施工准备

3.1　作业条件

3.1.1　土建工程应全部结束且预留孔洞，预埋件符合设计要求，预埋件安装牢固，强度合格。

3.1.2　桥架安装沿线模板等设施已拆除完毕，场地清理干净，道路畅通。

3.1.3　室内电缆桥架的安装宜在管道及空调工程基本施工完毕后进行。

3.1.4　高层建筑竖井内土建湿作业全部完成。

3.1.5　电缆敷设时，电缆桥架应全部安装结束，并经检查合格。

3.2　材料及机具

3.2.1　主要材料：电缆桥架的直线段、三通、弯通、桥架附件、支吊架、接地线等。

89

3.2.2 辅助材料：膨胀螺栓、连接螺栓。

3.2.3 主要工机具：手电钻、冲击钻、电工工具、钢锯、电锤、铅笔、粉线袋等。

3.2.4 测量器具：皮尺、钢卷尺、水平尺等。

4 操作工艺

4.1 工艺流程

预留孔洞 → 测量定位 → 支、吊架安装 → 桥架安装 → 接地线安装

4.2 预留孔洞

根据施工图标注的轴线部位，将预制好的木质框架，固定在标出的位置上，并进行调直找正，待现浇混凝土凝固模板拆除后，取下框架，并抹平孔洞口。

4.3 测量定位

根据设计图或施工方案，从电缆桥架始端至终端（先干线后支线）找好水平或垂直线（建筑物如有坡度，电缆桥架应随其坡度），确定并弹出支吊架的具体位置。

4.4 支、吊架安装

4.4.1 用冲击钻钻孔直径的误差不得超过＋0.5～0.3mm；深度误差不得超过＋3mm；钻孔后应将孔内残存的碎屑清除干净。打孔的深度应以将套管全部埋入墙内或顶板内，表面平齐为宜。用木槌或垫上木块后用铁锤将膨胀螺栓敲入洞内，螺栓固定后，其头部偏斜值不应大于2mm或采用带膨胀螺母镀锌通丝吊杆。

4.4.2 自制支架与吊架所用角钢规格不小于 30mm×30mm×3mm，圆钢不小于 $\phi 8$。自制吊支架必须按设计要求进行防腐处理。

4.4.3 支架与吊架在安装时应挂线或弹线找直，用水平尺找平，以保证安装后横平竖直。

4.4.4 轻钢龙骨上敷设桥架应设各自单独卡具吊装或支撑系统，吊杆直径不应小于 8mm。

4.4.5 在钢结构上可用万能吊具进行安装。

4.5 桥架安装

4.5.1 梯架、托盘用连接板连接，垫圈、弹簧垫、螺母紧固，螺母应位于梯架、托盘外侧。

4.5.2 桥架与电气柜、箱、盒连接时，进、出线口处应用抱脚连接，并用螺丝紧固，末端应加装封堵。

4.5.3 桥架经过建筑物的变形缝（伸缩缝、沉降缝）时，桥架本身应断开，

槽内用内连接板搭接，一端不需固定。

4.5.4　桥架的盖板在直线段上和 90°转角处，应成 45°斜口相接，分支处应成三角叉接，盖板应无翘角，接口应严密、整齐。

4.5.5　电缆桥架在穿过防火墙及防火楼板时，应采取防火隔离措施，具体做法见图 10-1。

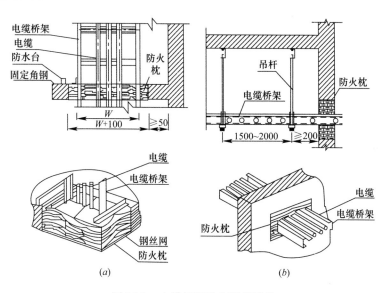

图 10-1　电缆桥架防火隔离措施

（*a*）电缆桥架穿楼板时防火封堵方法；（*b*）电缆桥架穿墙时防火封堵方法

4.6　接地线安装

4.6.1　桥架全长应为良好的电气通路。镀锌制品的桥架搭接处用螺母、平垫、弹簧垫紧固后可不做跨接地线。如设计另有要求的，按设计施工。

4.6.2　桥架在建筑变形缝处要做跨接地线，跨接地线要留有余量。

5　质量标准

5.1　主控项目

5.1.1　金属电缆桥架及其支架和引入或引出的金属电缆导管必须接地（PE）或接零（PEN）可靠，且必须符合下列规定：

1　金属电缆桥架及其支架全长不少于两处与接地（PE）或接零（PEN）干线相连接。

2　非镀锌电缆桥架间连接板的两端跨接铜芯接地线，接地线最小允许截面积不小 4mm²。

3 镀锌电缆桥架间连接板的两端不跨接接地线，但连接板两端不少于两个有防松螺帽或防松垫圈的连接固定螺栓。

4 全长不少于两处固定支架。

5.1.2 电缆敷设严禁有绞拧、铠装压扁、护层断裂和表面严重划伤等缺陷。

5.2 一般项目

5.2.1 电缆桥架安装应符合下列规定：

1 直线段钢制电缆桥架长度超过30m，铝合金或玻璃钢制电缆桥架长度超过15m设有伸缩节；电缆桥架跨越建筑物变形缝处设置补偿装置。

2 电缆桥架转弯处的弯曲半径，不小于桥架内电缆最小允许弯曲半径，电缆最小允许弯曲半径见表10-1。

电缆最小允许弯曲半径 表10-1

序号	电缆种类	最小允许弯曲半径
1	无铅包钢铠护套的橡皮绝缘电力电缆	10D
2	有钢铠护套的橡皮绝缘电力电缆	20D
3	聚氯乙烯绝缘电力电缆	10D
4	交联聚氯乙烯绝缘电力电缆	15D
5	多芯控制电缆	10D

注：D为电缆外径。

3 当设计无要求时，电缆桥架水平安装的支架间距为1.5～3m；垂直安装的支架间距不大于2m。

4 桥架与支架间螺栓、桥架连接板螺栓固定紧固无遗漏，螺母位于桥架外侧；当铝合金桥架与钢支架固定时，有相互间绝缘的防电化腐蚀措施。

5 电缆桥架敷设在易燃易爆气体管道和热力管道的下方。当设计无要求时，与管道的最小净距，符合表10-2的规定：

与管道的最小净距（m） 表10-2

管道类别		平行净距	交叉净距
一般工艺管道		0.4	0.3
易燃易爆气体管道		0.5	0.5
热力管道	有保温层	0.5	0.3
	无保温层	1.0	0.5

6 敷设在竖井内和穿越不同防火区的桥架，按设计要求位置，有防火隔堵措施。

7 支架与预埋件焊接固定时，焊缝饱满；膨胀螺栓固定时，选用螺栓适配，连接紧固，防松零件齐全。

5.2.2 桥架内电缆敷设应符合下列规定：

1 大于 45°倾斜敷设的电缆每隔 2m 处设固定点。

2 电缆出入电缆沟、竖井、建筑物、柜（盘）、台处以及管子管口处等做密封处理。

3 电缆每隔 3m 应悬挂标示牌，转弯处必须设标志牌。

4 电缆敷设排列整齐，水平敷设的电缆，首尾两端、转弯两侧及每隔 5～10m 处设固定点；敷设于垂直桥架内的电缆固定点间距，不大于表 10-3 的规定。

电缆固定点的间距（mm）   表 10-3

电缆种类		固定点的间距
电力电缆	全塑型	1000
	除全塑形外的电缆	1500
控制电缆		1000

5.2.3 电缆的首端、末端和分支处应设标志牌。

6 成品保护

6.0.1 电缆桥架安装时，应保持墙面和顶板的清洁。

6.0.2 电缆桥架及支架安装完毕后，应加以保护，以防其表面被污染或划伤。

6.0.3 使用高凳时，注意不要碰坏建筑物的墙面及门窗等。

6.0.4 安装金属桥架线槽时，应注意保持墙面的清洁。

6.0.5 电缆敷设完成后，桥架盖板应齐全平实，不得遗漏，并防止损坏和污染桥架。

6.0.6 室内沿桥架或托盘敷设电缆，宜在管道及空调工程基本施工完毕后进行，防止其他专业施工时损伤电缆。

6.0.7 电缆两端处的门窗装好并加锁，防止电缆丢失或损坏。

7 注意事项

7.1 应注意的质量问题

7.1.1 固定桥架的支架或吊架的焊接处应及时进行防腐处理，以防锈蚀。

7.1.2 固定金属膨胀螺栓时，在钻头上做出深度标记，严格控制钻孔直径和深度，以防膨胀螺栓进墙或出墙过多，桥架固定不牢。

7.2 应注意的安全问题

7.2.1 现场机具布置必须符合安全规范，机具摆放间距必须考虑操作空间，机具摆放整齐，留出行走及材料运输通道。

7.2.2 登高安装桥架时，应使用梯子或脚手架进行，并有相应防坠落措施。

7.2.3 使用用电设备时，应防止漏电；使用电焊机焊接时，应戴好护面具或护目镜，以防烧伤。

8 质量记录

8.0.1 材料出厂合格证。

8.0.2 材料、构配件进场检验记录。

8.0.3 设计变更、工程洽商记录。

8.0.4 预检记录。

8.0.5 电缆桥架安装和桥架内电缆敷设检验批质量验收记录。

第 11 章　金属线槽安装

本节适用于建筑物内金属线槽安装工程。

1　引用标准

《建筑电气工程施工质量验收规范》GB 50303—2015
《建筑工程施工质量验收统一标准》GB 50300—2013
《建筑设计防火规范》GB 50016—2014

2　术语（略）

3　施工准备

3.1　作业条件

3.1.1　配合土建的结构施工，预留孔洞、弹线定位和预埋吊杆、吊架等全部完成。

3.1.2　在顶棚和墙面的粉刷工作结束后，方可进行线槽敷设。

3.1.3　高层建筑竖井内土建湿作业全部完成。

3.2　材料及机具

3.2.1　主要材料：塑料线槽

3.2.2　辅助材料：自攻螺钉、膨胀管等。

3.2.3　主要工机具：手电钻、冲击钻、电工工具、钢锯、电锤、螺钉旋具、铅笔、粉线袋等。

3.2.4　测量器具：皮尺、钢卷尺、水平尺等。

4　操作工艺

4.1　工艺流程

预留孔洞 → 测量定位 → 支、吊架制作及安装 → 线槽安装 → 接地跨接线安装

4.2　预留孔洞

根据施工图标注的轴线部位，将预制好的木质框架，固定在标出的位置

上，并进行调直找正，待现浇混凝土凝固模板拆除后，取下框架并抹平孔洞口。

4.3　测量定位

根据施工图确定出进户线、盒、箱、柜等电气器具的安装位置，按主线槽与支线槽的顺序沿线路的走向弹出固定点的准确位置，在钢结构上宜采用拉线的方法定位，敷设地面线槽时，应弹出出线口的位置。

4.4　支、吊架制作

4.4.1　支架与吊架的规格一般不应小于扁铁 30mm×3mm；角钢 25mm×25mm×3mm，且支架拐角外露处 90°角应打磨成小圆角。

4.4.2　支架与吊架所用钢材应平直，无显著扭曲。下料后长短偏差应在 5mm 范围内，切口处应无卷边、毛刺。

4.4.3　钢支架与吊架应焊接牢固，无显著变形、焊缝均匀平整，焊缝长度应符合要求，不得出现裂缝、咬边、气孔、凹陷、漏焊、焊漏等缺陷。

4.4.4　支架与吊架应安装牢固，保证横平竖直，在有坡度的建筑物上安装支架与吊架应与建筑物有相同的坡度。

4.4.5　严禁用电气焊切割支架与吊架，焊接后均应做防腐处理。

4.4.6　万能吊具应采用定型产品，对线槽进行吊装，并应有各自独立的吊装卡具或支撑系统。

4.5　支、吊架安装

4.5.1　预埋安装：

在土建结构钢筋配筋的同时，将预制好的支、吊架采用绑扎的方法固定在预先标出的固定位置上；也可采用预埋铁的方法，将 120mm×60mm×6mm 的钢板平面向下用圆钢锚固在钢筋网上，模板拆除后，清理露出预埋铁，将已制成的支、吊架焊在预埋铁上固定。

用金属膨胀螺栓安装：按弹线定位标出的固定点及支、吊架承受的荷载，选择相应的金属膨胀螺栓及钻头进行钻孔，然后将螺栓敲进洞内，配上相应螺母、垫圈将支、吊架固定在金属膨胀螺栓上。

安装要求：支、吊架安装应牢固，横平竖直。在有坡度的建筑物上安装，应与建筑物保持相同坡度。支、吊架焊接应牢固，无变形，焊缝均匀，焊渣清理干净。固定点间距不应大于 2m，距离楼顶板不应小于 200mm。用金属膨胀螺栓安装时，打孔深度应以将套管全部埋入墙内或顶板内为宜，并应将孔内残存的碎屑清除干净。不得在空心砖墙和陶粒混凝土砌块等轻型墙体上使用金属膨胀螺栓。轻钢龙骨吊顶内敷设线槽应单独设置吊具，吊杆直径不小于 8mm。

4.5.2　钢结构支、吊架安装：可将支架或吊架直接卡固在钢结构上，也可利用万能吊具进行安装。

4.5.3 地面线槽调节支架安装：配合土建地面工程施工。地面抄平后，再测定固定点位置。依据面层厚度，固定好调节支架，以确保各支架在同一平面上，且出线口与地面平齐。

4.5.4 固定支点间距一般不应大于 1.5～2m。在进出接线盒、箱、柜、转角、转弯和变形缝两端及丁字接头的三端 500mm 以内应设置固定支持点。

4.6 线槽安装

4.6.1 线槽安装要求：

线槽直线段连接应采用连接板，用垫圈、弹簧垫圈、螺母紧固，接茬处缝隙严密平齐。

线槽进行交叉、转弯、丁字连接时，应采用单通、二通、三通、四通或平面二通、平面三通等进行变通连接。

线槽与盒、箱、柜等接茬处，进线和出线口均应用抱脚连接，并用螺钉紧固，末端应加装封堵。

建筑物的表面如有坡度时，线槽应随其变化坡度。待线槽全部敷设完毕后，应在配线前调整检查。确认合格后再进行线槽内配线。

线槽安装应平整，无扭曲变形，内壁无毛刺，各种附件齐全。

在无法上人的吊顶内敷设线槽时，吊顶应留有检修孔。

穿过墙壁的线槽四周应留出 50mm 的距离，并用防火枕进行封堵。

线槽所有非导电部分的铁件均应相互连接和跨接，使之成为一连接导体，并做好整体接地。

线槽经过建筑物的变形缝（伸缩缝、沉降缝）时，线槽本身应断开，线槽内用内连接板搭接，不需固定。保护地线和槽内导线均应留有补偿余量。

4.6.2 吊装金属线槽安装要求：万能型吊具一般应用在钢结构中，安装前先将吊具及附件组装好，并固定在钢结构上，将顶丝拧牢。见图 11-1。

4.6.3 地面金属线槽安装：

应及时根据弹线确定的位置，将地面金属线槽放在支架上，然进行线槽连接，并接好出线口。

地面线槽及附件全部上好后，再进行一次系统调整，主要根据地面厚度仔细调整线槽干线、分支线、分线盒接头、转弯、转角、出口等平高度要求与地面平齐，将各种盒盖盖好，封堵严实，以防水泥砂浆进入。

4.7 接地跨接线安装

4.7.1 金属线槽的所有非导电部分的铁件均应相互连接，使线槽本身有良好的电气连接性，并和楼内的接地干线连接成一体。

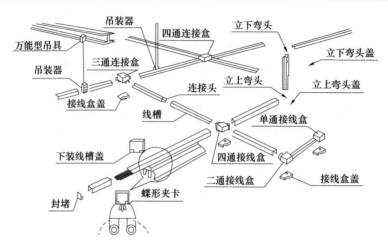

图 11-1　吊装金属线槽安装

4.7.2　非镀锌线槽连接板的两端应跨接铜芯接地线，跨接地线可采用铜编织带或不小于 6mm² 的塑铜软线。镀锌线槽间连接板的两端不需跨接接地线，但连接板两端不应少于 2 个有防松垫圈的连接固定螺栓。

4.7.3　线槽在变形缝补偿装置处应用导线搭接，使其成为一连续导体。

4.7.4　金属线槽不得熔焊跨接接地线。金属线槽应做好整体接地。但金属线槽由于钢板厚度较薄，不应作为设备的接地导体。当设计无要求时金属线槽全长应不少于 2 处与保护线（PE）或中性保护共用线（PEN）的干线连接，且必须连接可靠。

5　质量标准

5.1　主控项目

5.1.1　线槽必须接地（PE）或接零（PEN）可靠，并符合设计规定。

5.1.2　金属线槽不得熔焊跨接接地线，以专用接地卡跨接的两卡间连线为铜芯软导线，截面积不小于 4mm²。

5.1.3　金属线槽不作设备的接地导体，当设计无要求时，金属线槽全长不少于两处与接地（PE）或接零（PEN）干线连接。

5.1.4　非镀锌金属线槽间连接板的两端跨接铜芯接地线，镀锌线槽间连接板的两端不跨接接地线，但连接板两端不少于两个有防松螺帽或防松垫圈的连接固定螺栓。

5.2　一般项目

5.2.1　线槽应安装牢固，无扭曲变形，紧固件的螺母应在线槽外侧。

5.2.2　线槽，在建筑物变形缝处，应设补偿装置。

6　成品保护

6.0.1　安装金属线槽时，应注意保持墙面的清洁。

6.0.2　配线完成后，线槽盖板应齐全、平实，不得遗漏并防止损坏和污染线槽。

6.0.3　使用梯子时，注意不要碰坏建筑物的墙面和门窗等。

6.0.4　穿线时不得污染设备和建筑物品，应保持周围环境清洁。

6.0.5　使用高凳及其他工具时，应注意不得碰坏其他设备、门、窗、墙面、地面等。

7　注意事项

7.1　应注意的质量问题

7.1.1　吊架安装后线槽的上平面距离上层楼板或结构梁的间距不应小于150～200mm。

7.1.2　严禁用木砖固定支架与吊架。

7.1.3　同一电源的不同回路无抗干扰要求的线路可敷设于同一线槽内；敷设于同一线槽内有抗干扰要求的线路用隔板隔离。

7.1.4　线槽敷设时，应对齐接口，连接板螺钉固定牢固，以免接口不严密、缝隙过大、有错槎。

7.1.5　线槽通过变形缝时，应设补偿装置，防止线槽和导线受损。

7.2　应注意的安全问题

7.2.1　对加工用的电动工具要坚持日常保养维护，定期做安全检查，不用时立刻切断电源。使用电气设备、电动工具时，要有可靠的保护地（接零）措施。

7.2.2　在单梯上安装作业，单梯与地面夹角35°～45°，梯子两脚应有麻布绑扎防止滑托。高度超过2m时必须系好安全带，严禁蹬踏设备进行施工作业。

7.2.3　线槽安装时，其下方不应有人停留。打眼时，要戴好防护镜，工作地点下方不得站人。

7.2.4　梯子上作业只能限一人操作，梯子下面应有人监护，严禁抛接管材、工具。

7.2.5　使用自制高架车施工时，站人部位周围应有护栏。

7.2.6　站在高处传递物品时要拿稳，防止掉落伤人。

7.2.7　使用人字梯必须坚固，距梯脚40～60cm处要设拉绳，防止劈开。使用单梯上端要绑牢，下端应有人扶持。

7.2.8 使用明火时，必须经现场管理人员报有关部门批准。明火现场应远离易燃物，并在现场备足灭火器材，并且做好必要防护，设专职看火人。

7.3 应注意的绿色施工问题

7.3.1 金属线槽安装完后的下废料应及时清运，收集后运至指定地点集中处理。

7.3.2 电锤打孔时宜采用低噪声电锤，并应尽量安排白天施工。

8 质量记录

8.0.1 设计交底记录。

8.0.2 安全技术交底记录。

8.0.3 材料、构配件进场检验记录。

8.0.4 设计变更洽商记录，竣工图。

8.0.5 线槽敷设工程检验批质量验收记录。

8.0.6 线槽敷设分项工程质量验收记录。

第 12 章 塑料线槽安装

本工艺标准适用于干燥室内的电气系统照明及小负荷用电设备的明配线工程。

1 引用标准

《建筑电气工程施工质量验收规范》GB 50303—2015
《建筑工程施工质量验收统一标准》GB 50300—2013

2 术语（略）

3 施工准备

3.1 作业条件

3.1.1 配合土建的结构施工，预留孔洞、弹线定位和预埋吊杆、吊架等全部完成。

3.1.2 在顶棚和墙面的粉刷工作结束后，方可进行线槽敷设。

3.1.3 高层建筑竖井内土建湿作业全部完成。

3.2 材料及机具

3.2.1 主要材料：塑料线槽。

3.2.2 辅助材料：自攻螺钉、膨胀管等。

3.2.3 主要工机具：手电钻、冲击钻、电工工具、钢锯、电锤、螺钉旋具、铅笔、粉线袋等。

3.2.4 测量器具：皮尺、钢卷尺、水平尺等。

4 操作工艺

4.1 工艺流程

$$\boxed{测量定位} \rightarrow \boxed{线槽固定} \rightarrow \boxed{线槽连接}$$

4.2 测量定位

4.2.1 测量定位应符合以下规定：线槽配线在穿过楼板及墙壁时，应用保护管，而且穿楼板处必须用钢管保护，其保护高度距地面不应低于 1.8m；过变形缝时应做补偿处理。

4.2.2 测量定位方法：按设计图确定进户线、盒、箱等电气器具固定点的位置，从始端至终端（先干线后支线）找好水平或垂直线，用粉线袋在线路中心弹线，分匀档，用电锤打孔，然后再埋入塑料胀管。用电锤打孔时，不应弄脏建筑物表面。

4.3 线槽敷设

选用线槽时应根据设计要求选择型号、规格相应的产品。敷设场所的环境温度不得低于－15℃。

4.4 线槽固定

混凝土墙、砖墙可采用塑料胀管固定塑料线槽。根据胀管直径和长度选择钻头，在标出的固定点位置上用电锤打孔钻孔，钻孔不应歪斜、豁口，钻孔应垂直，钻好孔后，将孔内残存的杂物清净，用木槌把塑料胀管垂直敲入孔中，并与建筑物表面平齐为准，再将缝隙填实抹平。用半圆头木螺钉加垫圈将线槽底板固定在塑料胀管上，紧贴建筑物表面。应先固定两端，再固定中间，同时找正线槽底板，应横平竖直，并沿建筑物形状表面进行敷设，用塑料胀管固定线槽如图12-1所示。木螺钉规格尺寸见表12-1。

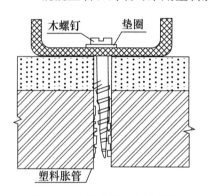

图 12-1 用塑料胀管固定线槽

木螺丝规格尺寸 表 12-1

标号	公称直径 DN	螺杆直径 d	螺杆长度 L
7	4	3.81	12～70
8	4	4.7	12～70
9	4.5	4.52	16～85
10	5	4.88	18～100
12	5	5.59	18～100
14	6	6.30	25～100
16	6	7.01	25～100
18	8	7.72	40～100
24	8	8.43	40～100
24	10	9.86	70～120

T形螺栓固定线槽：在石膏板墙或其他护板墙上固定塑料线槽时，可采用T形螺栓固定。将线槽的底板紧贴建筑物的表面，在固定点处钻好孔，把T形螺

栓从线槽背后墙的另一面穿入线槽，用螺母紧固，线槽内露出的螺栓部分应加套塑料管（本节适用于干燥室内的电气照明及小负荷用电设备的明配线工程）。

4.5　线槽连接

线槽及附件连接处应严密、平整，无缝隙，紧贴建筑物，固定点最大间距见表 12-2。

线槽固定点最大间距（mm）　　　　表 12-2

固定点形式	槽板宽度		
	20～40	60	80～120
	固定点最大间距		
中心单列	800	—	—
双列	—	1000	—
双列	—	—	800

4.5.1　槽底和槽盖直线段对接：槽底固定点间距应小于 500mm，盖板应小于 300mm，底板离终点 50mm 及盖板离终端点 30mm 处均应固定。三线槽的槽底应用双钉固定。槽底对接缝与槽盖对接缝应错开并不小于 100mm。

4.5.2　线槽分支接头，线槽附件如直通，三通转角，接头，插口，盒，箱应采用相同材质的定型产品。槽底、槽盖与各种附件相对接时，接缝处应严实平整，固定牢固。

4.5.3　线槽各种附件安装要求：盒子均应两点固定，转角、三通等处固定点不应少于两点（卡装式除外）。线路分支接头处应采用相应接线箱。接线盒、灯头盒应采用相应插口连接。线槽的终端应采用终端头封堵。在安装铝合金装饰板时，应牢固、平整、严实。线槽配线在穿过楼板或墙壁时，应用保护管，而且穿楼板处必须用钢管保护，其保护高度距地面不应低于 1.8m，装设开关的地方可引至开关的位置。过变形缝时应做补偿装置。

5　质量标准

5.1　主控项目

5.1.1　槽板内电线无接头，电线连接设在器具处；槽板与各种器具连接时，电线应留有余量，器具底座应压住槽板端部。

5.1.2　槽板敷设应紧贴建筑物表面，且横平竖直、固定可靠，严禁用木楔固定；木槽板应经阻燃处理，塑料槽板表面应有阻燃标识。

5.2　一般项目

5.2.1　木槽板无劈裂，塑料槽板无扭曲变形。槽板底板固定点间距应小于

500mm；槽板盖板固定点间距应小于 300mm；底板距终端 50mm 和盖板距终端 30mm 处应固定。

5.2.2 槽板的底板接口与盖板接口应错开 20mm，盖板在直线段和 90°转角处应成 45°斜口对接，T 形分支处应成三角叉接，盖板应无翘角，接口应严密整齐。

5.2.3 槽板穿过梁、墙和楼板处应有保护套管，跨越建筑物变形缝处槽板应设补偿装置，且与槽板结合严密。

6 成品保护

6.0.1 安装塑料线槽时，应注意保持墙面整洁。

6.0.2 配线完成后，盒盖、槽盖应全部盖严实、平整。

6.0.3 塑料线槽配线完成后，不得再次喷浆、刷油，以防止导线和电气器具被污染。

6.0.4 线路安装完成，应采取有效保护措施，防止损坏或丢失。

6.0.5 搬运和安装线槽时，应避免受外力损伤。

7 注意事项

7.1 应注意的质量问题

7.1.1 线槽敷设应平直、整齐，水平或垂直允许偏差为其长度的 2‰。

7.1.2 线槽的连接应连续无间断，在转角、分支处和端部均应由固定点固定，并应紧贴墙面固定，接口应平直、严密，盖板应齐全、平整、无翘角。

7.1.3 线槽的盖板在直线段上和 90°转角处，应用水平拐角及配套的盖板，分支处应成三角叉接，盖板应无翘角，接口应严密、整齐。

7.1.4 线槽固定时，胀管数、固定点距离应符合要求，以防线槽底板松动。

7.2 应注意的安全问题

7.2.1 对加工用的电动工具要坚持日常保养维护，定期做安全检查，不用时立刻切断电源。使用电气设备、电动工具时，要有可靠的保护地（接零）措施。

7.2.2 登高作业时应采用梯子或脚手架进行，并采取相应的防滑措施。高度超过 2m 时必须系好安全带，严禁蹬踏设备进行施工作业。使用自制高架车施工时，站人部位周围应有护栏。站在高处传递物品时要拿稳，防止掉落伤人。在单梯上安装作业，单梯与地面夹角 35°～45°，梯子两脚应有麻布绑扎防止滑移。梯子上作业只能限一人操作，梯子下面应有人监护，严禁抛接管材、工具。

7.2.3 线槽安装时，其下方不应有人停留。打眼时，要戴好防护镜，工作地点下方不得站人。

7.2.4　使用人字梯必须紧固，并有安全拉绳。使用明火时，必须经现场管理人员报有关部门批准。

7.2.5　明火现场应远离易燃物，并在现场备足灭火器材，且做好必要防护，设专职看火人。

7.3　**应注意的绿色施工问题**

7.3.1　施工现场应做到活儿完料净脚下清，现场垃圾应及时清运，收集后运至指定地点集中处理。

7.3.2　电锤打孔时宜采用低噪声电锤，并应尽量安排白天施工。

8　质量记录

8.0.1　设计交底记录。

8.0.2　安全技术交底记录。

8.0.3　工程材料报验单。

8.0.4　线槽敷设工程检验批质量验收记录。

8.0.5　线槽敷设分项工程质量检验记录。

8.0.6　设计变更洽商记录，竣工图。

第 13 章 钢导管敷设

本工艺标准适用于建筑物内照明与动力配线的钢管明、暗敷设及吊顶内和护墙板内钢导管敷设工程。

1 引用标准

《建筑工程施工质量验收统一标准》GB 50300—2013
《建筑电气工程施工质量验收规范》GB 50303—2015

2 术语（略）

3 施工准备

3.1 作业条件

3.1.1 暗管敷设：

1 各层水平线和墙厚度线弹好，配合土建施工。

2 预制混凝土板上配管，在做好地面以前弹好水平线。

3 现浇混凝土内配管，在底层钢筋绑扎完后，上层钢筋未绑扎前，根据施工图尺寸位置配合土建施工。

4 预制大楼板就位完毕，及时配合土建在整理板缝锚固筋（胡子筋）时，将管路弯曲连接部位按要求做好。

5 预制空心板，配合土建就位同时配管。

6 随墙（砌体）配合施工立管。

7 随大模板现浇混凝土墙配管，土建钢筋网片绑扎完毕，按墙体线配管。

3.1.2 明管敷设：

1 配合土建结构安装好预埋件。

2 配合土建内装修油漆，喷浆完成后进行明配管。

3 采用胀管安装时，必须在土建抹完后进行。

3.1.3 吊顶内或护墙板内、管路敷设：

1 结构施工时，配合土建安装好预埋件。

2 内部装修施工时，配合土建做好吊顶灯位及电气器具位置翻样图，并在预板或地面弹出实际位置。

3.2　材料机具

3.2.1　主要机具：煨管器、液压煨管器、液压开孔器、压力案子、套丝板、套管机、顶弯机、手锤、錾子、钢锯、扁锉、半圆锉、圆锉、活扳子、鱼尾钳、铅笔、皮尺、水平尺、线坠，灰铲、灰桶、水壶、油桶、油刷、粉线袋、手电钻、台钻、钻头、绝缘手套等。

3.2.2　主要材料：

1　镀锌钢管（或电线管）壁厚均匀，焊缝均匀，无劈裂、砂眼、棱刺和凹扁现象。除镀锌管外其他管材需预先除锈刷防腐漆（埋入现浇混凝土时外壁可不刷防腐漆，但应除锈，内壁应除锈及刷防腐漆）镀锌管或刷过防腐漆的钢管外表层完整，无剥落现象，应具有产品材质单和合格证。

2　管箍使用通丝管箍。丝扣清晰不乱扣，镀锌层完整无剥落，无劈裂，两端光滑无毛刺，并有产品合格证。

3　锁紧螺母（根母）外形完好无损，丝扣清晰，并有产品合格证。护口有用于薄、厚管之区别，护口要完整无损，并有产品合格证。

4　铁制灯头盒、开关盒、接线盒等，金属板厚度应不小于 1.2mm，镀锌层无剥落，无变形开焊，敲落孔完整无缺，面板安装孔与地线焊接脚齐全，并有产品合格证。面板、盖板的规格、高与宽、安装孔距应与所用盒配套，外形完整无损，板面颜色均匀一致，并有产品合格证。

5　圆钢、扁钢、角钢等材质应符合国家有关规范要求，镀锌层完整无损，并有产品合格证。螺栓、螺钉、胀管螺栓、螺母、垫圈等应采用镀锌件。其他材料（如铅丝、电焊条、防锈漆、水泥、机油等）无过期变质现象。

6　护口有用于薄、厚管的区别，护口要完整无损，并有产品合格证。

7　面板、盖板的规格、高与宽、安装孔距应与所用盒配套，外形完整无损，板面颜色均匀一致，并有产品合格证。

8　螺栓、螺钉、胀管螺栓、螺母、垫圈等应采用镀锌件。

9　其他材料（如铅丝、电焊条、防锈漆、水泥、机油等）无过期变质现象。

4　操作工艺

4.1　暗管敷设工艺流程

测量定位 → 预制加工 → 箱盒固定 → 管路敷设 → 穿带线

4.2　明管、吊顶内、护墙板内管路敷设工艺流程

测量定位 → 支架安装 → 预制加工 → 箱盒固定 → 管路敷设 → 穿带线

4.3 测量定位

根据施工图及土建弹出的水平 500mm 线为基准，确定盒、箱实际位置和管路走向。

4.4 预制加工

4.4.1 管道弯制：

1 冷煨法：

一般管径为 20mm 钢管及其以下时，用手扳煨管器。先将管子插入煨管器，逐步煨出所需弯度。管径为 25mm 及其以上时，使用液压煨管器，即先将管子放入模具，然后扳动煨管器，煨出所需弯度。

2 热煨法：（现 100mm 以下的钢管都采用液压煨弯器）

一般管径 80mm 以上的钢管都采用热煨法，首先炒干砂子，堵住管子一端，将干砂子灌入管内，用手锤敲打，直至砂子灌实，再将另一端管口堵住放在火上转动加热，烧红后煨成所需弯度，随煨弯随冷却。要求管路的弯曲处不应有折皱、凹穴和裂缝现象，弯扁程度不应大于管外径的 1/10；暗配管时，弯曲半径不应小于管外径的 6 倍；埋设于地下或混凝土楼板内时，不应小于管外径的 10 倍。

4.4.2 管子切断：

常用钢锯、割管器、无齿锯、砂轮锯进行切管，将需要切断的管子长度量准确，放在钳口内卡牢固，断口处平齐、不歪斜，管口刮铣光滑，无毛刺，管内铁屑除净。

4.4.3 管子套丝：

采用套丝板、套管机，根据管外径选择相应板牙。将管子用台虎钳或龙门压架钳紧牢固，再把绞板套在管端，均匀用力不得过猛，随套随浇冷却液，丝扣不乱不过长，消除渣屑，丝扣干净、清晰。管径 20mm 及其以下时，应分二板套成；管径在 25mm 及其以上时，应分三板套成。

4.5 盒、箱固定

4.5.1 测定盒、箱位置：

根据设计图要求确定盒、箱轴线位置，以土建弹出的水平线为基准，挂线找平，线坠找正，标出盒、箱实际尺寸位置，然后与管子焊接或丝接。

4.5.2 稳盒、箱：

稳盒、箱要求四周灰浆饱满、平整、牢固，坐标正确。盒、箱安装要求见表 13-1 所示。现制混凝土板墙固定盒、箱加支铁固定，盒、箱底距外墙面小于 3cm 时，需加金属网固定后再抹灰，防止空裂。

盒、箱安装要求　　　　　　　　　　　　　　　表 13-1

实测项目	要求	允许偏差（mm）
盒、箱水平、垂直位置	垂直	10（砖墙）、30（大模板）
盒箱 1m 内相邻标高	一致	2
盒子固定	正确	3
盒子固定	垂直	3
盒、箱口与墙面	平齐	最大凹进深度 10mm

4.5.3　托板稳灯头盒：

预制圆孔板（或其他顶板）打灯位洞时，找好位置后，用尖錾子由下往上踢，洞口大小比灯头盒外口略大 1～2cm，灯头盒焊好卡铁（可用桥杆盒）后，用高强度等级砂浆稳注好，并用托板托牢，待砂浆凝固后，即可拆除托板。现浇混凝土楼板，将盒子堵好随底板钢筋固定牢，管路配好后，随土建浇灌混凝土施工同时完成。

4.6　管路连接

4.6.1　管路连接方法：

1　管箍丝扣连接，套丝不得有乱扣现象，管箍必须使用通丝管箍。上好管箍后，管口应对严。外露丝应不多于两扣。

2　套管连接宜用于暗配管，套管长度为连接管径的 1.5～3 倍；连接管口的对口处应在套管的中心，焊口应焊接牢固严密。镀锌钢导管或壁厚小于或等于 2mm 的钢导管，不得采用套管熔焊连接。

3　坡口（喇叭口）焊接。管径 80mm 以上钢管，先将管口除去毛刺，找平齐。用气焊加热管端，边加热边用手锤沿管周边，逐点均匀向外敲打出坡口，把两管坡口对平齐，周边焊严密。

4.6.2　管与管的连接：

1　管径 20mm 及其以下钢管以及各种管径电线管，必须用管箍连接。管口锉光滑平整，接头应牢固紧密。管径 25mm 及其以上钢管，可采用管箍连接或套管焊接。镀锌钢导管或壁厚小于或等于 2mm 的钢导管，不得采用套管熔焊连接。

2　管路超过下列长度，应加装接线盒，其位置应便于穿线。无弯时 45m、有一个弯时 30m、有二个弯时 20m、有三个弯时 12m。

3　管路垂直敷设时，根据导线截面设置接线盒距离；50mm^2 及以下为 30m、70～95mm^2 时为 20m、120～240mm^2 时为 18m；

4　电线管路与其他管道最小距离见表 13-2。

配线与管道间最小距离 表 13-2

管道名称		配线方式	
		穿管配线	绝缘导线明配线
		最小距离（mm）	
蒸汽管	平行	1000 (500)	1000 (500)
	交叉	300	300
暖、热水管	平行	300 (200)	300 (200)
	交叉	100	100
通风、上下 水压缩空气管	平行	100	200
	交叉	50	100

注：1. 表内有括号者为在管道下边的数据。
2. 达不到表中距离时，应采取下列措施：蒸汽管——在管外包隔热层后，上下平行净距可减至 200mm，交叉距离须考虑便于维修，但管线周围温度应经常在 35℃ 以下；暖、热水管——包隔热层。

4.6.3 管进盒、箱连接：

1 盒、箱开孔应整齐并与管径相吻合，要求一管一孔，不得开长孔。铁制盒、箱严禁用电、用气焊开孔，并应刷防锈漆。如用定型盒、箱，其敲落孔大而管径小时，可用铁皮垫圈垫严或用砂浆加石膏补平齐，不得露洞。

2 管口入盒、箱，暗配管可用跨接地线焊接固定在盒棱边上，严禁管口与敲落孔焊接，管口露出盒、箱应小于 5mm。有锁紧螺母者与锁紧螺母平，露出锁紧螺母丝扣为 2～4 扣。两根以上管入盒、箱要长短一致，间距均匀，排列整齐。

4.7 暗管敷设

敷设于多尘和潮湿场所的电线管路、管口、管子连接处均应作密封处理。

暗配的电线管路宜沿最近的路线敷设并应减少弯曲；埋入墙或混凝土内的管子，离表面的净距不应小于 15mm。

进入落地式配电箱的电线管路，排列应整齐，管口应高出基础面不小于 50mm。

埋入地下的电线管路不宜穿过设备基础，在穿过建筑物基础时应加保护管。

4.7.1 随墙（砌体）配管：

砖墙、加气混凝土块墙、空心砖墙配合砌墙立管时，该管最好放在墙中心；管口向上者要堵好。为使盒子平整，标高准确，可将管先立偏高 200mm 左右，然后将盒子稳好，再接短管。短管入盒、箱端可不套丝，可用跨接线焊接固定，管口与盒、箱里口平。往上引管有吊顶时，管上端应煨成 90°弯直进吊顶内。由顶板向下引管不宜过长，以达到开关盒上口为准。等砌好隔墙，先稳盒后接短管。

4.7.2 大模板混凝土墙配管：

可将盒、箱焊在该墙的钢筋上，接着敷管。每隔 1m 左右，用铅丝绑扎牢。管进盒、箱要煨灯叉弯。往上引管不宜过长，以能煨弯为准。

4.7.3 现浇混凝土楼板配管：

先找灯位，根据房间四周墙的厚度，弹出十字线，将堵好的盒子固定牢然后敷管。有两个以上盒子时，要拉直线。如为吸顶灯或日光灯，应预制木砖。管进盒、箱长度要适宜，管路每隔 1m 左右用铅丝绑扎牢。如有吊扇、花灯或超过 3kg 的灯具应焊好吊杆，应放预埋件。

4.7.4 预制圆孔板上配管，如为焦碴垫层，管路需用混凝土砂浆保护。素土内配管可用混凝土砂浆保护，也可缠两层玻璃布，刷三道沥青油加以保护。在管路下先用石块垫起 50mm，尽量减少接头，管箍丝扣连接处抹油缠麻拧牢。

4.7.5 变形缝处理：

变形缝处理做法：变形缝两侧各预埋一个接线箱，先把管的一端固定在接线箱上，另一侧接线箱底部的垂直方向开长孔，其孔径长宽度尺寸不小于被接入管直径的两倍。两侧连接好补偿跨接地线如图 13-1 所示。

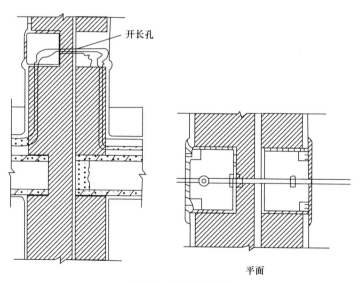

图 13-1　开长孔做法

4.7.6 普通接线箱在地板上（下）部做法：

1 普通接线箱在地板上（下）部做法（一式）：

箱体底口距离地面应不小于 300mm，管路弯曲 90°后，管进箱应加内、外锁紧螺母；在板下部时，接线箱距顶板距离应不小于 150mm，如图 13-2 所示。

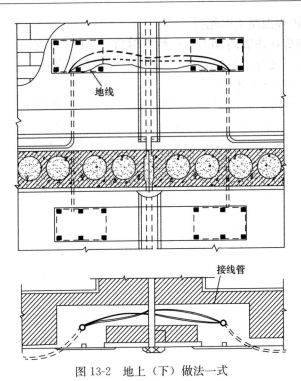

图 13-2　地上（下）做法一式

　　2　普通接线箱在地板上（下）部做法（二式）基本做法同（一式），（二式）采用的是直筒式接线箱，如图 13-3 所示。

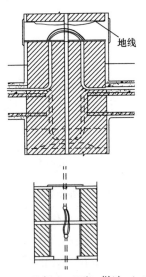

图 13-3　地板上（下）做法（二式）

4.7.7 地线焊接：

1 管路应作整体接地连接，穿过建筑物变形缝时，应有接地补偿装置。如采用跨接方法连接，跨接地线两端焊接面不得小于该跨接线截面的 6 倍。焊缝均匀牢固，焊接处要清除药皮，刷防腐漆。跨接线的规格见表 13-3。

跨接地线规格表（mm）　　　　　　　表 13-3

管径	圆钢	扁钢
15～25	φ6	—
32～38	φ8	—
50～63	φ10	25×3
≥80	φ8×2	(25×3)×2

2 卡接：镀锌钢管或可挠金属电线保护管，应用专用接地线卡连接，不得采用熔焊连接地线。

4.8 明管敷设基本要求

根据设计图加工支架、吊架、抱箍等铁件以及各种盒、箱、弯管。明管敷设工艺与暗管敷设工艺相同处请见相关部分。在多粉尘、易爆等场所敷管，应按设计和有关防爆规程施工。

4.8.1 管弯、支架、吊架预制加工：明配管弯曲半径一般不小于管外径 6 倍。如有一个弯时，可不小于管外径的 4 倍。加工方法可采用冷煨法和热煨法，支架、吊架应按设计图要求进行加工。支架、吊架的规格设计无规定时，应不小于以下规定：扁铁支架 30mm×3mm；角钢支架 25mm×25mm×3mm；埋注支架应有燕尾，埋注深度应不小于 120mm。

4.8.2 测定盒、箱及固定点位置

1 根据设计首先测出盒、箱与出线口等的准确位置。测量时最好使用自制尺杆。

2 根据测定的盒、箱位置，把管路的垂直、水平走向弹出线来，按照安装标准规定的固定点间距的尺寸要求，计算确定支架、吊架的具体位置。

3 固定点的距离应均匀，管卡与终端、转弯中点、电气器具或接线盒边缘的距离为 150～500mm；中间管卡的最大距离见表 13-4。

钢管中间管卡最大距离　　　　　　　表 13-4

钢管名称	钢管直径（mm）			
	15～20	25～30	40～50	65～100
厚钢管	1500	2000	2500	3500
薄钢管	1000	1500	2000	—

4.8.3 固定方法：有胀管法，木砖法、预埋铁件焊接法，稳注法、剔注法、抱箍法。

4.8.4 盒、箱固定：

由地面引出管路至自制明盘、箱时，可直接焊在角钢支架上，采用定型盘、箱，需在盘、箱下侧 100～150mm 处加稳固支架，将管固定在支架上。盒、箱安装应牢固平整，开孔整齐并与管径相吻合。要求一管一孔不得开长孔。铁制盒、箱严禁用电气焊开孔。

4.8.5 管路敷设与连接：

1 管路敷设：水平或垂直敷设明配管允许偏差值，管路在 2m 以内时，偏差为 3mm，全长不应超过管子内径的 1/2。

2 检查管路是否畅通，内侧有无毛刺，镀锌层或防锈漆是否完整无损，管子不顺直者应调直。

3 敷管时，先将管卡一端的螺钉拧进一半，然后将管敷设在管卡内，逐个拧牢。使用铁支架时，可将钢管固定在支架上，不许将钢管焊接在其他管道上。

4 管路连接：管路连接应采用丝扣连接，或采用扣压式管连接。

4.8.6 钢管与设备连接：

应将钢管敷设到设备内，如不能直接进入时，应符合下列要求：

1 在干燥房屋内，可在钢管出口处加保护软管引入设备，管口应包扎严密。

2 在室外或潮湿房间内，可在管口处装设防水弯头，由防水弯头引出的导线应套绝缘保护软管，经弯成防水弧度后再引入设备。

3 管口距地面高度一般不宜低于 200mm。

4 埋入土层内的钢管，应刷沥青包缠玻璃丝布后，再刷沥青油，或应采用水泥砂浆全面保护。

4.8.7 金属软管引入设备时，应符合下列要求：

1 金属软管与钢管或设备连接时，应采用金属软管专用接头连接，软管的长度动力工程中不宜大于 0.8m，在照明工程中不宜大于 1.2m。

2 金属软管用管卡固定，其固定间距不应大于 1m，管卡与设备、器具、弯头中点、管端等边缘的距离应小于 0.3m。

3 不得利用金属软管作为接地导体。

4.8.8 变形缝处理：

明配管跨接线应紧贴管箍，焊接处均匀美观牢固。管路敷设应保证畅通，刷好防锈漆、调合漆，无遗漏。

4.9 吊顶内，护墙板内管路敷设

其操作工艺及要求：材质、固定参照明配管工艺；连接、弯度、走向等可参照暗敷工艺要求施工，接线盒可使用暗盒。

4.9.1　会审图纸要与通风、暖卫等专业协调，并绘制翻样图经审核无误后，在顶板或地面进行弹线定位。如吊顶是有格块线条的，灯位必须按格块分均，作法如图 13-4 和图 13-5 所示。护墙板内配管应按设计要求，测定盒、箱位置、弹线定位。

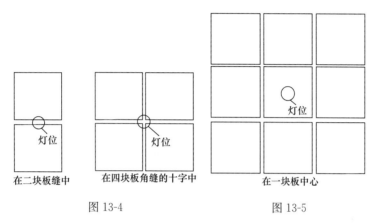

在二块板缝中　　　在四块板角缝的十字中　　　在一块板中心

　　　　图 13-4　　　　　　　　　　　　　　图 13-5

4.9.2　灯位测定后，用不少于两个螺钉将灯头盒固定牢。如有防火要求，可用防火布或其他防火措施处理灯头盒。无用的敲落孔不应敲掉，已脱落的要补好。

4.9.3　管路应敷设在主龙骨的上边，管入盒，箱必须煨灯叉弯，并应里外带锁紧螺母。采用内护口，管进盒、箱以内锁紧螺母平为准。

4.9.4　固定管路时，如为木龙骨可在管的两侧钉钉，用铅丝绑扎后再把钉钉牢。如为轻钢龙骨、可采用配套管卡和螺钉固定，或用拉铆钉固定。直径25mm 以上和成排管路应单独设架。

4.9.5　花灯、大型灯具、吊扇等超过 3kg 的电气器具的固定，应在结构施工时预埋铁件或钢筋吊钩，要根据吊重考虑吊钩直径，一般按吊重的 5 倍来计算，达到牢固、可靠。圆钢最小直径不应小于 6mm，吊钩做好防腐处理。潜入式灯头盒距灯箱不应大于 1m，以便于观察维修。

4.9.6　管路敷设应牢固通顺，禁止做拦腰管或拦脚管。遇有长丝接管时，必须在管箍后面加锁紧螺母。管路固定点的间距不得大于 1.5m。受力灯头盒应用吊杆固定，在管进盒处及弯曲部位两端 15～30cm 处加固定卡固定。

4.9.7　吊顶内灯头盒至灯位可采用阻燃型普里卡金属软管过渡，长度不宜超过 1.2m。其两端应使用专用接头。吊顶各种盒，箱的安装盒箱口的方向应朝向检查口以利于维修检查。

4.10 穿带线

管路安装完成后，应采用穿带线的方法检查、清理管路，做法见本书电线电缆穿管和线槽敷设的相关内容。

5 质量标准

5.1 基本规定

5.1.1 建筑电气工程施工现场的质量管理，除应符合现行国家标准《建筑工程施工质量验收统一标准》GB 50300—2013 外，尚应符合下列规定：

5.1.2 安装电工、焊工、起重吊装工和电气调试人员等，按有关要求持证上岗。

5.1.3 安装和调试用各类计量器具，应检定合格，使用时在有效期内。

5.1.4 除设计要求外，承力建筑钢结构构件上，不得采用熔焊连接固定电气线路、设备和器具的支架、螺栓等部件；而且，严禁热加工开孔。

5.2 主要设备、材料、成品和半成品进场验收

5.2.1 主要设备、材料、成品和半成品进场检验结论应有记录，确认符合本标准规定，才能在施工中应用。

5.2.2 因有异议送有资质试验室进行抽样检测，试验室应出具检测报告，确认符合本标准和相关技术标准规定，才能在施工中应用。

5.2.3 依法定程序批准进入市场的新电气设备、器具和材料进场验收，除符合本标准规定外，尚应提供安装、使用、维修和试验要求等技术文件。

5.2.4 进口电气设备、器具和材料进场验收，除符合本规范规定外，尚应提供商检证明和中文的质量合格证明文件、规格、型号、性能检测报告以及中文的安装、使用、维修和试验要求等技术文件。

5.2.5 经批准的免检产品或认定的名牌产品，当进场验收时，宜不做抽样检测。

5.2.6 导管应符合下列规定：

外观检查：钢导管无压扁、内壁光滑。非镀锌钢导管无严重锈蚀，按制造标准油漆出厂的油漆完整；镀锌钢导管镀层覆盖完整、表面无锈斑；绝缘导管及配件不碎裂、表面有阻燃标记和制造厂标。

5.3 工序交接确认

5.3.1 除埋入混凝土中的非镀锌钢导管外壁不做防腐处理外，其他场所的非镀锌钢导管内外壁均做防腐处理，经检查确认，才能配管；

5.3.2 室外直埋导管的路径、沟槽深度、宽度及垫层处理经检查确认，才能埋设导管；

现浇混凝土板内配管在底层钢筋绑扎完成，上层钢筋未绑扎前敷设，且检查确认，才能绑扎上层钢筋和浇捣混凝土；

5.3.3 现浇混凝土墙体内的钢筋网片绑扎完成，门、窗等位置已放线，经检查确认，才能在墙体内配管：

1 被隐蔽的接线盒和导管在隐蔽前检查合格，才能隐蔽；

2 在梁、板、柱等部位明配管的导管套管、埋件、支架等检查合格，才能配管；

3 吊顶上的灯位及电气器具位置先放样，且与土建及各专业施工单位商定，才能在吊顶内配管；

4 顶棚和墙面的喷浆、油漆或壁纸等基本完成，才能敷设线槽、槽板。

5.4　主控项目

5.4.1 金属的导管和线槽必须接地（PE）或接零（PEN）可靠，并符合下列规定：

1 镀锌的钢导管、可挠性导管和金属线槽不得熔焊跨接接地线，以专用接地卡跨接的两卡间连线为铜芯软导线，截面积不小于 $4mm^2$；

2 当非镀锌钢导管采用螺纹连接时，连接处的两端焊跨接接地线；当镀锌钢导管采用螺纹连接时，连接处的两端用专用接地卡固定跨接接地线；

5.4.2 金属导管严禁对口熔焊连接；镀锌和壁厚小于等于 2mm 的钢导管不得套管熔焊连接。

5.4.3 防爆导管不应采用倒扣连接；当连接有困难时，应采用防爆活接头，其接合面应严密。

5.4.4 当绝缘导管在砌体上剔槽埋设时，应采用强度等级不小于 M10 的水泥砂浆抹面保护，保护层厚度大于 15mm。

5.5　一般项目

5.5.1 室外埋地敷设的电缆导管，埋深不应小于 0.7m。壁厚小于等于 2mm 的钢电线导管不应埋设于室外土内。

5.5.2 室外导管的管口应设置在盒、箱内。在落地式配电箱内的管口，箱底无封板的，管口应高出基础面 50～80mm。所有管口在穿入电线、电缆后应做密封处理。由箱式变电所或落地式配电箱引向建筑物的导管，建筑物一侧的导管管口应设在建筑物内。

5.5.3 电缆导管的弯曲半径不应小于电缆最小允许弯曲半径，电缆最小允许弯曲半径应符合规范《建筑电气工程施工质量验收规范》GB 50303—2015 表 11.1.2 的规定。

5.5.4 金属导管内外壁应防腐处理；埋设于混凝土内的导管内壁应防腐处

理，外壁可不防腐处理。

5.5.5 室内进入落地式柜、台、箱、盘内的导管管口，应高出柜、台、箱、盘的基础面 50～80mm。

5.5.6 暗配的导管，埋设深度与建筑物、构筑物表面的距离不应小于 15mm；明配的导管应排列整齐，固定点间距均匀，安装牢固；在终端、弯头中点或柜、台、箱、盘等边缘的距离 150～500mm 范围内设有管卡，中间直线段管卡间的最大距离应符合表 13-5 的规定。

表 13-5

管卡间距

敷设方式	导管种类	导管直径（mm）				
		15～20	25～32	32～40	50～65	65 以上
		管卡		间最大距离（m）		
支架或沿墙明敷	壁厚＞2mm 的刚性钢导管	1.5	2.0	2.5	2.5	3.5
	壁厚≤2mm 的刚性钢导管	1.0	1.5	2.0		
	刚性绝缘导管	1.0	1.5	1.5	2.0	2.0

5.5.7 线槽应安装牢固，无扭曲变形，紧固件的螺母应在线槽外侧。

5.5.8 防爆导管敷设应符合下列规定：

1 导管间及与灯具、开关、线盒等的螺纹连接处紧密牢固，除设计有特殊要求外，连接处不跨接接地线，在螺纹上涂以电力复合酯或导电性防锈酯；

2 安装牢固顺直，镀锌层锈蚀或剥落处做防腐处理。

5.5.9 绝缘导管敷设应符合下列规定：

1 管口平整、光滑：管与管、管与盒（箱）等器件采用插入法连接时，连接处结合面涂专用胶粘剂，接口牢固密封；

2 直埋于地下或楼板内的刚性绝缘导管，在穿出地面或楼板易受机械损伤的一段，采取保护措施；

3 当设计无要求时，埋设在墙内或混凝土内的绝缘导管，采用中型以上的导管；

4 沿建筑物、构筑物表面和在支架上敷设的刚性绝缘导管，按设计要求装设温度补偿装置。

5.5.10 金属、非金属柔性导管敷设应符合下列规定：

1 刚性导管经柔性导管与电气设备、器具连接，柔性导管的长度在动力工程中不大于 0.8m，在照明工程中不大于 1.2m；

2 可挠金属管或其他柔性导管与刚性导管或电气设备、器具间的连接采用专用接头；复合型可挠金属管或其他柔性导管的连接处密封良好，防液覆盖层完整无损；

3 可挠性金属导管和金属柔性导管不能做接地（PE）或接零（PEN）的接续导体。

5.5.11 导管和线槽，在建筑物变形缝处应设补偿装置。

6 成品保护

6.0.1 剔槽不得过大、过深或过宽。预制梁柱和预应力楼板均不得随意剔槽打洞。混凝土楼板、墙等，均不得私自断筋。

6.0.2 现浇混凝土楼板上配管时，注意不要踩坏钢筋，土建浇筑混凝土时，电工应留人看守，以免振捣时损坏配管及盒，箱移位。管路损坏时，应及时修复。

6.0.3 明配管路及电气器具时，应保持顶棚、墙面及地面的清洁、完整。搬运材料和使用机具时，不得碰坏门窗、墙面等。电气照明器具安装完后，不要再喷浆。必须喷浆时，应将电气设备及器具保护好后再喷浆。

6.0.4 吊顶内稳盒配管时，不要踩坏龙骨。严禁踩电线管行走，刷防锈漆不得污染墙面、吊顶或护墙板等。

6.0.5 其他专业在施工中，注意不得碰坏电气配管。严禁私自改动电线管及电气设备。

7 注意问题

7.1 应注意的质量问题

7.1.1 煨弯处出现凹扁过大或弯曲半径不够倍数的现象。

7.1.2 使用手扳煨管器时，移动要适度，用力不要过猛。

7.1.3 使用油压煨管器或煨管机时，模具要配套，管子的焊缝应在正反面。

7.1.4 热煨时，砂子要灌满，受热均匀，煨弯冷却要适度。

7.1.5 暗配管路弯曲过多，敷设管路时，应按设计图要求及现场情况，沿最近的路线敷设，不绕行弯曲处可明显减少。

7.1.6 剔盒、箱、支架、吊杆歪斜，或者盒、箱里进外出严重，应根据具体情况修复。

7.1.7 剔盒、箱出现空、收口不好，应在稳盒、箱时，其周围灌满灰浆，盒、箱口应及时收好后，再穿线上器具。

7.1.8 预留管口的位置不准确。配管时未按设计图要求，找出轴线尺寸位置，造成定位不准。应根据设计图要求进行修复。

7.1.9 电线管在焊跨接地线时，将管焊漏，焊接不牢、漏焊、焊接面不够倍数，主要是操作者责任心不强，或者技术水平太低，应加强操作者责任心和技术教育、严格按照规范要求进行焊接。

7.1.10 明配管、吊顶内或护墙板内配管、固定点不牢、螺钉松动铁卡子、固定点间距过大或不均匀。应采用配套管卡，固定牢固，挡距应找均匀。

7.1.11 暗配管路堵塞，配管后应及时扫管，发现堵管及时修复。配管后应及时加管堵把管口堵严实。

7.1.12 管品不平齐有毛刺，断管后未及时铣口，应用锉把管口锉平齐，去掉毛刺再配管。

7.1.13 焊口不严破坏镀锌层，应将焊口焊严，受到破坏的镀锌层处，应及时补刷防锈漆。

7.1.14 敷设于多尘和潮湿场所的电线管路、管口、管子连接处均应作密封处理。

7.1.15 暗配的电线管路宜沿最近的路线敷设并应减少弯曲；埋入墙或混凝土内的箱子，离表面的净距不应小于15mm。

7.1.16 进入落地式配电箱的电线管路，排列应整齐，管口应高出基础面不小于50mm。

7.1.17 埋入地下的电线管路不宜穿过设备基础，在穿过建筑物基础时，应加保护管。

7.2 应注意的安全问题

7.2.1 高坠、触电、机械伤害、火灾。

7.2.2 安装照明线路时，不得直接在板条顶棚或隔声板上行走或堆放材料；因作业需要行走时，必须在大龙骨上铺设脚手板；顶棚内照明应采用36V低压电源。

7.2.3 在平台、楼板上用人力弯管器煨弯时，应背向楼心，操作时面部要避开。大管径管子灌砂煨管时，必须将砂用火烘干后灌入。用机械敲打时，下面不得站人，人工敲打上下要错开，管子加热时，管口前不得有人停留。

7.2.4 管子穿带线时，不得对管口呼唤、吹气，防止带线弹出。两人穿线，应配合协调，一呼一应。高处穿线，不得用力过猛。

7.2.5 钢索吊管敷设，在断钢索及卡固时，应预防钢索头扎伤。绷紧钢索应用力适度，防止花篮螺栓折断。

7.2.6 使用套管机、电砂轮、台钻、手电钻时，应保证绝缘良好，并有可靠的接零接地。漏电保护装置灵敏有效。

7.2.7 在脚手架上作业，脚手板必须满铺，不得有空隙和探头板。使用的料具，应放入工具袋随身携带，不得投掷。

7.3　应注意的绿色施工问题

7.3.1　套丝产生的废油、废渣应有收集器，定期处理，不能随意丢弃。

7.3.2　产生的短管废料及时回收，定期集中处理，回收利用。

7.3.3　开槽打洞应采用低噪声、低粉尘施工方法，劳务人员戴好防尘劳保用品。

8　质量记录

8.0.1　钢管材质检验报告单和产品出厂合格证。

8.0.2　隐蔽验收记录。

8.0.3　设计变更洽商记录、竣工图。

8.0.4　电线导管、电缆导管和线槽敷设分项工程质量验收记录。

8.0.5　电线导管、电缆导管和线槽敷设工程检验批质量验收记录。

第14章 KBG套接扣压式薄壁钢管安装

本工艺标准适用于一般民用建筑工程中，1kV及以下照明与动力配线工程，弱电配线工程的钢管明、暗敷设及吊顶内钢管敷设工程。

1 引用文件

《建筑工程施工质量验收统一标准》GB 50300—2013
《建筑电气工程施工质量验收规范》GB 50303—2015

2 术语

2.0.1 扣压：管与管、盒（箱）连接，将KBG导管直接插入直管接头，弯管接头，螺纹管接头等管件，用专用扣压器在连接处扣压，即形成整根电线管路。

3 施工准备

3.1 作业条件

3.1.1 暗管敷设：

1 各层水平线，墙厚度线和设备基础线弹好，配合土建施工。

2 预制混凝土楼板上配管，在楼板吊装就位并调整好后、地面做好以前，弹好水平线。

3 现浇混凝土楼板配管，在底层钢筋绑扎完后，上层钢筋未绑扎前进行；墙板配管在钢筋绑扎后进行。

4 随墙（砌体）配合土建施工立管。

3.1.2 明管敷设：

1 配合土建结构安装好预埋件、预留洞工作。

2 配合土建内装修油漆，浆活完成后进行明配管。

3 采用胀管安装时，必须在土建抹完后进行。

3.1.3 吊顶内或护墙板内、管路敷设：

1 结构施工时，配合土建安装好预埋件。

2 内部装修施工时，配合土建做好吊顶灯位及电气器具位置翻样图，并在预板或地面弹出实际位置。

3 单独支撑、吊挂的管路，在吊顶龙骨安装进行施工；敷设在吊顶主龙骨上的管路，配合龙骨安装进行施工。

3.2 材料机具

3.2.1 材料：

1 KBG 管及管配件、接线盒、开关插座盒、接线箱、电力复合脂。

2 KBG 电线管壁厚均匀，焊缝均匀，无劈裂、砂眼、棱刺和凹扁现象。

3 钢质接线盒、分线盒、直管接头、爪形螺纹管接头、直角弯管、金属线管管卡、开关盒、插座盒等的规格应与面板、盖板相配套。

4 应具有产品材质单和合格证。

3.2.2 机具：无齿锯、冲击钻、手枪钻、钢锯、弯管器、扣压器、圆锉刀、铰刀、手锤。

4　操作工艺

4.1　工艺流程

4.1.1 暗管敷设工艺流程：

弯管、箱、盒预制 → 测位 → 剔槽孔 → 爪形螺纹管接头与箱、盒紧固 →
箱、盒定向稳装 → 管路敷设 → 断管、铣口（管路连接）→ 压接接地 →
管路固定

4.1.2 明管敷设工艺流程：

弯管、箱、盒预制 → 测位 → 爪形螺纹管接头与箱、盒紧固 → 箱、盒支架固定 →
管路敷设断管、铣口（管路连接）→ 压接接地 → 管路固定

4.1.3 吊顶内管路敷设工艺流程

弯管、箱、盒预制 → 测位 → 爪形螺纹管接头与箱、盒紧固 → 箱、盒支架固定 →
管路敷设 → 断管、铣口（管路连接）→ 压接接地 → 管路固定

4.2　选管

4.2.1 套接扣压式薄壁钢管的管材，连接附件及盒宜采用同一金属材料制作，使用的原材，应符合国家现行标准的规定，产品应有出厂合格证及检验报告，施工前外观检查应符合下列规定：

1 型号、规格符合设计要求，管材表面有明显的产品标识；

2 镀锌层良好、均匀，无剥落、锈蚀等现象；

123

3 管材及连接附件，壁厚均匀，管口平整、光滑，内外壁表面光洁，无裂纹、毛刺、飞边、砂眼、气泡、变形等缺陷；

4 套接管件中心的凹形槽弧度均匀，位置正确、垂直；

5 螺纹附件的螺纹整齐，光滑，丝扣配合良好。

4.2.2 绝缘导线允许穿管根数及相应最小钢管管径见表 14-1。

绝缘导线允许穿管根数及相应最小钢管管径　　　　　表 14-1

截面（mm²）	导线根数						
	2	3	4	5	6	7	8
1.0							
15		16					
2.5		16		20	20		
4						25	
6							32
10	20	26	26	32			40
16	25			32	40	40	
25			40				
35	32	40					

4.3 弯管、箱、盒、支架预制

根据施工图加工好各种弯管、箱、盒、支架。电线弯管可采用冷煨法及定型弯管。

冷煨法：一般管径 25mm 及以下时，可使用手扳煨管器，即将管子插入煨管器，逐步煨出所需弯度；管径 32mm 及以上时，可使用液压弯管器。弯管过程中，应注意弯曲处不应有折皱、裂缝现象，弯曲度不应大于管外径 10％，弯曲时管子焊缝一般宜放在管子弯曲方向的正、侧面交角处的 45°线上。

4.4 暗管敷设

4.4.1 箱、盒测位：根据施工图纸确定箱、盒轴线位置，以土建弹出的水平线为基准，挂线拉平，线坠找正，标出箱、盒实际位置。成排、成列的箱、盒位置，应挂通线或十字线。

4.4.2 暗配的电线管路宜沿最近的路线敷设，并应减少弯曲；埋入墙体或混凝土内的导管，与墙体或混凝土表面的净距不应小于 15mm。

4.4.3 剔槽孔：砖墙或砌体墙需剔槽时，应在槽两边弹线，用快錾子剔。槽宽及槽深均以比管外径大 5mm 为宜。预制圆孔时，楼板上灯位打孔位置，用手锤由板下往上打；预制实心板上灯位打孔，可先在板上面用电锤打孔，在板下面用手锤、铣子扩孔，孔大小比灯盒稍大为宜。

4.4.4　管子切断：常用钢锯、无齿锯、砂轮锯进行切管，将需要切断的管子长度量准确，放在钳品内卡牢固，断口处平齐、不歪斜，管口刮铣光滑、无毛刺，管内铁屑除净。

4.4.5　稳注箱、盒：根据施工管路的要求，加工箱、盒时注意引出管的定向。砖墙、砌体墙及预制楼板的箱、盒，用强度等级不小于 M10 的水泥砂浆稳住，灰浆应饱满、平整、牢固、坐标正确。预制楼板上的灯头盒应安装好卡铁和轿杆，在楼板下面装设托板后再稳注；现制混凝土墙及楼板上的箱、盒，应先安装好卡铁或轿杆，将卡铁或轿杆点焊在钢筋上；如为木模板时可用钉子、细铅丝将箱、盒绑扎固定在模板上。

4.4.6　进入落地式配电箱、屏的电线管路，排列应整齐，管口应高出配电箱基础面不少于 50mm。

4.4.7　管路连接：采用直管接头连接，其长度应为管外径的 2.0～3.0 倍，管的接口应在直管接头内中心即 1/2 处。根据配管线路的要求采用 90°直角弯管接头时，管的接口应插入直角弯管的承插口处，并应到位，再使用压接器压接，其扣压点应不少于两点。压接后，在连接口处涂抹沿油，使其整个线路形成完整的统一接地体。

4.4.8　管路两个接线点之间的距离在下列长度范围内，应加装接线盒。接线盒的位置应便于穿线和检修：管路无弯时，不超过 30m；管路有一个转弯时，不超过 20m；管路有两个转弯时，不超过 15m；管路有三个转弯时，不超过 8m。

4.4.9　管入箱、盒应采用爪形螺纹管接头。使用专用扳子锁紧，爪型根母护口要良好，使金属箱、盒达到导电接地的要求。箱、盒开孔应整齐，应与管径相吻合，要求一管一孔，不得开长孔。铁制箱、盒严禁用电气焊开孔。两根以上管入箱、盒，要长短一致，间距均匀，排列整齐。

4.4.10　管路固定：

KBG 管路埋入墙体或混凝土内时，管路与墙体或混凝土表面净距不应小于15mm。

KBG 管路暗敷设时，管路固定点应牢固，且应符合下列规定：

1　敷设在钢筋混凝土墙及楼板内的管路与钢筋绑扎固定，固定点间距不应大于 1000mm；

2　敷设在砖墙、砌体墙内的管路，别槽宽度，不应大于管外径 5mm，固定点间距，不应大于 1000mm；

3　敷设在预制圆孔板上的管路平顺，紧贴板面，固定点间距不应大于1000mm；

4　KBG 导管电线管路敷设完毕后，管路固定牢固，连接口符合规定，两端头应封堵。

4.5 明管敷设

4.5.1 根据设计图加工支架、吊架、抱箍等铁件，以及各种箱、盒、弯管。明管敷设工艺与暗管敷设工艺相同处请见相关部分。

4.5.2 弯管（包括定型弯管）、支架、吊架预制加工：明配管弯曲半径一般不小于管外径的 6 倍；当两个接线盒之间只有一个弯曲时，其弯曲半径不宜小于管外径的 4 倍。加工方法可采用冷煨法和定型弯管。支架、吊架应按设计图纸要求进行加工。支架、吊架的规格设计无规定时，应不小于以下规定：扁钢支架：30mm×3mm；角钢支架：25mm×25mm×3mm。埋注支架应有燕尾，埋注深度应小于 120mm。

4.5.3 测定箱、盒及固定点位置：

根据设计首先测出箱、盒与出线口等的准确位置。测量时最好使用自制尺杆。

根据测定的箱、盒位置，将管路的垂直、水平走向弹出线来，按照安装标准规定的固定点间距的尺寸要求，计算确定支架、吊架的具体位置。

固定点的距离应均匀，管卡与终端、转弯中点、电气器具或接线盒边缘的距离为 150～300mm。中间管卡最大距离见表 14-2 所示。

薄壁钢管中间管卡最大距离 表 14-2

钢管直径（mm）	15～20	25～32	40～50
最大距离（mm）	1000	1500	2000

4.6 吊顶内及护墙板内管路敷设，其操作工艺及要求：材质及固定参照明配管工艺；连接、弯度、走向及压接接地等可参照暗敷设工艺要求施工。

4.6.1 会审图纸要注意结合土建结构图、建筑图与通风、暖卫、消防综合布线图及各专业配合协调，特别是在各专业管道施工交汇处，如卫生间、通道等关键部位，应及时绘制翻样图。经审核无误后，在顶板或地面进行弹线定位。如吊顶是有方格块线条的灯位，必须按格块分均。

4.6.2 灯位测位后，用不少于两个螺钉把灯盒固定牢。如有防火要求，可用防火布或其他防火措施处理。灯头盒无用的敲落孔，不应敲掉；已脱落的要补好。

4.6.3 管路应敷设在主龙骨的上边，管入箱、盒必须煨灯叉弯，并以爪形螺纹管接头，用专用扳子锁好，再用扣压器在连接处扣压不少于两点，以达到电气接地良好可靠。

4.6.4 管路敷设应牢固、通顺，禁止用拦腰管或拦脚管。管路固定点的间距不得大于 1500mm。受力灯头盒应用吊杆固定，在管入盒处及弯曲部位两端 150～300mm 处，加固定卡子固定。

4.6.5　吊顶内灯头盒至灯位可采用金属可挠导管过度，长度不宜超过 1000mm。金属可挠导管应使用专用接头。吊顶各种箱、盒的安装，箱、盒口的方向应朝向检查口。

4.7　管路连接接地

4.7.1　KBG 导管电线管路连接，应采用专用工具进行，不应敲打形成压点。严禁熔焊连接。

4.7.2　KBG 导管电线管路连接处，管与套接管件连接紧密，内、外壁应光滑，无毛刺，且应符合下列规定：

1　直管连接时，两管口插入直管接头中心凹形槽两侧。

2　转角连接时，管口插入弯管接头凹形槽侧。

3　KBG 导管电线管路为水平敷设时，扣压点宜在管路上、下方分别扣压；管路为垂直敷设时，扣压点宜在管路左、右侧分别扣压。

4　KBG 导管电气管路，当管径为 $\phi25$ 及以下时，每端扣压点不应少于 2 处；当管径为 $\phi32$ 及以上时，每端扣压点不应少于 3 处，且扣压点宜对称，间距宜均匀。

5　KBG 导管管与管的连接处的扣压点深度不应小于 1.0mm，且扣压牢固，表面光滑，管内畅通，管壁扣压形成的凹凸点，不应有毛刺。

6　KBG 导管电气管路连接处的扣压点位置，应在连接处中心。扣压后，接口的缝隙，应采用封堵措施（可采用电力复合脂）。

7　KBG 导管及其金属附件组成的电线管路，当管与管、管与盒（箱）连接符合以上规定时，连接处可不设置跨接线。管路外壳应有可靠接地。

8　KBG 导管电线管路与接地线不应熔焊连接。

9　KBG 导管电线管路，不应作为电气设备接地线。

5　质量标准

5.1　主控项目

5.1.1　金属的导管必须接地（PE）或接零（PEN）可靠，镀锌的钢导管、可挠性导管不得熔焊跨接接地线，以专用接地卡跨接的两卡间连线为铜芯软导线，截面积不小于 $4mm^2$；

5.1.2　金属导管严禁对口熔焊连接；镀锌和壁厚小于 2mm 的钢导管，不得套管熔焊连接；

5.1.3　防爆导管不应采用倒扣连接；当连接有困难时，应采用防爆活接头，其接合面应严密。

5.2 一般项目

5.2.1 壁厚小于等于 2mm 的钢电线导管不应埋设于室外土内。

5.2.2 室外导管的管口应设置在盒、箱内。在落地式配电箱内的管口，箱底无封板的，管口应高出基础面 50～80mm。所有管口在穿入电线、电缆后应做密封处理。由箱式变电所或落地式配电箱引向建筑物的导管，建筑物一侧的导管管口应设在建筑物内。

5.2.3 电缆导管的弯曲半径不应小于电缆最小允许弯曲半径应符合表 14-3 规定。

电缆最小允许弯曲半径 表 14-3

序号	电缆种类	最小允许弯曲半径
1	无铅包钢铠护套的橡皮绝缘电力电缆	10D
2	有钢铠护套的橡皮绝缘电力电缆	20D
3	聚氯乙烯绝缘电力电缆	10D
4	交联聚氯乙烯绝缘电力电缆	15D
5	多芯控制电缆	10D

注：D 为电缆外径。

5.2.4 室内进入落地式柜、台、箱、盘内的导管管口，应高出柜、台、箱、盘的基础面 50～80mm，暗配的导管，埋设深度与建筑物、构筑物表面的距离不应小于 15mm；明配的导管应排列整齐，固定点间距均匀。安装牢固；在终端、弯头中点或柜、台、箱、盘等边缘的距离 150～500mm 范围内设有管卡，中间直线段管卡间的最大距离应符合规范规定。

6 成品保护

6.0.1 在管路敷设过程中，及时将管口、盒（箱）口进行封堵处理，防止泥浆或杂物进入。

6.0.2 施工完毕后，应将施工中造成的孔洞、沟槽修补完整，现场清理干净。

6.0.3 注意其他专业施工后的成品、半成品保护。

7 注意事项

7.1 应注意的质量问题

7.1.1 暗配管路宜沿最近路线敷设，并尽量减少弯曲；埋入墙体或顶板内的钢管，离表面的净距不小于 15mm，消防管路不小于 30mm。

7.1.2 敷设于多尘、潮湿场所的管路，管口处均应做密封处理，穿人防管路应做密封处理。

落地式配电箱（柜）内的管路（指下方），排列整齐，管口应高出基础面 50～80mm。

7.1.3 管路的弯曲半径至少在 6D 以上，弯扁度在 0.1D 以下。

7.2 应注意的安全问题

7.2.1 使用煨弯器应注意防止煨弯时反弹力作用于操作杆上，反弹击伤操作人。

7.2.2 施工人员使用扣压器时，注意不要把手放入扣压口内，以防伤手。

7.2.3 管子堆放、搬运时，严禁野蛮装卸、重压和碰撞，以免管子变形。

7.3 应注意的绿色施工问题

7.3.1 废管子及时回收，集中处理。

7.3.2 开槽应加水切割，降低粉尘污染。

8 质量记录

8.0.1 材料出厂合格证、材质证明。

8.0.2 材料构配件进厂检验记录。

8.0.3 设计变更、工程洽商单。

8.0.4 隐蔽验收记录。

8.0.5 电线导管、电缆导管和线槽敷设分项工程质量验收记录。

8.0.6 电线导管、电缆导管和线槽敷设工程检验批质量验收记录。

第15章 套接紧定式钢导管（JDG）敷设

用于电压 1kV 及以下无特殊规定的室内干燥场所，采用螺钉紧定连接钢导管组成电线保护管路敷设工程。

1 引用标准

《建筑工程施工质量验收统一标准》GB 50300—2013
《建筑电气工程施工质量验收规范》GB 50303—2015
《套接紧定式钢导管电线管路施工及验收规程》CECS 120：2007

2 术语

2.0.1 套接紧定式钢导管：是一种电气线路新型保护用导管，由钢导管、连接套管及其金属附件采用螺钉紧定连接技术的组成。套接紧定式钢导管的连接采用紧定螺钉连接，无需再做跨接地线，故结构简单、施工便捷。

3 施工准备

3.1 作业条件

3.1.1 底板的底层钢筋已绑扎完毕，上层钢筋未绑扎前，根据施工图配合土建施工。

3.1.2 随大模板现浇混凝土墙配管，土建墙身线已经弹好，钢筋网片纵向筋（竖向钢筋）已绑扎完毕，按墙身结构线及墙体水平标高线配管。

3.2 材料及机具

3.2.1 材料要求：

1 套接紧定式钢导管管路的管材、连接套管及盒（箱）组成的电线管路，应采用同一金属材料制作，并应镀锌。紧定螺钉应采用高强度原材料制作。管材、连接套管及其金属附件使用的原材料应符合国家现行标准的规定，产品应附有出厂合格证和检验报告。

2 套接紧定式钢导管管路的管材、连接套管、螺钉及其附件，安装前应进行外观检查，且应符合下列规定：

型号、规格符合设计要求，管材表面有明显、不脱落的产品标识；金属内、外壁镀层均匀，完好，无剥落、锈蚀等现象；管材、连接套管及其金属附件内、外壁表面光洁，无毛刺、飞边、砂眼、气泡、裂纹、变形等缺陷；管材、连接套管及其金属附件，壁厚均匀，管口边缘平整、光滑；连接套管的长度不小于管外径的 2～3.5 倍；连接套管中心凹形槽弧度均匀，位置垂直、正确，凹槽深度与钢导管管壁厚度一致；紧定螺钉符合产品设计要求，螺纹整齐、光滑、配合良好，顶针尖固，旋转紧定脱落的"脖颈"尺寸准确。具体规格及偏差见表 15-1。

JDG 紧定螺钉规格表（mm）　　　　　　　　　　　表 15-1

名称		规格	$\phi16$	$\phi20$	$\phi25$	$\phi32$	$\phi40$
长度	Ⅰ型		13.5	13.5	13.5	13.5	13.5
	Ⅱ型		13	13	13	13	13
直径 D			5	5	5	5	5
螺颈直径			2	2	2	2	2
脖纹长度	Ⅰ型		4	4	4	4	4
	Ⅱ型		5	5	5	5	5
尖状长度			1.5	1.5	1.5	1.5	1.5
六角螺帽宽度（Ⅰ型）			8	8	8	8	8
六角螺帽厚度			5	5	5	5	5

3.2.2　机具：JDG 管专用煨弯器、细齿钢锯、半圆锉、铅笔、卷尺、线坠、油刷、钳子、改锥等。

4　操作工艺

4.1　工艺流程

4.2　测量定位

4.2.1　根据施工图，结合实际情况，墙体以土建的结构 1m 线及墙身线为基准，拉线找平，线坠找正，根据在图上标注的盒、箱的实际尺寸，确定盒、箱的实际位置。

4.2.2　灯位盒要在房间内布置合理，所有灯位盒要用红色防腐漆（或白漆）

将位置在模板上标出（不允许用粉笔标注），以便顶板脱模后查找。

4.2.3 一般房间的开关边缘距门框边缘的距离为 0.15～0.2m，开关距地高度为 1.3m；拉线开关距地 2～3m，层高小于 3m 时，拉线开关距顶板不小于 100 mm；潮湿场所的开关高度距地不小于 1.5m。

4.3 稳注箱盒

4.3.1 平板：根据油漆标注，用 2.5 寸的铁钉将线盒稳注在相应的位置上，一个线盒用 4 根铁钉固定，用火烧丝将线盒绑扎在铁钉间，使其牢固不移位，并且贴模。

4.3.2 墙体：箱体采用支架固定。在线盒上、下方点焊 $\phi8$ 的钢筋将盒上下边定位在开关插座相应的位置上，开关、插座距地高度按图纸和规范确定，要充分考虑土建施工误差造成的偏差；线盒口出土建墙体外表面 3～5mm（出钢筋外皮为 20mm），以确保土建大模板夹模后，线盒紧贴模板。

4.3.3 二结构墙体应在开槽结束后，用水泥固定箱盒，预留管线通路，混凝土凝固后才能开始配管。

4.4 支架制安

4.4.1 套接紧定式钢导管管路明敷设时，支架、吊架的规格，当无设计要求时，不应小于下列规定：

1 圆钢：直径 6mm。

2 扁钢：30mm×3mm。

3 角钢：25mm×25mm×3mm。

4.4.2 推荐使用轻型吊架，通丝杆、管卡、管垫，另见轻型吊架相关支架。

4.5 管路敷设

4.5.1 套接紧定式钢导管管路有下列情况之一时，中间应增设拉线盒或接线盒，其位置应便于穿线：

1 管路长度每超过 30m，无弯曲；

2 管路长度每超过 20m，有一个弯曲；

3 管路长度每超过 15m，有两个弯曲；

4 管路长度每超过 8m，有三个弯曲。

4.5.2 套接紧定式钢导管管路弯曲敷设时，弯曲管材弧度应均匀，焊缝处于外侧。不应有折皱、凹陷、裂纹、死弯等缺陷。切断口平整、光滑。管材弯扁程度不应大于管外径的 10%。

4.5.3 套接紧定式钢导管管路垂直敷设时，管内绝缘电线截面应不大于 $50mm^2$，长度每超过 30m，应增设固定导线用的拉线盒。

4.5.4 套接紧定式钢导管管路明敷设时，管材的弯曲半径不宜小于管材外径的 6 倍。当两个接线盒间只有一个弯曲时，其弯曲半径不宜小于管材外径的4 倍。

4.5.5　套接紧定式钢导管管路水平或垂直明敷设时，其水平或垂直安装的允许偏差为 1.5‰，全长偏差不应大于管内径的 1/2。

4.5.6　套接紧定式钢导管管路明敷设时，排列应整齐，固定点牢固，间距均匀，其最大间距应符合表 15-2 的规定：

固定点间的最大距离　　　　　　　　　　　　　　表 15-2

敷设方式	钢导管种类	钢导管直径（mm）		
		16～20	25～32	40
		固定点间的最大距离（mm）		
吊架、支架或沿墙敷设	厚壁钢导管	1.5	2.0	2.5
	薄壁钢导管	1.0	1.5	2.0

4.5.7　套接紧定式钢导管管路暗敷设时，宜沿最近的路线敷设，且应减少弯曲。

4.5.8　套接紧定式钢导管管路暗敷设时，其弯曲半径不应小于管外径的 6倍。埋入混凝土内平面敷设时，其弯曲半径不应小于管外径的 10 倍。

4.5.9　套接紧定式钢导管管路埋入墙体或混凝土内时，管路与墙体或混凝土表面净距不应小于 15mm。

4.5.10　套接紧定式钢导管管路暗敷设时，管路固定点应牢固，且应符合下列规定：

1　敷设在钢筋混凝土墙及楼板内的管路，紧贴钢筋内侧与钢筋绑扎固定。直线敷设时，固定点间距不大于 1000mm。

2　敷设在砖墙、砌体墙内的管路，垂直敷设剔槽宽度不宜大于管外径5mm。固定点间距不大于 1000mm。连接点外侧一端 200mm 处，增设固定点。

3　敷设在预制圆孔板上的管路平顺，紧贴板面。固定点间距不大于1000mm。

4.5.11　套接紧定式钢导管管路进入落地式箱（柜）时，排列应整齐，管口高出配电箱（柜）基础面宜为 50～80mm。

4.5.12　套接紧定式钢导管管路进入盒（箱）处，应顺直，且应采用专用接头固定。

4.5.13　套接紧定式钢导管管路与其他管路间的最小距离，应符合表 15-3的规定，当不能满足上述最小间距时，应采取隔热措施。

133

与其他管路间最小距离（mm）　　　表 15-3

管路名称	管路敷设方式		最小间距
蒸汽管	平行	管道上	1000
		管道下	500
	交叉		300
暖气管、热水管	平行	管道上	300
		管道下	200
	交叉		100
通风、给排水及压缩空气管	平行		100
	交叉		50

注：对蒸汽管路，当管外包隔热层后，上、下平行距离可减至 200mm。

4.5.14 套接紧定式钢导管管路明敷设时，固定点与终端、弯头中点、电气器具或盒（箱）边缘的距离宜为 150~300mm。

4.6　管路连接、固定

4.6.1 直管敷设时，两管口分别插入直管接头紧贴凹槽处，用紧定螺钉旋紧，至螺帽脱落；管插入连接套管前，插入部分的管端应保持清洁；连接后的缝隙应有封堵措施（外缠两层黑胶带或用防腐漆掺 425♯ 水泥作封堵塞等）。

4.6.2 JDG 管与线盒连接处，线管应垂直进盒，一管一孔，管径与线盒的敲落孔相吻合。管与线盒（箱）连接时，采用爪型螺帽和管的螺纹接头锁紧。

4.6.3 两根及其以上管路与线盒（箱）连接时，排列应整齐，垂直进箱、盒，间距均匀。线管固定前，先用专制模具确定配电箱预留洞的木盒上的线管位置和间距，然后将预留洞的木盒安装就位，用大于 φ10 的钢筋将其上下、左右固定。在箱盒固定时，要特别注意预留洞的规格大小、坐标及标高等。

4.6.4 每根线管敷设到位后，随时将预甩在剪力墙上的线管管口用与管径配套的塑料堵头封堵；在砌墙内的线管，预留管距地面的高度尽量控制在 150mm 左右（结构地面），并将管口封严以防异物掉进。

4.6.5 敷设于混凝土墙及楼板的管路，应紧贴钢筋内侧与钢筋绑扎牢固，直线敷设时，固定点间距不大于 1000mm；在拐弯处，距弯曲中心点 250mm 以内，套管两端及附件的接头等处，必须有固定点，所有管路必须与钢筋绑扎牢固。

4.7　管路接地

4.7.1 套接紧定式钢导管及其金属附件组成的电线管路，当管与管、管与盒（箱）连接符合管路连接相关规定时，连接处可不设置跨接接地线。管路外壳应有可靠接地。

4.7.2 套接紧定式钢导管管路与接地线不应熔焊连接。

4.7.3 套接紧定式钢导管管路，不应作为电气设备接地线。

5　质量标准

套接紧定式钢导管管路敷设工程交接验收时，应对下列项目进行检查：

5.0.1 管材及其金属附件型号、规格；

5.0.2 各种规定距离；

5.0.3 各种支撑件及固定点；

5.0.4 允许偏差值；

5.0.5 管路中连接点位置和连接状况；

5.0.6 施工造成的孔、洞、沟、槽损坏的修补情况。

6　成品保护

6.0.1 在线盒木屑包裹时，要注意木屑要压实，盒口的硬纸板大小要与线盒一致，以防偏大脱模后，造成盒口不方正的缺陷。

6.0.2 暗配管在混凝土浇筑时应配专人看管，发现管线移位、破损及时修复。

6.0.3 暗配管在卫生间门边等需标明管线位置，防止膨胀螺栓打破管道。

7　注意事项

7.1　应注意的质量问题

7.1.1 在预埋期间，一个重点工作是防止管路堵塞。在施工过程中，要密切与土建单位配合，在每条管路施工完毕，要随时用堵头封堵，不得有遗漏现象，所有管路间连接处缝隙要有封堵措施。在线管处于临空状态时，将套管两端的线管，用 $\phi6$ 的钢筋绑扎加固。

7.1.2 在施工中，要熟悉土建的平面布置，管路坐标位置要到位，特别是后砌墙部位，在平板放完线后，要专人复核，预防万一。

7.1.3 管路的切口要垂直，刮铣光滑，无毛刺，管进箱、线盒要垂直，间距均匀，所有管路严禁与结构钢筋进行焊接固定。

7.1.4 灯位盒采用 86 型八角盒，开关、插座采用 86 型方盒，在施工过程中，不允许用方盒来代替八角盒。

7.1.5 紧定管与暖气管热水管平行敷设时最小距离：在热水管道上方为 300mm，在热水管道下方为 200mm，交叉时最小距离为 100mm。与通风管、给排水管平行时最小距离为 100mm，交叉时最小距离为 50mm；与蒸汽管平行敷设，在蒸汽管道上方的最小间距为 1000mm；在蒸汽管道下方间距为 500mm。当蒸汽管外包隔热层后，距离可减至 200mm，交叉时的最小间距可为 300mm。

7.1.6 开关接线盒距门框边为 15～20cm，高度：一般房间距地 1.3m，潮湿场所距地不小于 1.5m。当位于结构暗柱时，可视具体情况作适当调整。如在墙垛，当宽度小于 300mm 时，可居中放置。在第一个标准层施工时，要特别注意土建大模板穿墙螺杆对线盒及线管的影响，灵活避让。

7.1.7 开关、插座高度允许偏差：在同一室内，同一高度的高度允许偏差在 5mm 以内，在同一墙上的高度允许偏差为 2mm，并列高度允许偏差为 0.5mm，线合方正，贴模，固定牢靠，线盒的封箱带要封扎到位。

7.1.8 在管路或系统较多施工时间，可用色标作标记，以免混淆。

7.1.9 因 JDG 线管连接是靠连接套管及紧定螺钉，将其连成电气通路，在所有管路敷设完毕后，要对每个套管及螺纹接头的紧定螺钉进行检查，是否有遗漏，未拧紧等现象。

7.2 **应注意的安全问题**

7.2.1 电工和焊工等专业工种，要进行严格的岗前培训，持全国通用的带 IC 卡的特殊工种操作证上岗。

7.2.2 严格做好三级安全教育和班前安全交底工作，让广大职工明白所从事工作的危险所在，做到安全作业。

7.3 **应注意的绿色施工问题**

7.3.1 采用 JDG 管，由于减少了管内防腐、跨接地焊接以及套管连接，与普通焊管相比比较节能。

7.3.2 施工后的废管段及时回收，资源回收利用。

7.3.3 禁止使用电焊接地跨接，防止镀锌层氧化释放有害气体，污染环境。

8 质量记录

8.0.1 产品合格证、材质单；

8.0.2 竣工图；

8.0.3 变更设计的证明文件；

8.0.4 各种测试记录；

8.0.5 安装记录（含隐蔽工程记录、预检工程记录）。

第16章 硬质、半硬质阻燃塑料管明敷设

本工艺标准适用于室内或有酸、碱等腐蚀介质的场所照明配线敷设安装（不得在40℃以上的场所和易受机械冲击、碰撞摩擦等场所敷设）。

1 引用标准

《建筑工程施工质量验收统一标准》GB 50300—2013
《建筑电气工程施工质量验收规范》GB 50303—2015

2 术语（略）

3 施工准备

3.1 作业条件

3.3.1 配合混凝土结构施工时，根据设计图在梁、板、柱中预下过管及各种埋件。

3.3.2 在配合砖结构施工时，预埋大型埋件、角钢支架及过管。

3.3.3 在装修前根据土建水平线及抹灰厚度与管道走向，按设计图进行弹线浇注埋件及稳装角钢支架。

3.3.4 喷浆完成后，才能进行管路及各种盒、箱安装，并应防止管道污染。

3.2 材料及机具

3.2.1 材料：所使用的阻燃型（PVC）塑料管，其材质均应具有阻燃、耐冲击性能，其氧指数不应低于27％的阻燃指标，并应有检定检验报告单和产品出厂合格证。

3.2.2 阻燃型塑料管，其外壁应有间距不大于1m的连续阻燃标记和制造厂厂标。管里外应光滑，无凸棱、凹陷、针孔、气泡；内外径尺寸应符合国家统一标准，管壁厚度应均匀一致。

3.2.3 所用阻燃型塑料管附件及明配阻燃型塑料制品，如各种灯头盒、开关盒、接线盒、插座盒、管箍等，必须使用配套的阻燃型塑料制品。

3.2.4 粘合剂必须使用与阻燃型塑料管配套的产品，粘合剂必须在使用限期内使用。

137

3.2.5 主要机具：铅笔、皮尺、水平尺、卷尺、尺杆、角尺、线坠、小线、粉线、手锤、錾子、钢锯、锯条、刀锯、弯管弹簧、剪管器，手电钻、钻头、台钻、电锤、热风机、开孔器、绝缘手套。

4 操作工艺

4.1 工艺流程

预制铁件及管吊架 → 测定盒、箱及管路固定点位置 → 管路敷设 →

管路入盒箱 → 变形缝做法

4.2 预制铁件及管吊架

4.2.1 按照设计图加工好支架，吊架、抱箍、铁件及管弯。

4.2.2 预制管弯可采用冷煨法和热煨法。

4.2.3 阻燃塑料管敷设与煨弯对环境温度的要求如下：阻燃塑料管及其配件的敷设，安装和煨弯制作，均应在原材料规定的允许环境温度下进行，其温度不宜低于－15℃。

4.2.4 冷煨法：

1 管径在 25mm 及其以下可以用冷煨法。使用手扳弯管器煨弯，将管子插入配套的弯管器内，手扳一次煨出所需的弯度见图 16-1 所示。

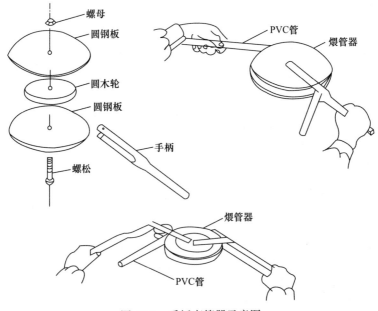

图 16-1 手扳弯管器示意图

138

2　将弯簧插入（PVC）管内需煨弯处，两手抓住弯簧两端头，膝盖顶在被弯处，用手扳逐步煨出所需弯度，然后抽出弯簧（当弯曲较长管时，可将弯簧用铁丝或尼龙线拴牢上一端，待煨完弯后抽出）。

4.2.5　热煨法：管径大于 25mm 时可以用热煨法。用热风机等加热均匀，烘烤管子为煨弯处，待管被加热到可随意弯曲时，立即将管子放在木板上，固定管子一头，逐步煨出所需管弯度，并用湿布抹擦使弯曲部位冷却定型，然后抽出弯簧不得因煨弯使管出现烤伤、变色、破裂等现象。

4.3　**测定盒、箱及管路固定点位置**

4.3.1　按照设计图测出盒、箱、出线口等准确位置。测量时，应使用自制尺杆，弹线定位。

4.3.2　根据测定的盒、箱位置，把管路的垂直点水平线弹出，按照要求标出支架，吊架固定点具体尺寸位置。

4.4　**管路敷设**

4.4.1　管道加工

1　断管：小管径可使用剪管器，大管径使用钢锯锯断，断口后将管口锉平齐。

2　敷管时，先将管卡一端的螺丝（栓）拧紧一半，然后将管敷设于管卡内，逐个拧紧。

3　支架、吊架位置正确、间距均匀、管卡应平正牢固；埋入支架应有燕尾，埋入深度不应小于 120mm；用螺栓穿墙固定时，背后加垫圈和弹簧垫用螺母紧牢固。

4　管水平敷设时，高度应不低于 2000mm；垂直敷设时，不低于 1500mm（1500mm 以下应加保护管保护）。

5　管路较长敷设时，超过下列情况时，应加接线盒。管路无弯时 30m；管路有一个弯时 20m、管路有二个弯时 15m、管路有三个弯时 8m。

6　如无法加装接线盒时，应将管直径加大一号。

7　支架、吊架及敷设在墙上的管卡固定点及盒，箱边缘的距离为 150～300mm，管路中间距离见表 16-1 所示。

管路中间固定点支架间距（mm）

表 16-1

安装方式＼管径	20	25～40	50	允许偏差
垂直	1000	1500	2000	30
水平	800	1200	1500	30

8 配线与管道间最小距离如表 16-2 所示。

配线与管道间最小距离 表 16-2

管道名称		配线方法	
		穿管配线	绝缘导线明配线
		最小距离（mm）	
蒸汽管	平行	100 （500）	100 （500）
	交叉	300	300
暖，热水管	平行	300 （200）	300 （200）
	交叉	100	100
通风、上下水压缩空气	平行	100	200
	交叉	50	100

注：表内有括号者为在管道下边的数据。

9 达不到表中距离时，应采取下列措施：

蒸汽管一在管外包隔热层后，上下平行净距可减至 200mm。交叉距离须考虑便于维修，但管线周围温度应经常在 35℃以下；暖，热水管一包隔热层。

4.4.2 管路连接：

1 管口应平整光滑；管与管、管与盒（箱）等器件应采用插入法连接，连接处结合面应涂专用胶合剂，接口应牢固密封。

2 管与管之间采用套管连接时，套管长度宜为管外径的 1.5～3 倍；管与管的对口应位于套管中处对平齐。

3 管与器件连接时，插入深度宜为管外径的 1.1～1.8 倍。

4.4.3 管路敷设：

1 配管及支架、吊架应安装平直、牢固、排列整齐、管子弯曲处，无明显折皱，凹扁现象。

2 弯曲半径和弯扁度应符合规范规定。

3 直管每隔 30m 应加装补偿装置，补偿装置接头的大头与直管套入并粘牢，另一端（PVC）管套上节小头并粘牢，然后将此小头一端插入卡环中，小头可在卡环内滑动。补偿装置安装示意图。见图 16-2 所示。

4 （PVC）管引出地面一段，可以使用一节钢管引出，但需制作合适的过渡专用接箍，并把钢管接箍埋在混凝土中，钢管外壳做接地或接零保护。（PVC）管与钢管连接见图 16-3 所示。

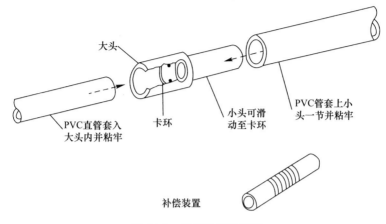

图 16-2　补偿装置示意图

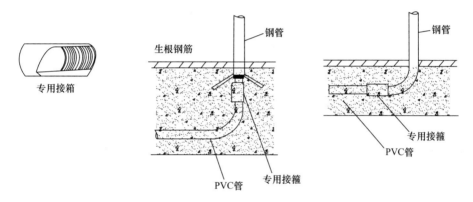

图 16-3　PVC 管与钢管连接示意图

4.5　管路固定方法

4.5.1　胀管法：先在墙上打孔，将胀管插入孔内，再用螺丝（栓）固定。

4.5.2　木砖法：用木螺丝直接固定在预埋木砖上。

4.5.3　预埋铁件焊接法：随土建施工，按测定位置预埋铁件。拆模后，将支架、吊架焊在预埋铁件上。

4.5.4　稳注法：随土建砌砖墙，将支架固定好。

4.5.5　剔注法：按测量位置，剔出墙洞（洞内端应剔大些），用水把洞内浇湿，再将合好的高标号砂浆填入洞内，填满后，将支架、吊架或螺栓插入洞内，校正埋入深度和平直，无误后，将洞口抹平。

4.5.6　抱箍法：按测定位置，遇到梁柱时，用抱箍将支加、吊架固定好。

4.5.7　无论采用何种固定方法，均应先固定两端支架，然后拉直线固定中

141

间的支架、吊架。

4.6 管路入盒箱

4.6.1 管路入盒、箱一律采用端接头与内锁母连接，要求平正、牢固。向上立管管口采用端帽护口，防止异物堵塞管路，做法如图16-4所示。

4.7 变形缝做法

变形缝应采取两端加接线盒，软管连接或方形补偿器。

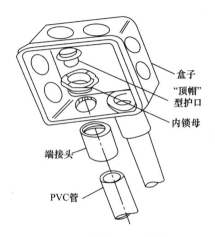

盒子
"顶帽"
型护口
内锁母

端接头

PVC管

图 16-4　管路入盒示意做法

5　质量标准

5.1　一般规定

5.1.1　导管应符合下列规定：

1　按批查验合格证；

2　外观检查：绝缘导管及配件不碎裂、表面有阻燃标记和制造厂标；

3　按制造标准现场抽样检测导管的管径、壁厚及均匀度。对绝缘导管及配件的阻燃性能有异议时，按批抽样送有资质的试验室检测。

5.1.2　工序交接确认：

电线导管、电缆导管和线槽敷设应按以下程序进行：

1　在梁、板、柱等部位明配管的导管套管、埋件、支架等检查合格，才能配管；

2　吊顶上的灯位及电气器具位置先放样，且与土建及各专业施工单位商定，才能在吊顶内配管；

3　顶棚和墙面的喷浆、油漆或壁纸等基本完成，才能敷设线槽、槽板。

5.2　一般项目

5.2.1　室外导管的管口应设置在盒、箱内。在落地式配电箱内的管口，箱底无封板的，管口应高出基础面50～80mm。所有管口在穿入电线、电缆后应做密封处理。由箱式变电所或落地式配电箱引向建筑物的导管，建筑物一侧的导管管口应设在建筑物内。

5.2.2　电缆导管的弯曲半径不应小于电缆最小允许弯曲半径，电缆最小允许弯曲半径应符合《建筑电气工程施工质量验收规范》GB 50303—2015 表 11.1.2 的规定。

5.2.3　室内进入落地式柜、台、箱、盘内的导管管口，应高出柜、台、箱、盘的基础面 50～80mm。

5.2.4 明配的导管应排列整齐，固定点间距均匀，安装牢固；在终端、弯头中点或柜、台、箱、盘等边缘的距离150～500mm范围内设有管卡，中间直线段管卡间的最大距离应符合表16-3的规定。

固定点间距   表16-3

敷设方式	导管种类	导管直径（mm）				
		15～20	25～32	32～40	50～65	65以上
		管卡间最大距离（m）				
沿墙明敷	刚性绝缘导管	1.0	1.5	1.5	2.0	2.0

5.2.5 线槽应安装牢固，无扭曲变形，紧固件的螺母应在线槽外侧。

5.2.6 防爆导管敷设应符合下列规定：

1 导管间及与灯具、开关、线盒等的螺纹连接处紧密牢固，除设计有特殊要求外，连接处不跨接接地线，在螺纹上涂以电力复合酯或导电性防锈酯；

2 安装牢固顺直，镀锌层锈蚀或剥落处做防腐处理。

5.2.7 绝缘导管敷设应符合下列规定：

1 管口平整光滑；管与管、管与盒（箱）等器件采用插入法连接时，连接处结合面涂专用胶合剂，接口牢固密封；

2 沿建筑物、构筑物表面和在支架上敷设的刚性绝缘导管，按设计要求装设温度补偿装置。

5.2.8 导管和线槽，在建筑物变形缝处，应设补偿装置。

6 成品保护

6.0.1 敷设管路时，保持墙面、顶棚、地面的清洁完整。修补铁件油漆时，不得污染建筑物。

6.0.2 施工用高凳时，不得碰撞墙、角、门、窗；更不得靠墙面立高凳；高凳脚应有包扎物，既防划伤地板，又防滑倒。

6.0.3 搬运物件及设备时不得砸伤管路及盒、箱。

7 应注意的问题

7.1 应注意的质量问题

7.1.1 套箍偏中，有松动，插不到位，胶粘剂抹得不均匀，应用小刷均匀涂抹配套供应的胶粘剂，插入时用力转动插入到位。

7.1.2 大管煨弯时，有凹扁、裂痕及烤伤、烤变色现象。因烤烘面积小，加热不均匀，应灌砂用电炉间接烤，或用水烤。面积要大，热要均匀，并有型具一次煨成。

7.1.3 管路敷设出现垂直与水平超偏，管卡间超不均匀。固定管卡前未拉线，造成水平误差；使用卷尺测量有误，应使用水平仪复核，让始终点水平，然后弹线再固定管卡，先固定起终二点，中间加挡管卡，选择规格产品，并要用尺杆测量使管卡固定高度一致。

7.2 应注意的安全问题

7.2.1 安装照明线路时，不得直接在板条天棚或隔声板上行走或堆放材料；因作业需要行走时，必须在大龙骨上铺设脚手板；天棚内照明应采用36V低压电源。

7.2.2 在脚手架上作业，脚手板必须满铺，不得有空隙和探头板。使用的料具，应放人工具袋随身携带，不得投掷。

7.2.3 在平台、楼板上用人力弯管器煨弯时，应背向楼心，操作时面部要避开。大管径管子灌沙煨管时，必须将沙子用火烘干后灌入。用机械敲打时，下面不得站人，人工敲打上下要错开，管子加热时，管口前不得有人停留。

7.2.4 管子穿带线时，不得对管口呼唤、吹气，防止带线弹出，二人穿线，应配合协调，一呼一应，高处穿线，不得用力过猛。

7.2.5 钢索吊管敷设，在断钢索及卡固时，应预防钢索头扎伤。绷紧钢索应用力适度，防止花篮螺栓折断。

7.2.6 使用套管机、电砂轮、台钻、手电钻时，应保证绝缘良好，并有可靠的接零接地。漏电保护装置灵敏有效。

7.3 应注意的绿色施工问题

7.3.1 加工后的废料及时回收，集中处理。

7.3.2 二结构墙体开槽需采用机械切割，操作人员戴口罩工作。

8 质量记录

8.0.1 阻燃型（PVC）塑料管及其附件检定测试报告单和产品出厂合格证。

8.0.2 硬质阻燃型塑料管明敷设预检、自检、互检记录。

8.0.3 设计变更洽商记录、竣工图。

8.0.4 分项工程质量检验批评定记录。

第17章　可挠金属电气导管敷设

本工艺标准适用于一般工业、民用建筑工程 1kV 及其以下照明、动力、智能建筑的可挠金属电线管的明、暗敷设及吊顶内和护墙板内可挠金属电线管（即普利卡管）敷设工程。

1　引用文件

《建筑电气工程施工质量验收规范》GB 50303—2015
《可挠金属电线保护管配线工程技术规范》CECS 87：96

2　术语

2.0.1　套管 conduit
电气安装中用于保护电线、电缆布线的管道。允许电线、电缆的穿入与更换。

2.0.2　可挠金属电线保护套管 flexible metal conduits
具有可挠性，可自由弯曲的金属套管。

2.0.3　包塑可挠金属电线保护套管 plastics-coated flexible metal conduits
可挠金属电线保护套管表面包覆一层塑料（PVC）。

3　施工准备

3.1　作业条件

3.1.1　暗管敷设

1　配合混凝土结构暗敷设施工时，根据设计图纸要求，在钢筋绑扎完、混凝土浇灌前进行配管稳盒，下埋件预留盒、箱位置。

2　配合砖混结构暗敷管路施工时，应随墙立管，安装盒、箱或预留盒、箱位置。

3　配合吊顶内或轻隔墙板内暗敷设管路时，应按土建大样图，先弹线确定灯具、插座等位置，随吊顶、立墙龙骨进行配管、稳盒、箱。

4　吊顶内采用单独支撑，吊挂的暗敷管路，应在吊顶龙骨安装前进行配管做盒。

3.1.2 明管敷设

1 应在建筑结构期间安装好预埋件、预留孔、洞工作。

2 采用预埋法固定支架，应在抹灰前完成；采用膨胀螺栓固定支架时，应在抹灰后进行。

3 配管稳盒应在土建喷浆装修后进行。

3.2 材料及机具

3.2.1 可挠金属电线管及其附件，应符合国家现行技术标准的有关规定，并应有合格证。同时还应具有当地消防部门出示的阻燃证明。

3.2.2 可挠金属电线管配线工程采用的管卡、支架、吊杆、连接件及盒、箱等附件，均应镀锌或涂防锈漆。

3.2.3 可挠金属电线管及配套附件器材的规格型号应符合国家规范的规定和设计要求。

3.2.4 其他所需材料：电线钢管、接线箱、灯头盒、插座盒、配电箱、接线箱连接器、混合管接头、锁紧螺母、固定卡子、接地卡子、圆钢、扁钢、角钢、支架、吊杆、螺栓、螺母、垫圈、弹簧垫圈、膨胀螺栓、木螺丝、自攻螺丝等金属部件均应镀锌处理或作防锈处理。

3.2.5 机具：可挠金属电线管专用切割刀、液压开孔器、无齿锯、台钻、手电钻、电锤、电焊机、射钉枪、钢锯、活扳手、鱼尾钳、手锤、錾子、半圆锉、钻头、钳子、改锥、电工刀等、水平尺、角尺、盒尺、铅笔、线坠、灰桶、灰铲、粉线袋等。

4 操作工艺

4.1 暗管敷设工艺流程

箱盒测位 → 箱盒固定 → 管路敷设 → 断管、安装附件 → 管与管、管与箱盒连接 → 卡接地线 → 管路固定

4.2 明管敷设工艺流程

箱盒测位 → 箱盒固定 → 支架固定 → 断管、安装附件 → 管与管、管与箱盒连接 → 卡接地线 → 管路固定

4.3 管路敷设的基本要求

4.3.1 应根据设计图纸要求，确定管路走向，进行管路敷设。并应减少弯曲，达到走向合理，检修维护方便。

4.3.2 应根据所敷设的部位，环境条件，正确选用可挠金属电线管的规格

型号及附件。

4.4 暗管敷设

4.4.1 箱、盒测位：根据施工图纸确定箱、盒轴线位置，以土建弹出的水平线、轴线为基准，挂线找平找位，线坠找正，标出箱、盒实际位置。成排、成列的箱、盒位置，应挂通线或十字线。

4.4.2 暗敷在现浇混凝土结构中的管路，管路应敷设在两层钢筋中间。垂直方向的管路宜沿同侧竖向钢筋敷设，水平方向的管路宜沿同侧横向钢筋敷设。

4.4.3 砖混结构随墙暗敷时，向上引管应及时堵好管口，并用临时支杆将管沿敷设方向挑起。

4.4.4 剔槽敷设时，应在槽两边先弹线，用开槽机开槽或快錾子剔槽，槽宽及槽深均以比管径大 5mm 为宜。加气混凝土墙宜用电动刀锯开槽。剔槽敷设时，严禁剔横槽。

4.4.5 吊顶内暗敷时，管路可敷设在主龙骨上。单独吊挂的管路，其吊点不宜超出 1000mm。盒、箱两侧的管路固定点，不宜大于 300mm。

4.4.6 护墙板（石膏板轻隔墙）内暗敷时，应随土建立龙骨同时进行。其管路固定，应用可挠金属电线管配套的卡子进行固定。

4.4.7 进入箱盘的管路，应排列整齐，采用 BG 型或 UBG 型接线箱连接器与箱体锁紧，并安装好 BP 型绝缘护口。当进入落地式配电箱、屏的可挠金属电线管，除应高出配电箱基础面不少于 50mm 外，还宜做排管的固定支架。

4.4.8 管路固定：

1 敷设在钢筋混凝土中的管路，应与钢筋绑扎牢固，管子绑扎点间距不宜大于 500mm，绑扎点距盒、箱不应大于 300mm。绑扎线可采用细铁丝。

2 砖墙或砌体墙剔槽敷设的管路每隔不大于 1000mm 距离，用细铅丝、铁钉固定。

3 吊顶内及护墙板内管路，每隔不大于 1000mm 的距离，采用专用卡子固定。在与接线箱、盒连接处，固定点距离不应大于 300mm。

4 预制板（圆孔板）上的管路，可利用板孔用钉子、铅丝固定后再砂浆保护。

4.4.9 管路连接：

1 可挠金属电线管与可挠金属电线管连接以及与钢制电线管、厚铁管、各类箱盒的连接时，均应采用其配套的专用附件。详见表 17-1。

可挠金属电线管附件种类及用途　　　　　　　表 17-1

种类	型号	用途
接线箱连接器	BG	可挠金属电线管与接线箱等连接
组合接线箱连接器	UBG	可挠金属电线管与接线箱等组合连接
混合连接器	KG	可挠金属电线管与钢制电线管连接
无螺纹连接器	VKC	可挠金属电线管与钢制电线管等组合
混合组合连接器	UKG	连接
直接连接器	KS	可挠金属电线管之间相互连接
绝缘护套	BP	为保护电线绝缘层不受损伤，安装在可挠金属电线管末端
固定夹	SP	固定可挠金属电线管
角型接线箱连接器	AG	可挠金属电线管与接线箱等直角组合连接
防水型接线箱连接器	WBG	外覆 PVC 塑料的可挠金属电线管与接线箱等组合连接
防水型混合连接器	WCG	外覆 PVC 塑料的可挠金属电线管与钢制电线保护管组合连接
防水角型接线箱连接器	WAG	外覆 PVC 塑料的可挠金属电线管与接线箱等直角组合连接
接地夹	DXA	固定接地线

2 可挠金属电线管与箱盒连接时除采用专用配套附件外，还应做到：箱盒开孔排列整齐，孔径与管径相吻合，做到一管一孔不得开长孔，铁制箱盒严禁用电气焊开孔。

3 可挠金属电线管与可挠金属电线管连接可采用 KS 系列连接器。由于管子、连接器自身有螺纹，可用手将管子直接拧入拧紧。

4.4.10 当采用 VKV 系列无螺纹连接器与钢管连接时，必须用扳手或钳子将连接器的顶丝拧紧，以防浇灌混凝土时松脱。

4.4.11 管子切断方法：

1 可挠金属电线管的切断，应采用专用的切割刀进行，也可以用普通钢锯进行切断。

2 用手握住可挠金属电线管或放置在工作台上用手压住，刀刃轴向垂直对准管子纹沟，边压边切即可断管。

3 切面处理：管子切断后，便可直接与连接器连接。但为便于与附件连接，可用刀背敲掉毛刺，使其断面光滑。内侧用刀丙旋转绞动一圈，更便于过线。

4.4.12 地线连接：

1 可挠金属电线管与管、箱盒等连接处，必须采用可挠金属电线管配套的接地夹子进行连接，其接地跨接线截面不小于 $4mm^2$ 铜线。可挠金属电线管不得采用熔焊连接地线。

2　可挠金属电线管，盒、箱等均应连接一体可靠接地。

3　可挠金属电线管不得作为电气接地线。交流 50V，直流 120V 及以下配管可不跨接接地线。

4.4.13　可挠金属电线管暗敷时，其弯曲半径不应小于外径的 6 倍。

4.4.14　暗敷于建筑物、构筑物内的管路与建筑物，构筑物表面的最小保护层不应小于 15mm。

4.4.15　在暗敷时，可挠金属电线管有可能受重物压力或明显机械冲击处，应采取有效保护措施。

4.4.16　可挠金属电线管经过建筑物、构筑物的沉降缝或伸缩缝，应采取补偿措施，导线应留有余量。

4.4.17　当可挠金属电线管遇下列情况之一时，应设置接线盒或拉线盒：

1　管长每超过 30m，无弯时；

2　管长每超过 20m，有一个弯时；

3　管长每超过 15m，有两个弯时；

4　管长每超过 8m，有三个弯时；

5　不同直径的管相连时。

4.4.18　垂直敷设的可挠金属电线管，在下列情况下，应设置固定导线用的过路盒：

1　管内导线截面为 50mm^2 及以下，长度每超过 30m 时；

2　管内导线截面为 70～95mm^2，长度每超过 20m 时；

3　管内导线截面为 120～240mm^2，长度每超过 18m 时。

4.5　明管敷设

4.5.1　根据设计图纸要求，结合土建结构、装修特点，注意通风、暖卫、消防等专业的影响前提下，确定管路走向、箱盒准确安装位置，进行弹线定位。

4.5.2　预制管路支架、吊架，根据排管数量和管径钻好管卡固定孔位。箱盒进管孔，预先按连接器外径开好，做到一管一孔，排列整齐。接线盒上无用敲落孔不允许敲掉，配电箱（盘）不允许开长孔和电气焊开孔。

4.5.3　首先用膨胀螺栓将箱盒稳装好。而后计算确定支架、吊架的具体位置再进行支架、吊架安装。应做到固定点间距均匀，转角处对称。

4.5.4　支架、吊架与终端、转弯点、电气器具或接线盒、配电箱（盘）边缘的距离为 150～300mm 为宜。管长不超出 1000mm 时，应最少固定两处。

4.5.5　明配时，可挠金属电线管其弯曲，弯曲半径不应小于管径的 3 倍。抱柱、梁弯曲时，可采用专用的 30°弯附件进行配接。见表 17-2。

可挠金属电线管明敷设固定点间距离　　　　表 17-2

敷设条件	固定点间距离（mm）
建筑物侧面或下面水平敷设	＜1000
人可能触及部位	＜1000
可挠金属电线管互接，与接线箱或器具连接	固定点距连接处＜300

4.5.6 上人吊顶内可挠金属电线管敷设应按明管要求进行敷设。

4.5.7 吊顶板内接线盒如采用可挠金属电线管引至灯具或设备时，其长度不宜超出 1000mm，两端应采用配套的连接器锁固，其管外皮保护接地线应与接线盒处管进行连接成与盒内 PE 保护线连接。

4.5.8 水平或垂直敷设的明配可挠金属电线管，其允许偏差为 5‰，全长偏差不应大于管内径的 1/2。明敷前应注意不要使可挠金属电线管出现碎弯，否则不易达到质量标准。

4.5.9 沉降缝或伸缩缝应作补偿处理。

4.6　管内穿线

4.6.1 可挠金属电线管内穿线的做法和工艺标准与其他配线管内穿线做法基本一致。

4.6.2 管内导线包括绝缘层在内的总截面积不应大于管子内空截面积的 40%。

4.6.3 设备控制线配管、先穿线后配管时，管内导线包括绝缘层在内的总截面积不应大于管子内空截面积的 60%。

4.6.4 可挠金属电线管公称直径的编号与普通电线管，厚铁管公称直径有所不同。为了便于施工及互换算，如表 17-3 所示。

可挠金属电线管内部截面积表 L2-4 型　　　　表 17-3

公称	内径（mm）	外径（mm）	内截面积 40% 时（mm²）	内截面积 60% 时（mm²）
♯10	9.9	13.3	30.8	46.2
♯12	11.1	16.1	40.8	61.2
♯15	14.1	19.0	62.1	93.6
♯17	16.8	21.5	88.6	132.9
♯24	23.8	28.8	177.9	266.8
♯30	29.3	34.9	369.6	404.3
♯38	37.6	42.9	443.9	665.9
♯50	49.1	54.9	757.0	1135.5
♯63	62.6	69.1	1230.5	1845.7
♯76	76.0	82.9	1813.7	2720.5
♯83	81.2	88.1	2060.2	3090.2
♯101	100	107.3	3165.2	4747.8

4.6.5 绝缘导线允许穿管根数及相应的可挠金属电线管管号表如表 17-4
所示。

绝缘导线允许穿管根数及相应的可挠金属电线管管号　　　　表 17-4

导线截面（mm²）	绝缘导线根数									
	1	2	3	4	5	6	7	8	9	10
	可挠金属电线管最小管号选用									
1	10	10	10	10	12	12	15	15	15	
1.5	10	10	12	15	15	17	17	17	24	
2.5	10	12	15	15	17	17	17	24	24	
4	12	15	15	17	17	24	24	24	24	
6	12	15	17	17	24	24	24	24	30	
10	17	24	24	24	30	30	38			
16	24	24	30	30	38	38	38			
25	24	30	38	38	38					
35	30	38	38	50						
50	38	38	50	50						
70	38	50	50	63						
95	50	50	63	63						
120	50	63	76	76						
150	50	63	76	76						

注：1. 以上注明的管内导线根数是根据占管内截面积 40% 值而计算所得。
　　2. 所选用的绝缘导线型号为 BV、BLV 型，450/750V 聚氯乙烯绝缘导线。
　　3. 此表仅供参考。

5 质量标准

5.1 主控项目

5.1.1 可挠金属电线管的材质，型号、规格及适用场所必须符合设计要求
和有关国家施工规范规定。

5.1.2 可挠性导管不得熔焊跨接接地线，以专用接地卡跨接的两卡间连线
为铜芯软导线，截面积不小于 $4mm^2$。

5.1.3 当绝缘导管在砌体上剔槽埋设时，应采用强度等级不小于 M10 的水
泥砂浆抹面保护，保护层厚度大于 15mm。

5.2 一般项目

5.2.1 暗敷管路：暗配的导管，埋设深度与建筑物、构筑物表面的距离不
应小于 15mm；明配的导管应排列整齐，固定点间距均匀。安装牢固；在终端、

弯头中点或柜、台、箱、盘等边缘的距离 150～500mm 范围内设有管卡，中间直线段管卡间的最大距离应符合表 17-5 的规定。

管卡间最大距离　　　　　　　　　　　　　　　表 17-5

敷设方式	导管种类	导管直径（mm）				
		15～20	25～32	32～40	50～65	65 以上
		管卡间最大距离（m）				
支架或沿墙明敷	壁厚＞2mm 刚性钢导管	1.5	2.0	2.5	2.5	3.5
	壁厚≤2mm 刚性钢导管	1.0	1.5	2.0	—	—
	刚性绝缘导管	1.0	1.5	1.5	2.0	2.0

5.2.2 明敷管路：明配管应排列整齐，固定牢固、固定点间距离应均匀，转角处应对称，固定点间距符合规范规定。

5.2.3 管路穿过沉降缝或伸缩时，有补偿措施，导线留有余量。

5.2.4 室内进入落地式柜、台、箱、盘内的导管管口，应高出柜、台、箱、盘的基础面 50～80mm。

5.2.5 可挠金属管或其他柔性导管与刚性导管或电气设置、器具间的连接采用专用接头；复合型可挠金属管或其他柔性导管的连接处密封良好，防液覆盖层完整无损。

5.2.6 可挠性金属导管和金属柔性导管不能做接地（PE）或接零（PEN）的连续导体。

6　成品保护

6.0.1 在钢筋中暗敷时，应注意保护已绑扎好钢筋，不允许损坏钢筋或任意切割钢筋。

6.0.2 剔槽、剔洞不要用力过猛，不要剔得过宽、过大影响土建结构质量。断结构钢筋时必须征得土建技术负责人同意方可断筋，并由土建采取加固措施。

6.0.3 浇注混凝土时，必须设电工看护，以防管路连接脱离等现象，发现问题应及时修复。

6.0.4 明敷管路时，应注意保护土建装饰的清洁，不得污染墙面等饰面。

6.0.5 管路敷设后，应及时堵好管口。随结构进度及时扫管穿带线，堵好盒、箱口。

6.0.6 穿线后应及时采取保护措施，以避免油漆浆活污染盒、箱及导线。安装灯具，电门插座等器具时，注意保护土建的装饰面清洁。

6.0.7 明敷管路敷设完毕后，如土建进行浆活等项饰面工程修理时，应及时采取措施对管路，盒、箱保护，以防污染，造成今后清理困难。

7　注意事项

7.1　应注意的质量问题

7.1.1　并列安装的开关、插座盒不在同一水平线上，超出允许偏差，应挂通线稳装或采取接短管后稳盒。

7.1.2　现浇混凝土内及吊顶内配管固定点距离远，不符合规范要求，增加固定点。

7.1.3　明配管时，由于测位不准和可挠金属电线管本身易弯曲的特点，造成排列不齐，水平和垂直度均超出允许偏差。观感质量不佳。

7.1.4　管路间与盒、箱间的跨接地线，卡接不牢，选用的卡子、导线不符合质量标准。

7.1.5　穿线时发生管路堵塞现象，主要原因是没有按工序要求及时扫管穿带线，管口未及时堵好，其他专业工种剔凿造成管路被破坏等。

7.1.6　选用的可挠金属电线管附件质量不好或规格不配套，造成管路连接机械强度不够与盒、箱连接处松动不牢。

7.2　应注意的安全问题

7.2.1　现场机具布置必须符合安全规范，机具摆放间距必须充分考虑操作空间，机具摆放整齐，留出行走及材料运输通道。

7.2.2　正确使用施工机具并妥善保管，使其机械性能保持良好，严格遵守说明书中的安全操作要求。

7.2.3　登高作业时应使用梯子或脚手架进行，并采取相应的防滑措施。高度超过 2m 时必须系好安全带，并严禁在高空向下乱抛物件。

7.2.4　使用明火时，必须经现场管理人员报有关部门批准。明火应远离易燃物，并应在现场备足灭火器材，且做好必要防护，设专职看火人。

7.3　应注意的绿色施工问题

7.3.1　施工现场材料堆放整洁、合理、保持整洁，及时做好落手清理工作。

8　质量记录

8.0.1　管材出厂产品材质单、合格证书。

8.0.2　管材附件产品合格证。

8.0.3　设备、配件、材料进场检验记录。

8.0.4　预验工程检查记录单。

8.0.5　隐蔽工程检查记录单。

8.0.6　电线导管、电缆导管和线槽敷设分项工程质量检验批记录。

第18章 电缆敷设

本节适用于 10kV 及以下一般工业与民用建筑电气安装工程的电力电缆敷设。

其中：预分支电缆敷设适用于中、高层建筑中输送交流额定电压≤0.6/1.0kV，电流≤1600A 的预制分支电缆供配电干线的安装、主要用于中高层住宅、办公楼、宾馆的竖向供电干线系统。

矿物绝缘电缆敷设主要适用于：防爆及火灾危险区、高温场所、公共建筑、地下场所等对供电要求较高的场所。

伴热电缆敷设适用于一般工业、民用建筑工程的管道、泵体、阀门、槽池和罐体容积的电伴热保温、防冻和防凝的伴热电缆敷设工程。

1 编制依据

《建筑工程施工质量验收统一标准》GB 50300—2013

《建筑电气工程施工质量验收规范》GB 50303—2015

《额定电压 0.6/1kV（$U_m = 1.2kV$）铜芯塑料绝缘预制分支电缆》JB/T 10636—2006

《电气装置安装工程电缆线路施工及验收规范》GB 50168—2006

《电气装置安装工程 低压电器施工及验收规范》GB 50254—2014

《电气装置安装工程 爆炸和火灾危险环境电气装置施工及验收规范》GB 50257—2014

《额定电压 300/500V 生活设施加热和防结冰用加热电缆》GB/T 20841—2007

2 术语

2.0.1 预制分支电缆

预制分支电缆又称带分支电缆或枝状电缆，是把分支电缆导体用分支连接件与垂直主干电缆相连接，分支连接处用优于电缆外套的合成材料进行气密性模压密封制造出的一种电缆材料。

2.0.2 矿物绝缘电缆

矿物绝缘电缆又称防火电缆或铜芯铜护套氧化镁绝缘电缆。该电缆以高导电率的铜导体、无机物氧化镁绝缘、无缝铜管护套为基本结构组成。

2.0.3　电伴热

电伴热是用电热的能量来补充被伴热体在工艺流程中所散失的热量，从而维持流动介质最合理的工艺温度的一种伴热方法。

3　施工准备

3.1　作业条件

3.1.1　预留孔洞、预埋件符合设计要求、预埋件安装牢固，强度合格。

3.1.2　电缆沟、隧道、竖井及人孔等处的地坪及抹面工作结束，电缆沟排水畅通，无积水。

3.1.3　专项施工方案编写完成，审核通过，并对有关人员做好书面技术交底工作。

3.1.4　直埋电缆沟按图挖好，电缆井砌砖抹灰完毕，底砂铺完，并清除沟内杂物。盖板及砂子运至沟旁。

3.1.5　变配电室内全部电气设备及用电设备配电箱柜安装完毕。

3.1.6　电缆桥架、电缆托盘、电缆支架及电缆过管、保护管安装完毕，并检验合格。

3.1.7　电缆沿线模板等设施拆除完毕。场地清理干净、道路畅通，沟盖板齐备。

3.1.8　分支电缆测量加工图符合现场要求。

3.1.9　电伴热电缆施工时管道系统

1　管道系统配件都已施工完毕；

2　防锈防腐涂料已干透；

3　管道系统施工规格与设计图纸中所标示的一致；

4　搓除所有毛刺和利角。

3.1.10　电伴热配件检查

1　伴热线表面是否破损；

2　伴热线的绝热性能是否良好。要求测试电阻不得小于 20MΩ（1000V 兆欧表）；

3　伴热线所有配件是否与设计一致。

3.2　材料准备

3.2.1　所有材料规格型号及电压等级应符合设计要求，并有产品合格证及相关技术文件。

3.2.2　每盘电缆上应标明电缆规格、型号、电压等级、长度及出厂日期。

电缆轴应完好无损。

3.2.3 电缆外观完好无损，铠装无锈蚀、无机械损伤，无明显皱折和扭曲现象。油浸电缆应密封良好，无漏油及渗油现象。橡套及塑料电缆外皮及绝缘层无老化及裂纹。

3.2.4 各种金属型钢不应有明显锈蚀，管内无毛刺。

3.2.5 电缆及其附件安装用的钢制紧固件，除地脚螺栓外，应采用热镀锌或等同热镀锌性能的制品。

3.2.6 其他附属材料：电缆盖板、电缆标示桩、电缆标志牌、油漆、汽油、封铅、硬脂酸、白布带、橡皮包布、黑包布等均应符合要求。

3.2.7 防火阻燃材料必须具备下列质量资料：

1 有资质的检测机构出具的检验报告。

2 出厂质量检验报告。

3 产品合格证。

3.3 主要机具

3.3.1 电动机具、敷设电缆用支架及轴、电缆滚轮、转向导轮、吊链、滑轮、钢丝绳、大麻绳、千斤顶、卷扬机（含吊索）等。

3.3.2 电锤、电钻、水钻、钳子、扳手、榔头、线垂、角尺、钢卷尺、水平尺、万用表、兆欧表（1000V）、测电笔、梯子（玻璃钢）、刀具、移动式脚手架等。

3.3.3 无线电对讲机（或简易电话）、手持扩音喇叭。

4 施工工艺

4.1 工艺流程

4.1.1 直埋电缆敷设

电缆敷设 → 铺砂盖砖 → 回填土 → 埋标桩 → 防水处理 → 挂标志牌

4.1.2 电缆沿支架、桥架敷设

电缆敷设（水平、垂直）→挂标志牌

4.1.3 预分支电敷设

施工准备 → 电缆敷设 → 电缆固定 → 电缆头制作 → 电缆标识 → 绝缘测试

4.1.4 矿物绝缘电缆敷设

施工准备 → 桥架支架安装 → 电缆验收 → 绝缘检测 → 电缆敷设 →

电缆头制安 → 送电

4.1.5　电缆伴热电缆敷设

设计图 → 材料设备准备 → 现场准备 → 单根及多根电热带施工 →

配件安装 → 保温层安装 → 低温起动与安全保护 → 防爆验收

4.2　操作工艺

4.2.1　准备工作：

1　施工前应对电缆进行详细检查；规格、型号、截面、电压等级均符合设计要求，外观无扭曲、坏损及漏油、渗油等现象。

2　电缆敷设前进行绝缘摇测或耐压试验。

3　1kV 以下电缆，用 1kV 摇表摇测线间及对地的绝缘电阻应不低于10MΩ。

4　3～10kV 电缆应事先作耐压和泄漏试验，试验标准应符合国家和当地供电部门规定。必要时敷设前仍需用 2.5kV 摇表测量绝缘电阻是否合格。

5　绝缘电缆，测试不合格者，应检查芯线是否受潮，如受潮，可锯掉一段再测试。检查方法是：将芯线绝缘纸剥下一块，用火点着，如发出叽叽声，即电缆已受潮。

6　电缆测试完毕，油浸纸绝缘电缆应立即用焊料（铅锡合金）将电缆头封好。其他电缆应用橡皮包布密封后再用黑包布包好。

7　放电缆机具的安装：采用机械放电缆时，应将机械选好适当位置安装，并将钢丝绳和滑轮安装好。人力放电缆时将滚轮提前安装好。

8　临时联络指挥系统的设备：线路较短或室外的电缆敷设，可用无线电对讲机联络，手持扩音喇叭指挥。高层建筑内电缆敷设，可用无线电对讲机作为定向联络，简易电话作为全线联络，手持扩音喇叭指挥（或采用多功能扩大机）。

9　在桥架或支架上多根电缆敷设时，应根据现场实际情况，事先将电缆的排列，用表或图的方式划出来。以防电缆的交叉和混乱。

10　冬季电缆敷设，温度达不到规范要求时，应将电缆提前加温。

11　电缆的搬运及支架架设：

电缆短距离搬运，一般采用滚动电缆轴的方法。滚动时应按电缆轴上箭头指示方向滚动。如无箭头时，可按电缆缠绕方向滚动，切不可反缠绕方向滚运，以免电缆松弛。电缆支架的架设地点应选好，以敷设方便为准，一般应在电缆起止点附近为宜。架设时，应注意电缆轴的转动方向，电缆引出端应在电缆轴的上方（图 18-1）。

12　确定各回路的起点、终点及电缆走向。

157

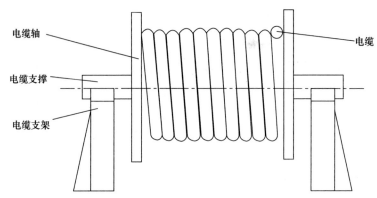

图 18-1　滚动电缆轴

13　确定电缆过墙、穿楼板预留洞尺寸是否满足要求，确保各回路电缆能够在预留洞内顺利通过、满足排列间距要求。

14　绘制电缆敷设实际排列图避免敷设过程中电缆回路出现交叉现象。

15　依据现场施工环境、电缆截面大小、自重、选择机械设备确定敷设方法。

16　对班组进行技术培训或技术指导，使他们充分了解这类电缆的性能、敷设要求、技术标准，特别是电缆绝缘测试的方法、步骤，掌握关键节点的施工技能。

4.2.2　直埋电缆敷设：

1　电缆敷设

1）清除沟内杂物，铺完底沙或细土。

2）电缆敷设可用人力拉引或机械牵引。采用机械牵引可用电动绞磨或托撬（见图 18-2 和图 18-3）。电缆敷设时，应注意电缆弯曲半径应符合规范要求。

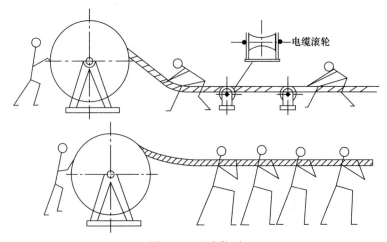

图 18-2　人力拉引

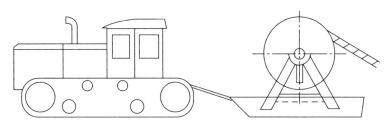

图 18-3 机械牵引

3）电缆在沟内敷设应有适量的蛇型弯，电缆的两端、中间接头、电缆井内、过管处、垂直位差处均应留有适当的余度。

2 铺砂盖砖

1）电缆敷设完毕、应请建设单位、监理单位及施工单位的质量检查部门共同进行隐蔽工程验收。

2）隐蔽工程验收合格，电缆上下分别铺盖 100mm 砂子或细土，然后用砖或电缆盖板将电缆盖好，覆盖宽度应超过电缆两侧 50mm。使用电缆盖板时，盖板应指向受电方向。

3 回填土

回填土前，再作一次隐蔽工程检验，合格后，应及时回填土并进行夯实。

4 埋标桩

电缆的拐弯、接头、交叉、进出建筑物等地段应设明显方位标桩。直线段应适当加工工业设标桩。标桩露出地面以 150mm 为宜。

5 防水处理

直埋电缆进出建筑物，室内过管口低于室外地面者，对其过管按设计或标准图册做防水处理（图 18-4）。有麻皮保护层的电缆，进入室内部分，应将麻皮剥掉，并涂防腐漆。

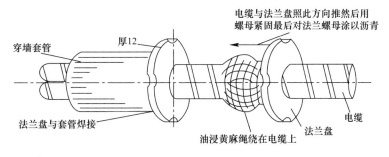

图 18-4 防水处理

4.2.3　电缆沿支架、桥架敷设

1　水平敷设

1）敷设方法可用人力或机械牵引。

2）电缆沿桥架或托盘敷设时，应单层敷设，排列整齐。不得有交叉，拐弯处应以最大截面电缆允许弯曲半径为准。

3）不同等级电压的电缆应分层敷设，高压电缆应敷设在上层。

4）同等级电压的电缆沿支架敷设时，水平净距不得小于 35mm。

2　垂直敷设

垂直敷设，有条件最好自上而下敷设。土建未拆吊车前（土建施工用塔吊），将电缆吊至楼层顶部。敷设时，同截面电缆应先敷设低层，后敷设高层，要特别注意，在电缆轴附近和部分楼层应采取防滑措施。

自下而上敷设时，低层小截面电缆可用滑轮大绳人力牵引敷设。高层、大截面电缆宜用机械牵引敷设。

沿支架敷设时，支架距离不得大于 1.5m，沿桥架或托盘敷设时，每层最少加装两道卡固支架。敷设时，应放一根立即卡固一根。

电缆穿过楼板时，应装套管，敷设完后应将套管用防火材料封堵严密。

3　挂标志牌

1）标志牌规格应一致，并有防腐性能，挂装应牢固。

2）标志牌上应注明电缆编号、规格、型号及电压等级。

3）直埋电缆进出建筑物、电缆井及两端应挂标志牌。

4）沿支架桥架敷设电缆在其两端、拐弯处、交叉处应挂标志牌，直线段应适当增设标志牌。

4.2.4　预分支电缆敷设

1　电缆敷设

1）将电缆放在放线架上（确保支架结实、平稳），电缆活动抽头面向电缆牵引面。

2）电缆牵引头绑扎、分支线绑扎（把分支线沿主线绑在主线上，防止牵引时受损）。

3）电缆牵引，电缆牵引过程中，电缆头应有专人全程监视。在转弯处固定转向滑轮并由专人监视滑轮工作状态，水平方向距离过长应在地面适当固定地滑轮以减少摩擦阻力。放线架应有两人看护并配合牵引信号转动放线架，牵引方应与指挥方、电缆牵引头监视方采用对讲机及时保持通讯联系，随时告知电缆牵引过程是否正常、安全。当电缆到达终端后，将提升用的金属网套挂在事先预埋好的吊钩上。

2　电缆固定

1）当电缆被牵引到固定位置后，应及时对电缆线路进行固定，固定间距为1.5～2m。

2）单芯预分支电缆待整个回路敷设完毕后自上而下采用防涡流线夹逐层固定，确保无遗漏、固定牢稳。

3　电缆终端头制作、安装

交联聚氯乙烯电缆终端头一般采用热缩电缆终端头。热缩时、热风机或喷灯火焰应与热缩套保持适当距离，以免损毁热缩套。

4　电缆回路标识

电缆的首端、末端、分支处应挂电缆标识牌，注明电缆的编号、规格、型号、电压等级及起始位置。

5　电缆绝缘测试

1）低压电线、电缆、线间和线对地间的绝缘电阻值必须大于 $0.5M\Omega$。

2）在线路绝缘测试完毕、绝缘测试值符合规范要求后，开始试送电运行，送电应严格执行送电程序。

4.2.5　矿物绝缘电缆敷设

1　电缆桥架、支架安装

1）矿物绝缘电缆由于内外铜芯、铜套的原因，多为单芯，每回路一般需四根，比较坚硬，不易弯曲，故推荐分回路单层平铺敷设，否则一旦安装后将造成下层电缆检查、修理困难。

2）注意多根桥架的排列，应有利于电缆进出线，尽量靠近相关进出线箱。

3）电缆平铺敷设时，桥架选用 100～150mm 厚度为宜，建议将同走向矿物绝缘电缆布置于单独桥架，以避免与其他线路同时混杂敷设，从而减少对电缆的弯折、磕碰及受潮影响。

4）当电缆沿电缆沟、非梯式电缆桥架或直接沿墙边支架敷设时，均必须设置固定支架。当沿墙面或平顶直接敷设时也必须先设置电缆卡子。固定支架采用 $40\times40\times4$ 角钢制作，或购买标准的模块化支架。

5）角钢支架的尺寸依电缆的规格、排列方式及回路数决定。非梯式电缆桥架的电缆固定支架根据电缆桥架型式结构制作并固定安装在桥架内。支架固定前还需根据电缆卡子的规格钻好孔。

6）固定支架的间距应符合表 18-1 规定，允许偏差控制在 ±50mm 内。电缆弯曲时，在弯头两侧 100mm 处均应支架并用电缆卡子固定。固定支架应固定在承重墙上。

电缆固定点或支架间的最大距离   表 18-1

电缆外径 D（mm）		$D<9$	$9{\leqslant}D<15$	$15{\leqslant}D<20$	$D>20$
固定点之间的最大 距离（mm）	水平	600	900	1500	2000
	垂直	800	1200	2000	2500

7）固定支架安装后利用螺栓将电缆卡子含挂在固定支架上（当沿墙面或平顶直接敷设时电缆卡子含挂在膨胀螺栓上）。无需上紧，待电缆敷设就位后夹紧固定。电缆卡子安排此步骤安装，目的在于电缆垂直就位后用尽量短的时间，将电缆的重量均匀地分布在固定支架上，以分担电缆吊具的承重力。

8）矿物绝缘电缆金属固定支架、电缆桥架及其支架、电缆铜护套的接地保护：沿固定支架、金属电缆桥架全长敷设一条接地干线。每个固定支架、每段电缆桥架及其每个支架均必须单独接至接地干线。此接地干线应不少于 2 处与总接地干线连接。

9）矿物绝缘电缆的铜护套必须作接地保护且为单端接地，通常安排在电源进线端接地。接地干线及其连接支线的规格选择应同时满足热稳定性、机械强度、化学稳定性（特殊环境）的要求，具体按设计要求。所有接地机械连接均应设置防松装置。

2 电缆进场检查测试

1）电缆进场后按照订货与发货清单逐一清点，核对其型号、规格及数量是否与设计图纸中的电缆相一致。

2）检查矿物绝缘电缆的外包装是否完好，拆除外包装之后，再看电缆的外表是否有压扁、扭曲，或严重划伤、破损，两端的封端是否完好，并及时收取各种材料合格证及技术检测参数报告（其中合格证应有生产许可证编号）。

3 电缆绝缘测试

1）测试电缆的绝缘电阻（采用 1000V 兆欧表）。单芯电缆测电缆的芯线"L"与铜护套"E"之间的绝缘电阻。若为多芯型矿物绝缘电缆还需测试相间、相零及各芯对地（铜护套"E"）间的绝缘电阻，其值应大于等于 $200M\Omega$，并作测试记录，以供安装完毕时的校核比较之用。

2）应对电缆导体的连续性进行测试，发现是否存在断线现象，若有断线应及时通知供应商处理。

3）当电缆受损或有疑问时，可对电缆进行交流耐压测试，实验电压 2500V、时间 15s，不击穿即为合格产品。

4 矿物电缆敷设

1）因为矿物绝缘电缆的特性，现场宜采用人工搬运和人工拉引敷设，避免磕碰和撞击，绝对不允许从车上跨空滚下或扔下。

2）利用放线盘缓慢放线，一边转动一边扳直，施工中必要处可使用弯曲扳手纠直或弯制成需要的弧度；施工人员的人力安排要均匀合理，负荷适当，并要统一指挥，在电缆展放中须有协助推盘及负责刹盘滚动的人员，为避免电缆受拖拉损伤，可把电缆放在滚轮上或人员肩扛前行。如图 18-5 所示。

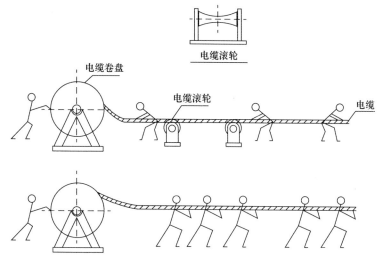

图 18-5　人工拉引电缆示意图

3）及时固定，固定距离 600～2000mm 不等，成捆绑扎距离一般以 1～1.5m 为宜。

4）电缆可使用斜口钳、叉口棒及铜皮剥切器剥切，避免野蛮切割，去除铜皮后，应保证切口的圆整、平齐、光洁。

5）一般可采用热缩套管或自黏胶带作临时密封；电缆锯断后，应立即作临时密封。

6）始末端的预留长度同时应考虑到该电缆难以弯制的特性；电机进线口、穿越沉降缝和伸缩缝处应作长度预留，可做成"S"或"Ω"形。如图 18-6 所示。

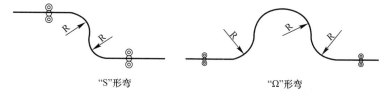

图 18-6　始末端预留长度

7）每根电缆均应做回路识别标牌、相序色标。

8）对于整根长电缆，施放前应严格测量绝缘电阻值，使用500V绝缘摇表测量，绝缘电阻值应≥200MΩ，否则应截取两端一定长度（约500mm以内）绝缘层，同时用喷灯由距离500mm处向口部烘制，及时涂满密封胶，待冷却后测量，直至阻值达标；另外同时作通电测试，保证内芯连通良好。如图18-7所示。

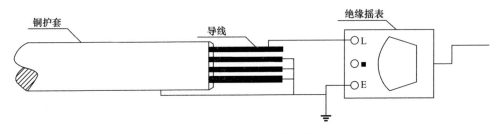

图18-7 矿物绝缘电缆绝缘测

9）对于楼层出线的分支矿物电缆，每段截取长度一般3～10m不等，逐段施工，务必当天截取的当天施工完，避免截取后隔夜施工，尤其不要将已截取的电缆未敷设而随意放于作业面较长时间，否则都将造成氧化镁部分吸水，绝缘下降。

10）中间分支箱安装

a. 分支箱作用相当于分支电缆的三通，起到主干——分支出线的作用，内部用铜排转接；

b. 分支箱需占用强电井空间，外形尺寸不宜过大，根据电缆规格大小及进出线方式（左右、上下或背后等）不同，一般以600mm(高度)×(300～600mm)(宽度)×(100～200mm)(厚度)不等，注意考虑接线端子的伸展、铜排间的走线以及口部进出线间的避让等。

c. 分支箱安装底标高可根据强电间的明挂箱、母线插接箱等统一标高，以进出线方便为原则，尽量避免过多弯折电缆。

d. 民用建筑施工中，一般推荐分支箱贴桥架面安装，进出电缆方便，同时可将分支电缆再返回沿桥架接至楼层配电箱，整齐美观，但分支线较长，不方便检查；在厂房、设备用房等不用或不宜做桥架的地方，分支箱也可贴墙傍干线电缆侧安装，其后利用配套支架及夹具配线至用电设备。

e. 分支箱背部或侧面应设置接地排，满足接地端子的接线数量。如能找到将接地排与内部铜排并列安装，且接线方便的方式，那更是再好不过。

f. 分支箱应参照配电箱标准牢靠安装，安装完毕后上部不得有敞口，门可关紧，一般不用上锁，门上可印上名称和编号。

5　电缆头制安

1）电缆中间头

a. 中间头主要由绝缘密封终端、中接端子、线芯绝缘和中间连接器四部分组成；如图 18-8 所示。

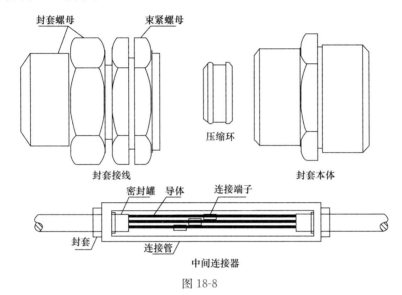

图 18-8

b. 制作步骤为：制作绝缘密封终端——制作线芯绝缘——安装中接端子——制作中接端子绝缘——安装中间连接器；

c. 绝缘密封终端单芯电缆采用热缩型中间接头，多芯电缆采用封罐型中间接头；

d. 线芯一般采用压接连接，压接时控制好用力，多芯电缆应注意将接头错位排列；

e. 最外部铜套管作为中间连接器要拧紧，密实；所有开口处严格密封胶的正确使用；也可使用接线箱连接。

2）终端头制作

a. 终端头主要由终端封套（密封罐）一套、接地铜片、热缩套管及热熔胶及接线端子等制作而成；

b. 制作步骤为：电缆敷设检查——定位——固定电缆——绝缘测试——剥除铜护层——绝缘测试——制作终端封套及密封——制作线芯绝缘——安装接线端子——接线；

c. 检查已敷设好的电缆平、正、直，及在沉降缝、伸缩缝之间和设备有震动处是否留有伸缩弯等敷设要求；

d. 定位：核对每根电缆的相位、走向、位置是否正确，确定电缆的安装顺序，然后挂牌作好指示，最好根据电缆的接线位置，用终端封套固定电缆并安装好接地铜片，量好电缆铜护层剥切的长度，锯断多余电缆；

e. 绝缘测试：主要检查铜护套剥切口是否碰线，线芯对线芯、线芯对地绝缘测试，将 500V 兆欧表的"L"线接电缆芯线，"E"线接电缆的铜护套或者其他线芯进行绝缘测试。如果电缆绝缘电阻大于 200MΩ 即可使用，如达不到就要驱潮。驱潮方法：（1）首先点燃喷灯火焰，燃烧至火焰无烟雾并呈透明的微蓝色；（2）将电缆受潮段末向上倾斜，喷灯的火焰移至受潮电缆；（3）火焰往端末约 0.5m 处加热开始电缆护套，使电缆护套出现褪色时逐渐移向电缆端末，使电缆受热将潮气慢慢地赶出，如此反复进行直至将水分排除干净达到绝缘电阻要求为止。如图 18-9 所示：

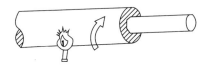

图 18-9　矿物绝缘电缆驱潮示意图

f. 制作终端封套及密封：先清除剥切端口毛刺，用干净棉布或干布擦净电缆铜护层及导线上的氧化镁粉末，在切口处涂上密封胶，在铜护套表面轻微抹点润滑油，用手将密封罐滚花段内螺纹旋入电缆端头的铜护套直至无法旋入，再用封罐旋合器旋入密封罐至电缆剥切口伸出密封罐内孔底边约 1mm。旋合时，封罐旋合器的牙口应夹紧密封罐的滚花，用力应均匀，然后将终端头竖起，头朝上密封胶沿漏斗从一边注入密封罐内，先加至半杯，待胶成膜后再加满。套入多芯罐盖，不能弯曲导线，套入罐口后，再测试一下导线的绝缘电阻，如果绝缘良好，则将罐盖盖紧，然后用罐盖压合器压合罐盖。（24h 待密封胶凝固后，才可移动电缆头）如图 18-10 所示：

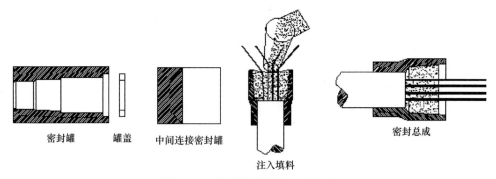

密封罐　　罐盖　　中间连接密封罐　　注入填料　　密封总成

图 18-10　终端密封罐放入示意图

g. 加热时要掌握火焰温度，以避免烧伤收缩材料，火焰要在材料周围来回移动均匀加热，并保持火焰朝着收缩方向螺旋前进。如图 18-11 所示：

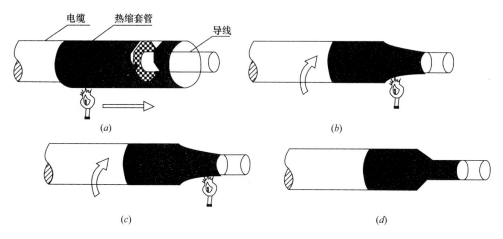

图 18-11　矿物绝缘电缆终断头热缩管绝缘与密封示意图

h. 安装接线端子：将电缆导线弯曲至设备接线处，量出铜接线端子与导线连接的位置，锯断多余导线，安装接线端子。如图 18-12 所示：

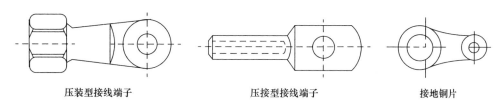

压装型接线端子　　　　　　压接型接线端子　　　　　　接地铜片

图 18-12　接线端子

i. 接线：根据电缆的相位，接线处的相位，逐根弯曲成型，用螺栓、螺丝将电缆连接于设备上。

6　送电运行试验

1）电缆头制作完毕后，按要求重新测量绝缘电阻及进行相关试验，满足要求后再送电空载运行试验，无异常现象（应无击穿闪络现象）。

2）试验合格后，做好产品合格证、试验报告和运行记录表等技术资料的收集整理工作。

4.2.6　伴热电缆敷设

1　设计图

图中应包括以下各项资料：

1）线路编号，供电点用长方格表示。

2）线路所需电热带型号及长度。（单位：m）。

3）每米管道长度所需电热带长度（单位：m）即缠绕系数。

4）每个阀门所需用电热带长度。（单位：m）。

5）伴热系统配套材料附件清单。

6）温控系统配件清单。

7）施工时所需材料清单。

8）设计考虑参数和所采用保温材料规格。

2 材料设备准备

1）管道系统

a. 管道系统与配件都已施工完毕。

b. 防锈防腐涂层已干透。

c. 管道系统施工规范与设计图中所示一致。

d. 锉去所有毛刺和利角。

2）电热带和配件

a. 电热带表面有否损破。

b. 电热带的绝缘性能良好（1000V 兆欧表测试时绝缘电阻≥20MΩ）。

c. 电热带与所有配件的型号与设计要求一致。

3 现场准备

1）将一卷电热带与卷筒放置于一支架上，并放置在线路其中一端附近。

2）沿管道布电热带，并避免：

a. 将电热带放置于毛刺和利角上。

b. 用力拉扯电热带。

c. 脚踏或重物放置电热带上。

4 单根及多根电热带施工

1）单根电热带施工法

a. 玻璃纤维压敏胶带或铝胶带每隔约 500mm 处将电热带固定于管道上。

b. 平敷时尽可能将电热带附在管道的下 45°侧方。

c. 在线路的第一供电点和尾端各预留 1m 长的伴热电缆。

d. 按设计图所示缠绕系数布线（系数为整数应平敷以利减少接点）。

e. 所有散热体（如支架、阀门、法兰等）应按设计图要求预留所需电热带长度，将此段电热带缠绕于散热主体上并固定。下列各点应注意：

（1）散热体应有设计所需电热带的长度。

（2）电热带可互相重叠或交叉。

（3）缠绕方法应尽可能使散热体必要时随时可拆除进行维修或更换而不损坏电热带或影响其他线路。在使用二通或三通配件处，电热带各端应预留 400mm

长度。

如图 18-13～图 18-30 所示：

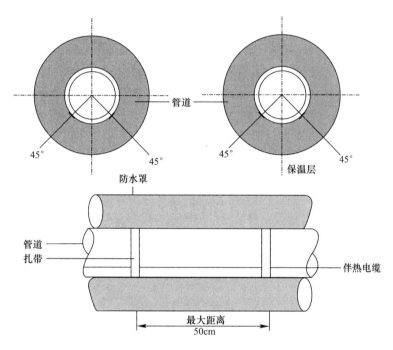

图 18-13　伴热电缆安装位置

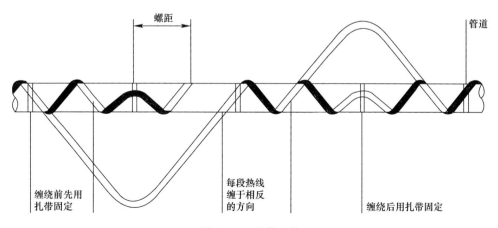

图 18-14　缠绕安装

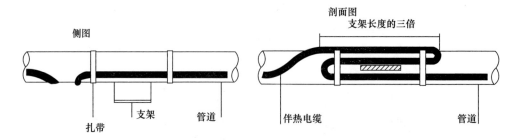

图 18-15 管道支架

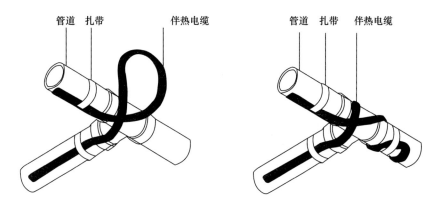

图 18-16 管道三通

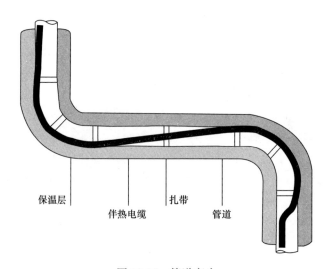

图 18-17 管道弯头

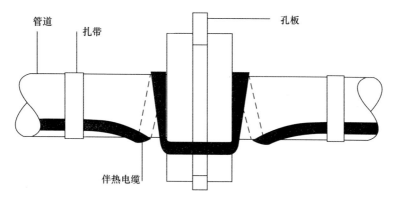

图 18-18　孔板

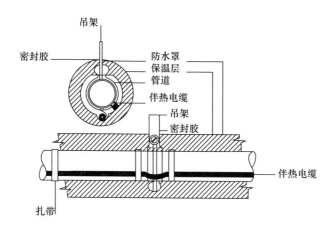

图 18-19　管道吊架

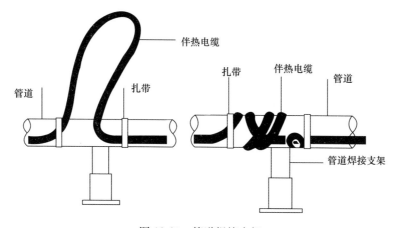

图 18-20　管道焊接支架

171

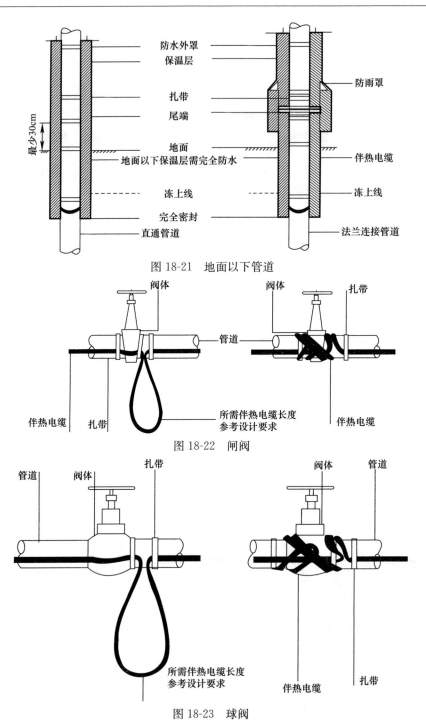

图 18-21　地面以下管道

图 18-22　闸阀

图 18-23　球阀

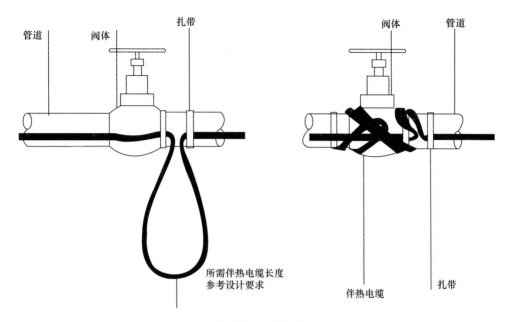

图 18-24　止回阀

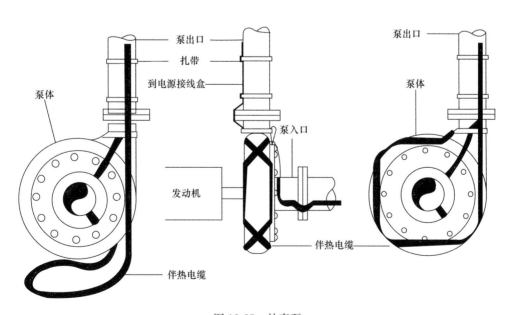

图 18-25　外壳泵

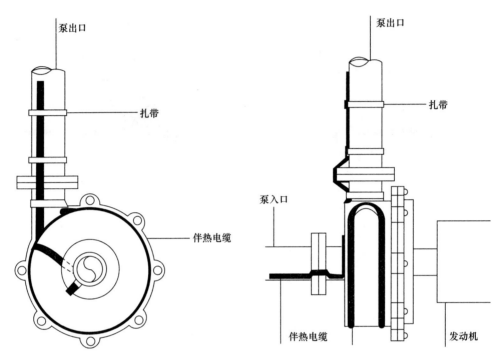

图 18-26　离心泵

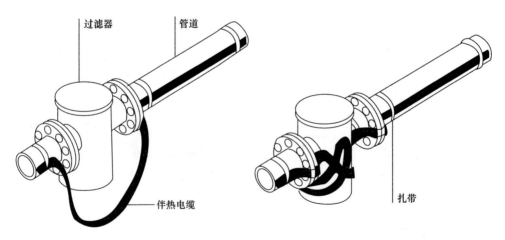

图 18-27　过滤器

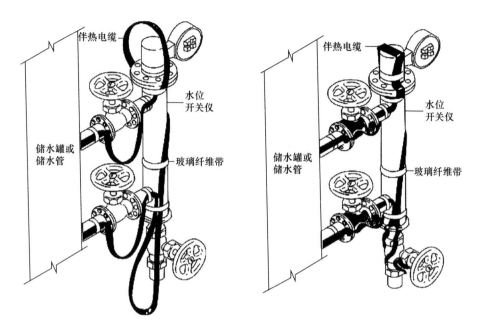

图 18-28　泵阀

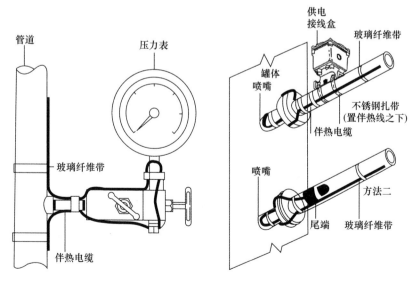

图 18-29　压力表

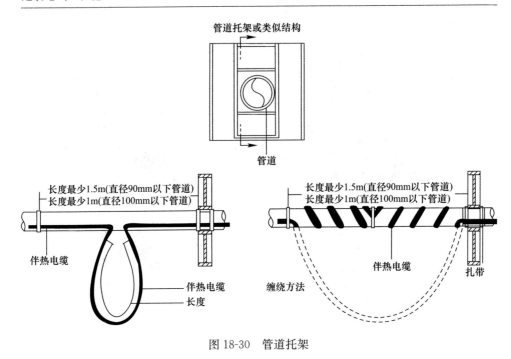

图 18-30　管道托架

2）多根电热带施工法

设计图指明缠绕系数为（$n=1$，$2\cdots$）一般用于大口径管道上，方法如下：

a. 电热带由管道线路一端起布线至尾端再回头至起点，路线等于系数。（但注意最大使用长度）电热带由管道线路一端至尾端轮流依次布线次数等于系数。

b. 后备系统，关键管道作后备应急用。所以每一线路都应当作独立线路安装，并有独立的供电点。根据确定的位置，先用小钻头在中心点开孔，再用和固定螺栓大小相应的钻头开孔，在开孔的过程中要有防止铁屑飞溅的防护措施，以防铁屑掉落到其他电器元件上和内部，引起其他电气元件短路或机械卡住故障。

5　配件安装

1）按设计图要求选用配件。

2）所采用密封圈需与电热带相配并和防水封胶结合。

3）供电接线盒尽可能接近管道线路供电端。

4）按配件安装说明书准备线口。

5）每一线端应预留一小段电热带以便将来维修时用。

6　保温层安装

1）保温材料安装前的检查和测试：

a. 检查电热带表面是否损伤。

b. 检查所有配件是否安装完整。

c. 用 2500V 摇表摇试每一独立线路一端，绝缘电阻应在 20MΩ 以上。注意摇试时间应在 1min 以上，即导电体对电热带金属屏蔽层摇试。

d. 将摇试结果记录在安装记录单上。

e. 检查完毕合格后安装。

2）伴热电缆施工测试后立即进行保温层安装，并注意以下各点：

a. 所采用保温层的材料，厚度和规格与设计图要求符合。

b. 施工时保温材料必须干燥。

c. 保温层外应加防水外罩。

d. 保温层施工时应避免损伤电热带。

e. 保温层施工后应立即对电热带进行绝缘测试。

f. 在保温层外加警示标签注明"内有电热带"更需注明所有配件的位置。

7　低温起动与安全保护

电伴热工程一般按照设计图在正常情况下，分组起动，按常规控制设计，具有开关启动、过载保护和漏电保护，如果用于低温大功率加热，同时又低温状态启动，瞬间起动电流转化为大功率输出可采用双闸切换装置并在切换过程中对工作电流进行监控，在安全负荷情况下过渡到过载保护系统内。安装完成后，对连接杆的长度进行调整，保证接触面闭合严密，所有机械活动部位涂上润滑油。

8　防爆及验收

安装时应避开易燃易爆气体或液体积聚的暗角等可能超过上述规定的防爆区域，非防爆配电箱应安装于非防爆区，否则应配置相应的防爆配电箱。

整理施工现场工具和材料，打扫施工垃圾，清理完施工场地。

5　质量标准

5.1　主控项目

5.1.1　金属电缆支架、电缆导管必须接地（PE）或接零（PEN）可靠。

5.1.2　电缆敷设严禁有绞拧、铠装压扁、护层断裂和表面严重划伤等缺陷。

5.1.3　发热电缆敷设的最小弯曲半径为线径的 5 倍，且不能出现交叉接触和重叠现象，两根线的最小间距为 6cm。

5.1.4　局部缠绕发热电缆不能过多，以免使管道过热烧毁发热电缆，如必须多缠绕时，应适当减少保温厚度。

5.1.5　温度传感器、监测探头均应放在管道顶端温度最低点，紧贴在被测量的管道的外壁上，用铝箔胶带固定好并远离发热电缆，同时远离发热体 1m 以上。

5.1.6　为避免强弱电间干扰，温度传感器探头测试线、管道测温线分别单

独布 $DN20$ 镀锌管，并采用 $1mm^2$ 屏蔽铜线。

5.1.7 为保证管道电伴热温度精确无误，需对温度传感器探头进行标定，然后在现场用专用仪器安装。

5.1.8 探头应安装于较隐蔽的位置，以免受损。温度传感器、监测传感器均应放在保温层内，连接线在穿入被检测管道时，应用金属软管连接。

5.2 一般项目

5.2.1 电缆支架安装应符合设计规定。

5.2.2 当设计无要求时，电缆支架最上层至竖井顶部或楼板的距离不小于 $150\sim200mm$，电缆支架最下层至沟底或地面的距离不小于 $50\sim100mm$。

5.2.3 当设计无要求时，电缆支架层间最小允许距离符合表 18-2 的规定：

电缆支架层间最小允许距离（mm）   表 18-2

电缆种类	支架层间最小距离
控制电缆	120
10kV 及以下电力电缆	$150\sim200$

5.2.4 预制分支电力电缆的安装还必须符合设计要求和产品技术文件规定。

5.2.5 在现场环境温度低于 $-5℃$ 时，发热电缆不宜安装。

5.2.6 发热电缆承受的张力应不超过 25kg，系统应具有接地保护功能。

5.2.7 发热电缆严禁与油漆、沥青及其他强酸、强碱等有机污染物接触。

5.2.8 在安装前，应检查管道是否损坏或滴漏，另外发热电缆在管道上的连接固定必须以不破坏缆线为前提。

5.2.9 在安装完成后，必须核查标称电阻和绝缘电阻。

5.2.10 导线与电器的连接头必须符合规范的规定即多股导线压接后应镀锡、单股导线按螺旋方向盘圈。

5.2.11 采用螺栓顶按时应双线径插入，线端绝缘边裸露导体长度应不大于 3mm。$25mm^2$ 及以上的截面的导线，不宜采用开口式接线端子。

5.2.12 控制电器可动触点端必须是负荷端。

6 成品保护

6.0.1 直埋电缆施工不宜过早，一般在其他室外工程基本完工后进行，防止其他地下工程施工时损伤电缆。如已提前将电缆敷设完，其他地下工程施工时，应加强巡视。

6.0.2 直埋电缆敷设完后，应立即铺砂、盖板或砖及回填夯实，防止其他重物损伤电缆。并及时划出竣工图，标明电缆的实际走向方位坐标及敷设深度。

6.0.3　室内沿电缆沟敷设的电缆施工完毕后应立即将沟盖板盖好。

6.0.4　室内沿桥架或托盘敷设电缆、宜在管道及空调工程基本施工完毕后进行，防止其他专业施工时损伤电缆。

6.0.5　电缆两端头处的门窗装好，并加锁、防止电缆丢失或损毁。

6.0.6　电伴热电缆安装完成，应采取保护措施，并设专人管理，避免损坏、污染设备。

6.0.7　电伴热电缆应采取防水防雨保护措施，均不得受雨雪和水侵蚀和阳光直射，环境温度应保持-25～55℃。

6.0.8　应保持环境场所的干燥，控制周围粉尘污染，并应采取防尘措施。

7　注意事项

7.1　应注意的质量问题

7.1.1　直埋电缆铺砂盖板或砖时应防止不清除沟内杂物、不用细砂或细土、盖板或砖不严、有遗漏部分。施工负责人应加强检查。

7.1.2　电缆进入室内电缆沟时，防止套管防水处理不好，沟内进水。应严格按规范和工艺要求施工。

7.1.3　油浸电缆要防止两端头封铅不严密、有渗油现象。应对施工操作人员进行技术培训，提高操作水平。

7.1.4　沿支架或桥架敷设电缆时，应防止电缆排列不整齐，交叉严重。电缆施工前须将电缆事先排列好，划出排列图表，按图表进行施工。电缆敷设时，应敷设一根整理一根，卡固一根。

7.1.5　有麻皮保护层的电缆进入室内，防止不作剥麻刷油防腐处理。

7.1.6　沿桥架或托盘敷设的电缆应防止弯曲半径不够。在桥架或托盘施工时，施工人员应考虑满足该桥架或托盘上敷设的最大截面电缆的弯曲半径的要求。

7.1.7　预留孔洞大小、位置正确，有预埋件的预埋件安装牢固、强度满足安全系数的要求。

7.1.8　挂钩横担、固定支架、电缆夹具安装应平整、固定牢靠，对于成排安装的带分支电缆应设置在同一水平，排列整齐，间距均匀。

7.1.9　沿金属电缆桥架、线槽、固定支架全长敷一条接地干线。每段桥架及其每个支架、线槽及其每个支架、每个固定支架均必须单独接至接地干线。此接地干线应不少于2处与总接地干线连接。所有机械连接螺栓均应设置防松垫片装置。

7.1.10　主、分支电缆采用单芯电缆时，应考虑防止涡流产生热效应措施，禁止使用导磁金属夹具，也应避免单芯电缆穿过闭合的导磁孔洞，如防火封堵钢板、钢管、配电箱（柜）敲落孔。

7.1.11 接地保护措施应在起吊预制分支电缆之前完成。

7.1.12 电缆线路敷设好后，线路的各种标志（回路名称、电缆型号规格、起始端、相序等）齐全、清晰。应由专人复查，避免遗漏。

7.1.13 严禁蒸汽伴热和电伴热混用于一体。

7.1.14 加热带安装时不得将绝缘层破坏，应紧贴于被加热体以提高热效率，若被伴热体为非金属体，应用铝粘胶带增大接触传热面积，用尼龙扎带固定，严禁用金属丝绑扎。

7.1.15 电热带一端接入电源，另一端线芯严禁短接或与导电物质接触并剪切为"V"形，必须使用配套的封头严密套封。

7.1.16 防火防爆场合应配套防爆接线盒和终端子。接线后应用硅橡胶密封：（使用屏蔽层的电热带终端处必须将屏蔽层剥离 10cm，以防造成短路）。

7.1.17 按电伴热各路的电压、电流等参数设定通、断电和漏电保护装置。

7.1.18 安装一个伴热点，测量一次绝缘，屏蔽层必须接地，绝缘阻值不能低于 $20M\Omega/1000V$。

7.2 应注意的安全问题

7.2.1 在脚手架上作业，脚手板必须满铺，不得有空隙和探头板。使用的料具，应放人工具袋随身携带，不得投掷。

7.2.2 在平台、楼板上用人力弯管器煨弯时，应背向楼心，操作时面部要避开。大管径管子灌沙煨管时，必须将沙子用火烘干后灌入。用机械敲打时，下面不得站人，人工敲打上下要错开，管子加热时，管口前不得有人停留。

7.2.3 管子穿带线时，不得对管口呼唤、吹气，防止带线弹出。二人穿线，应配合协调，一呼一应。高处穿线，不得用力过猛。

7.2.4 钢索吊管敷设，在断钢索及卡固时，应预防钢索头扎伤。绷紧钢索应用力适度，防止花篮螺栓折断。

7.2.5 使用套管机、电砂轮、台钻、手电钻时，应保证绝缘良好，并有可靠的接零接地。漏电保护装置灵敏有效。

7.2.6 竖直敷设电缆，必须有预防电缆失控下溜的安全措施。电缆放完后，应立即固定、卡牢。

7.2.7 人工滚运电缆时，推轴人员不得站在电缆前方，两侧人员所站位置不得超过缆轴中心。电缆上、下坡时，应采用在电缆轴中心孔穿铁管，在铁管上拴绳拉放的方法，平稳、缓慢进行。电缆停顿时，将绳拉紧，及时"打掩"制动。人力滚动电缆路面坡度不宜超过 15°。

7.2.8 汽车运输电缆时，电缆应尽量放在车头前方（跟车人员必须站在电缆后面），并用钢丝绳固定。

7.2.9　在已送电运行的变电室沟内进行电缆敷设时，电缆所进入的开关柜必须停电。并应采用绝缘隔板等措施。在开关柜旁操作时，安全距离不得小于1m（10kV以下开关柜）。电缆敷设完如剩余较长，必须捆扎固定或采取措施，严禁电缆与带电体接触。

7.2.10　挖电缆沟时，应根据土质和深度情况按规定放坡。在交通道路附近或较繁华地区施工电缆沟时，应设置栏杆和标志牌，夜间设红色标志灯。

7.2.11　在隧道内敷设电缆时，临时照明的电压不得大于36V。施工前应将地面进行清理，积水排净。

7.2.12　电工应持证上岗，工人上岗须戴好个人防护用品。

7.2.13　采用电动工具时，应保证线路绝缘并带漏电保护器（额定漏电动作电流值及动作时间应符合临电规范）。

7.2.14　上层进行挂钩横担、固定支架、电缆夹具安装时，应防止工具落下伤人。

7.2.15　应注意高空作业安全，并采取相应的安全作业措施。

7.2.16　电缆垂直敷设中各项安全、刹车、过载、指挥信号、紧急停止装置均已配备有效。

7.2.17　电缆牵引前一定要把牵引头绑扎牢靠，防止牵引过程中电缆脱头，必要时附加安全牵引绳索。电缆牵引时，必须派专人全程监视电缆牵引头是否被预留洞口卡住或电缆牵引头出现松动或滑脱征兆，若出现立即采取应急措施。

7.2.18　送电运行时，不得擅离岗位，严格按试运行方案步骤进行试电。

7.2.19　蒸汽扫线：凡需蒸汽清扫管线除垢时，应注意先清扫后安装电热带，如果每年例行扫线检查应按照特殊情况设计安装。

7.2.20　法兰处介质易泄漏，缠绕电热带时应避开其正下方。

7.3　应注意的绿色施工问题

7.3.1　成立对应的施工环境卫生管理机构，在工程施工中严格遵守国家和地方政府下发的有关环境保护的法律、法规和规章，加强对工程材料、设备的控制和治理，随时接受有关单位的监督检查。

7.3.2　及时回收施工过程中剩余的各种边角料，加以充分利用或销毁，防止环境污染。

7.3.3　废电缆皮应及时回收，不能焚烧。

8　质量记录

8.0.1　电缆产品合格证。

8.0.2 电缆绝缘摇测记录或耐压试验记录。

8.0.3 隐蔽工程验收记录。

8.0.4 各种金属型钢材质证明、合格证。

8.0.5 自互检记录。

8.0.6 电缆工程分项质量检验评定记录。

8.0.7 分项工程验收记录。

第19章　电线、电缆穿管和线槽敷线

本工艺标准适用于室内照明配线敷设工程。

1　引用标准

《建筑工程施工质量验收统一标准》GB 50300—2013
《电气装置安装工程　电缆线路施工及验收规范》GB 50168—2006
《建筑电气工程施工质量验收规范》GB 50303—2015

2　术语（略）

3　施工准备

3.1　作业条件

3.1.1　配管工程或线槽安装已配合土建完成。

3.1.2　土建墙面、地面抹灰作业完成，初装修完毕。

3.2　材料机具

3.2.1　材料：电线、电缆的规格、型号必须符合设计要求，有合格证、"CCC"认证检验报告，线缆上标示清楚、齐全，包塑金属软管、钢带线、接线端子、焊锡、焊剂、绝缘胶布、阻燃压线帽、滑石粉、棉纱。

3.2.2　主要机具：克丝钳、尖嘴钳、剥线钳、压接钳、万用表、兆欧表、放线架、酒精喷灯、锡锅。

4　操作工艺

4.1　工艺流程

4.1.1　管内穿线

选择导线 → 扫管 → 穿带线 → 放线与断线 → 导线绑扎 → 导线连接 → 导线包扎 → 线路绝缘摇测

4.1.2　线槽配线

选择导线 → 槽内放线 → 导线绑扎 → 导线连接 → 线路绝缘摇测

4.2 选择导线

4.2.1 应根据设计图纸要求选择导线规格、型号。

4.2.2 相线、零线及保护接地线的颜色加以区分，用黄绿双色导线为接地保护线，淡蓝色导线做零线。

4.3 清扫管路

4.3.1 清扫管路的目的是清除管路中的灰尘、泥水及杂物等。

4.3.2 清扫管路的方法：将布条的两端牢固绑扎在带线上，从管的一端拉向另一端，以将管内的杂物及泥水除尽为目的。

4.4 穿带线

穿带线的目的是检查管路的通畅和作为电线的牵引线，先将钢丝或铁丝的一端馈头弯回不封死，圆头向着穿线方向，将钢丝或铁丝穿入管内，边穿边将钢丝或铁丝顺直。如不能一次穿过，再从管的另一端以同样的方法将钢丝或铁丝穿入。根据穿入的长度判断两头碰头后，再搅动钢丝或铁丝。当钢丝或铁丝头绞在一起后，再抽出另一端，将管路穿通。

穿带线的方法：

4.4.1 带线一般均采用 $\phi 1.2 \sim \phi 2.0$mm 的铁丝。先将铁丝的一端弯成不封口的圆圈，再利用穿线器将带线穿入管路内，在管路的两端均应留有 $100 \sim 150$mm 的余量。

4.4.2 在管路较长或转弯较多时，可以在敷设管路的同时将带线一并穿好。

4.4.3 穿带线受阻时，应用两根铁丝同时搅动，使两根铁丝的端头互相钩绞在一起，然后将带线拉出。

4.4.4 阻燃型塑料波纹管的管壁呈波纹状，带线的端头要弯成圆形。

4.4.5 带线可采用尼龙绳和塑料绑扎绳代替铁丝，用钢丝作为引线，将塑料绑扎绳或尼龙绳随引线穿入，在接线盒内打结备用。

4.5 放线及断线

4.5.1 放线：放线前应根据施工图纸对导线规格、型号进行核对。并用对应电压等级的摇表进行通断摇测，放线时导线应置于放线架上。

4.5.2 断线：剪断导线时，导线的预留长度应按以下四种情况预留：

1 接线盒、开关盒、插座盒及灯头盒内的导线的预留长度应为150mm；

2 配电箱内导线的预留长度应为配电箱体周长的1/2；

3 出户导线的预留长度应为1.5m；

4 公用导线在分支处，可不剪断导线而直接穿过。

4.6 导线绑扎

4.6.1 当导线根数较少时，例如2～3根导线，可将导线前端的绝缘层削去，然后将线芯与带线绑扎牢固。使绑扎处形成一个平滑的锥形过渡部位。

4.6.2 当导线根数较多或导线截面较大时，可将导线前端绝缘层削去，然后将线芯斜错排列在带线上，用绑线绑扎牢固，不要将线头做得太粗太大，应使绑扎接头处形成一个平滑的锥形接头，减少穿管时的阻力，以利穿线。

4.7　管内穿线

4.7.1 当管路较长或弯头较多时，要在穿线前向管内吹入适量的滑石粉。

4.7.2 两人穿线，应配合协调，一拉一送，用力均匀。

4.7.3 钢管（电线管）在穿线前，应首先检查各管口的护口是否齐全，如有遗漏和破损，应补齐或更换。

4.7.4 穿线时应注意的问题：

1 同一交流回路的导线必须穿于同一管内。

2 不同回路、不同电压、交流与直流的导线不得穿入同一管内。但以下情况除外：标称电压为 50V 以下的回路；同一设备或同一设备的回路和无特殊干扰要求的控制回路；同一花灯的几个回路；同类照明的几个回路，但管内的导线总数不应多于 8 根。

3 导线在变形缝处，补偿装置应活动自如，导线应留有一定的余量。

4 敷设于垂直管路中的导线，当超过下列长度时，应在管口处和接线盒中加以固定：截面积为 50mm^2 及以下导线为 30m，截面积为 70～95mm^2 导线为 20m，截面积为 180～240mm^2 之间的导线为 18m。

5 导线在管内不得有接头和扭结，其接头应在接线盒内连接。

6 管内导线的总面积（包括外护层）不应超过管子截面积的 40％。

7 导线穿入钢管后，在导线出口处，应装护口保护导线，在不进入箱（盒）内的垂直管口，穿入导线后，应将管口作密封处理。

4.8　线槽敷线

4.8.1 线槽内在配线之前应消除线槽内的积水和污物。

4.8.2 同一线槽内（包括绝缘在内）的导线截面积总和应不超过内部截面积的 40％。

4.8.3 线槽底向下配线时，应将分支导线分别用尼龙绑扎带绑扎成束，并固定在线槽底板上，以防导线下坠。

4.8.4 不同电压、不同回路、不同频率的导线应加隔板放在同一线槽内。下列情况时，可直接放在同一线槽内：电压在 65V 及以下；同一设备或同一流水线的动力和控制回路；照明花灯的所有回路；三相四线制的照明回路。

4.8.5 导线较多时，除采用导线外皮颜色区分相序外，也可利用在导线端头和转弯处做标记的方法来区分。

4.8.6 在穿越建筑物的变形缝时，导线应留有补偿余量。

4.8.7 接线盒内的导线预留长度不应超过 150mm；盘、箱内的导线预留长度应为其周长的 1/2。

4.8.8 从室外引入室内的导线，穿过墙外的一段应采用橡胶绝缘导线，不允许采用塑料绝缘导线。穿墙保护管的外侧应有防水措施。

4.9 导线连接

4.9.1 配线导管的线芯连接，一般采用焊接、压板压接或套管连接。

4.9.2 配线导线与设备、器具的连接，应符合以下要求：

1 导线截面为 $10mm^2$ 及以下的单股铜（铝）芯线可直接与设备、器具的端子连接。

2 导线截面为 $2.5mm^2$ 及以下的多股铜芯线的线芯应先拧紧搪锡或压接端子后再与设备、器具的端子连接。

3 多股铝芯线和截面大于 $2.5mm^2$ 的多股铜芯线的终端，除设备自带插接式端子外，应先焊接或压接端子再与设备、器具的端子连接。

4.9.3 导线连接熔焊的焊缝外形尺寸应符合焊接工艺标准的规定，焊接后应清除残余焊药和焊渣。焊缝严禁有凹陷、夹渣、断股、裂缝及根部未焊合等缺陷。

4.9.4 锡焊连接的焊缝应饱满、表面光滑。焊剂应无腐蚀性，焊接后应清除焊区的残余焊剂。

4.9.5 压板或其他专用夹具，应与导线线芯的规格相匹配，紧固件应拧紧到位，防松装置应齐全。

4.9.6 套管连接器和压模等应与导线线芯规格匹配。压接时，压接深度、压口数量和压接长度应符合有关技术标准的相关规定。

4.9.7 在配电配线的分支线连接处，干线不应受到支线的横向拉力。

4.9.8 剥削绝缘使用工具及方法：

1 剥削绝缘使用工具：由于各种导线截面、绝缘层薄厚程度、分层多少都不同，因此使用剥削的工具也不同。常用的工具有电工刀、克丝钳和剥削钳，可进行削、勒及剥削绝缘层。一般 $4mm^2$ 以下的导线原则上使用剥削钳，但使用电工刀时，不允许采用刀在导线周围转圈剥削绝缘层的方法。

2 剥削绝缘方法：

单层剥法：不允许采用电工刀转圈剥削绝缘层，应使用剥线钳。

分段剥法：一般适用于多层绝缘导线剥削，如编织橡皮绝缘导线，用电工刀先削去外层编织层，并留有约 12mm 的绝缘层，线芯长度随接线方法和要求的机械强度而定。

斜削法：用电工刀以 45°角倾斜切入绝缘层，当切近线芯时就应停止用力，接着应使刀面的倾斜角度改为 15°左右，沿着线芯表面向前头端部推出，然后把残存的绝缘层剥离线芯，用刀口插入背部以 45°角削断。

4.9.9　单芯铜导线的直线连接：

1　绞接法：适用于 4mm² 及以下的单芯线连接。将两线互相交叉，用双手同时把两芯线互绞两圈后，将两个绞芯在另一个芯线上缠绕 5 圈，剪掉余头。

2　缠绕卷法：有加辅助线和不加辅助线两种，适用于 6mm² 及以上的单芯线的直线连接。将两线相互并合，加辅助线后用绑线在并合部位中间向两端缠绕（即公卷），其长度为导线直径 10 倍，然后将两线芯端头折回，在此向外单独缠绕 5 圈，与辅助线捻绞 2 圈，将余线剪掉。

4.9.10　单芯铜线的分支连接：

1　绞接法：适用于 4mm² 以下的单芯线。用分支线路的导线往干线上交叉，先打好一个圈结以防止脱落，然后再密绕 5 圈。分线缠绕完后，剪去余线。

2　缠卷法：适用于 6mm² 及以上的单芯线的连接。将分支线折成 90°紧靠干线，其公卷的长度为导线直径的 10 倍，单卷缠绕 5 圈后剪断余下线头。

3　十字分支连接做法：将两个分支线路的导线往干线上交叉，然后在密绕 10 圈。分线缠绕完后，剪去余线。

4.9.11　多芯铜线直接连接：

多芯铜导线的连接共有三种方法，即单卷法、缠卷法和复卷法。首先用细砂布将线芯表面的氧化膜清去，将两线芯导线的结合处的中心线剪掉 2/3，将外侧线芯做伞状张开，相互交错叉成一体，并将已张开的线端合成一体。

1　单卷法：取任意一侧的两根相邻的线芯，在接合处中央交叉，用其中的一根线芯作为绑线，在导线上缠绕 5～7 圈后，在用另一根线芯与绑线相绞后把原来的绑线压住上面继续按上述 4.9.9 中 2 进行 。

单卷法缠绕，其长度为导线直径的 10 倍，最后缠卷的线端与一条线捻绞 2 圈后剪断。另一侧的导线依次进行。注意应把线芯相绞处排列在一条直线上。

2　缠卷法：与单芯铜线直线缠绕连接法相同。

3　复卷法：适用于多芯软导线的连接。把合拢的导线一端用短绑线做临时绑扎，以防止松散，将另一端线芯全部紧密缠绕 3 圈，多余线端依次阶梯形剪掉。另一侧也按此办法办理。

4.9.12　多芯铜导线分支连接：

1　缠卷法：将分支线折成 90°紧靠干线。在绑线端部适当处弯成半圆形，将绑线短端弯成与半圆形成 90°角，并与连接线靠紧，用较长的一端缠绕，其长度应为导线结合处直径 5 倍，再将绑线两端捻绞 2 圈，剪掉余线。

2 单卷法：将分支线破开（或劈开两半），根部折成 90°紧靠干线，用分支线其中的一根在干线上缠圈，缠绕 3～5 圈后剪断，再用另一根线芯继续缠绕 3～5 圈后剪断，按此方法直至连接到两边导线直径的 5 倍时为止，应保证各剪断处在同一直线上。

3 复卷法：将分支线端破开劈成两半后与干线连接处中央相交叉，将分支线向干线两侧分别紧密缠绕后，余线按阶梯形剪断，长度为导线直径的 10 倍。

4.9.13 铜导线在接线盒内的连接：

1 单芯线并接头：导线绝缘台并齐合拢。在距绝缘台约 12mm 处用其中一根线芯在其连接端缠绕 5～7 圈后剪断，把余头并齐折回压在缠绕线上。

2 不同直径导线接头：如果是独根（导线截面小于 2.5mm² ）或多芯软线时，则应先进行涮锡处理。再将细线在粗线上距离绝缘台 15mm 处交叉，并将线端部向粗导线（独根）端缠绕 5～7 圈，将粗导线端折回压在细线上。

3 尼龙压接线帽：适用于 2.5mm² 以下铜导线的压接，其规格有大号、中号、小号三种。可根据导线的截面和根数选择使用。其方法是将导线的绝缘层削掉后，线芯预留 15mm 的长度，插入接线帽内，如填不实，可以再用 1～2 根同材质同线径的导线插入接线帽内，然后用压接钳压实即可。

4.9.14 套管压接：套管压接法是运用机械冷态压接的简单原理，用相应的模具在一定压力下将套在导线两端的连接套管压在两端导线上，使导线与连接管间形成金属互相渗透，两者成为一体构成导电通路。要保证冷压接头的可靠性，主要取决于影响质量的三个要点：即连接管形状、尺寸和材料；压模的形状、尺寸；导线表面氧化膜处理。具体做法如下：先把绝缘层剥掉，清除导线氧化膜并涂以中性凡士林油膏（使导线表面与空气隔绝，防止氧化）。当采用圆形套管时，将要连接的铝芯线分别在铝套管的两端插入，各插到套管一半处；当采用椭圆形套管时，应使两线对插后，线头分别露出套管两端 4mm；然后用压接钳和压膜接，压接模数和深度应与套管尺寸相对应。

4.9.15 接线端子压接：多股导线（铜或铝）可采用与导线同材质且规格相应的接线端子。削去导线的绝缘层，不要碰伤线芯，将线芯紧紧地绞在一起，清除套管、接线端子孔内的氧化膜，将线芯插入，用压接钳压紧。导线外露部分应小于 1～2mm。

4.9.16 导线与水平式接线柱连接：

1 单芯线连接：用一字或十字机螺丝压接时，导线要顺着螺钉旋进方向紧绕一圈后再紧固。不允许反圈压接，盘圈开口不宜大于 2mm。

2 多股铜芯线用螺丝压接时，先将软线芯做成单眼圈状，涮锡后，将其压平再用螺丝加垫紧牢固。压接后外露线芯的长度不宜超过 1～2mm。

4.9.17　导线与针孔式接线桩连接（压接）：

把要连接的导线的线芯插入接线桩头针孔内，导线裸露出针孔 1～2mm，针孔大于导线直径 1 倍时需要折回头插入压接。

4.10　导线焊接

4.10.1　铝导线的焊接：焊接前将铝导线线芯破开顺直合拢，用绑线把连接处作临时缠绑。导线绝缘层处用浸过水的石棉绳包好，以防烧坏。铝导线焊接所用的焊剂有两种：一种是含锌 58.5%、铅 40%、铜 5% 的焊剂，另一种是含锌 80%、铜 1.5%、铅 20% 的焊剂，焊剂成分均按重量比。

4.10.2　铜导线的焊接：由于导线的线径及敷设场所不同，因此铜焊接的方法有如下几种：

1　电烙铁加焊：适用于线径较小的导线的连接及用其他工具焊接困难的场所。导线连接处加焊剂，用电烙铁进行锡焊。

2　喷灯加热（或用电炉加热）：将焊锡放在锡勺（或锡锅）内，然后用喷灯（或电炉）加热，焊锡熔化后即可进行焊接。加热时要掌握好温度，温度过高涮锡不饱满，温度过低涮锡不均匀，因此要根据焊锡的成分、质量及外界环境温度等诸多因素，随时掌握好适宜的温度进行焊接。焊接完后必须用布将焊接处的焊剂及其他污物擦净。

4.11　导线包扎

首先用塑料绝缘带从导线接头处始端的完好绝缘层开始，缠绕 1～2 个绝缘带宽度，再以半幅宽度重叠进行缠绕。在包扎过程中应尽可能地收紧绝缘带，最后在绝缘层上缠绕 1～2 圈后，再进行回缠。采用橡胶绝缘带包扎时，应将其拉长 2 倍后再进行缠绕。然后再用黑胶布包扎，包扎时要衔接好，以半幅宽度边压边进行缠绕，同时在包扎过程中收紧胶布，导线接头处两端应用黑胶布封严密，包扎后应呈枣核形。

4.12　线路检查及绝缘摇测

4.12.1　线路检查：接、焊、包全部完成后，应进行自检和互检；检查导线接、焊、包是否符合设计要求及有关施工验收规范及质量评标准的规定。不符合规定时应立即纠正，检查无误后再进行绝缘摇测。

4.12.2　绝缘摇测：照明线路的绝缘摇测一般选用 500V，量程为 0～500MΩ 的兆欧表。

4.12.3　一般照明线路绝缘摇测有以下两种情况：

1　电气器具未安装前进行线路绝缘摇测时，首先将灯头盒内导线分开，开关盒内导线连通。摇测应将干线和支线分开，一人摇测，一人应及时读数并记录。摇动速度应保持在 120r/min 左右，读数应采用一分钟后的读数为宜。

2 电气器具全部安装完，在送电前进行摇测时，应先将线路上的开关、刀闸、仪表、设备等用电开关全部置于断开位置，摇测方法同上所述，确认绝缘摇测无误后再进行送电试运行。

5 质量标准

5.1 主控项目

5.1.1 三相或单相的交流单芯电缆，不得单独穿于钢导管内。

5.1.2 不同回路、不同电压等级和交流与直流的导线，不应穿于同一导管内；同一交流回路的电线应穿于同一金属导管内，且管内电线不得有接头。

5.1.3 爆炸危险环境照明线路的电线和电缆额定电压不得低于750V，且电线必须穿于钢导管内。

5.2 一般项目

5.2.1 电线、电缆穿管前，应清除管内杂物和积水。管口应有保护措施，不进入接线盒（箱）的垂直管口穿入电线、电缆后，管口应密封。

5.2.2 当采用多相供电时，同一建筑物、构筑物的电线绝缘层颜色选择应一致，既保护地线（PE线）应是黄绿相间色，零线用淡蓝色；相线用：A相/黄色、B相/绿色、C相/红色。

5.2.3 线槽敷线应符合下列规定：

1 电线在线槽内有一定余量，不得有接头。电线按回路编号分段绑扎，绑扎点间距不应大于2m；

2 同一回路的相线和零线，敷设于同一金属线槽内；

3 同一电源的不同回路无抗干扰要求的线路可敷设于同一线槽内；敷设于同一线槽内有抗干扰要求的线路用隔板隔离，或采用屏蔽电线且屏蔽护套一端接地。

6 产品保护

6.0.1 穿线时不得污染设备和建筑物品，应保持周围环境。

6.0.2 使用高凳及其他工具时，应注意不得碰坏其他设备和门窗、墙面、地面等。

6.0.3 在接、焊、包全部完成后，应将导线的接头入盒、箱、盘内，并封堵严实，以防污染，同时应防止盒、箱内进水。

6.0.4 穿线时不得遗漏带护线套管或护口。

6.0.5 塑料线槽配线完成后，不得再次喷浆、刷油，以防止导线和电气器具被污染。

7　应注意的问题

7.1　应注意的质量问题

7.1.1　镀锌管侧金属软管接头的连接，当镀锌管端头套丝时，采用一端内牙连接镀锌管、另一端接包塑金属软管的镀锌接头；当镀锌管不套丝时选用 DGJ 卡簧自固式镀锌接头，一端连接镀锌管，另一端接包塑金属软管。接头与包塑金属软管连接时，先将螺母套入软管，再套上密封圈，然后将软管端部套入衬套内，最后将螺母旋入接头体并拧紧。

7.1.2　接设备侧金属软管的连接，采用一端有外螺纹的镀锌接头，拧入设备接线盒的内螺纹上；另一端接软管，装配方法与设备侧接头相同。

7.1.3　敷设于垂直管路中的导线，当超过下列长度时，应在管口处和接线盒中加以固定：

1　截面积为 $50mm^2$ 及以下的导线为 30m；

2　截面积为 $70\sim95mm^2$ 的导线为 20m；

3　截面积在 $180\sim240mm^2$ 的导线为 18m。

7.2　应注意的安全问题

7.2.1　应注意火灾、烫伤、高处坠落。

7.2.2　搪锡时严禁使用明火加热，使用喷灯应开动火证。

7.2.3　扫管穿线时要防止钢丝的弹力伤眼；两人穿线时应协调一致。一呼一应有节奏地进行，不要用力过猛以免伤手。

7.2.4　铝导线采用电阻焊时，必须带保护茶镜和手套，防止电弧光伤眼睛及烫伤手部皮肤。

7.2.5　使用焊锡锅，不能将冷勺或水进入锅内，防止爆炸，飞溅伤人，熔化焊锡、锡块，工具要干燥，防止爆溅。

7.3　应注意的绿色施工问题

7.3.1　施工中所剩的电线头及绝缘层等不得随地乱丢，应分类收集到一起，电线的包装不得随处丢弃，要工完场清。

7.3.2　节约电线，避免浪费。

8　质量记录

8.0.1　电线产品合格证件齐全，验收合格。

8.0.2　电线、电缆穿管和线槽敷线安装检验批质量验收记录表。

8.0.3　绝缘测试记录。

第20章　交联聚乙烯绝缘电缆热缩终端头制作

本工艺标准适用于建筑电气安装工程10(6)kV交联聚乙烯绝缘电缆户内或户外热缩终端头、户内型交联聚乙烯绝缘电缆硅橡胶预制式终端头、低压热缩电缆终端头、耐高温防水矿物绝缘电缆终端头的制作。

1　引用标准

《建筑电气工程施工质量验收规范》GB 50303—2015
《建筑工程施工质量验收统一标准》GB 50300—2013

2　术语

2.0.1　电缆终端头
电缆终端头是将电缆与其他电气设备连接的部件。
2.0.2　电缆中间头
电缆中间头是将两根电缆连接起来的部件。
2.0.3　电缆附件
电缆终端头与中间头统称为电缆附件。电缆附件应与电缆本体一样能长期安全运行，并具有与电缆相同的使用寿命。

3　施工准备

3.1　作业条件

3.1.1　施工现场应清洁、干燥，并备有220V交流电源。电缆头制作由持有电工操作证的人员进行。

3.1.2　作业场所环境温度在0℃以上，相对湿度在70%以下。

3.1.3　高空作业（电杆上）应搭好平台。室外制作电缆头时，应在良好环境下进行，严禁在雨、雾、大风天气中施工，并应有防尘措施。

3.1.4　变压器和高压开关柜（高压开关）安装完成；电缆敷设完毕，绝缘测试合格。

3.2　材料及机具

3.2.1　主要材料：热缩管、电缆终端头套、镀锌螺丝、电力复合酯、三指手套、绝缘管、接线端子、应力管、铜编织带、填充胶、密封胶带、密管、相色

192

管、防雨裙。所用材料应符合电压等级及设计要求,并有出厂合格证。

3.2.2 辅助材料:焊锡、焊锡膏、清洁剂、砂纸、白布、汽油、硅酯等。

3.2.3 主要机具:钢锯、钢锉、电工刀、电工钳、鲤鱼钳、液压钳(电动或手动型)、钢卷尺、喷灯、电烙铁。

3.2.4 测量器具:2500V 兆欧表(10000V 以下至 3000V 的电气设备或回路采用);1000V 兆欧表(3000V 以下至 500V 的电气设备或回路采用);500V 兆欧表(500V 以下至 100V 的电气设备或回路采用);250V 兆欧表(100V 以下的电气设备或回路采用)。

4 操作工艺

4.1 工艺流程

材料检验 → 电缆绝缘遥测 → 剥切铠装层 → 接地线焊接 → 包绕填充胶 →

固定三手指手套 → 剥切铜屏蔽线 → 制作应力锥 → 压接线端子 →

剥切热缩管 → 固定绝缘管 → 固定相色密封管 → 固定防雨裙 →

固定密封管和相色管 → 试验、试运

4.2 材料检验
检查电缆外观有无异常,附件是否齐全。

4.3 电缆绝缘摇测
将电缆两端封头打开,检查电缆是否受潮,用
2500V 兆欧表测试合格后方可进行下道工序。

4.4 剥切电缆护层
从电缆端头量取 750mm(户内电缆端头量取
550mm),剥去外护套,从外护层断口量取 30mm 铠
装,用铜丝绑扎后,将其余的铠装剥去,再从铠装
断口量取 20mm 内垫层,将其余的内垫层剥去,然
后摘去填充物,分开线芯,如图 20-1 所示。

4.5 焊接地线
用铜编织带做电缆钢带及屏蔽引出接地线。剥
去各线芯铜屏蔽带外层的塑料带,将屏蔽铜带打磨
光滑,用电烙铁、焊锡将铜编织带分别焊接在三个
芯线的铜屏蔽带上。再用砂布打磨铠装钢带的焊接,
用软铜线将铜屏蔽带和铠装钢绑扎三道,然后用电
烙铁、焊锡将铜编织带焊接在铠装钢带上。在密封

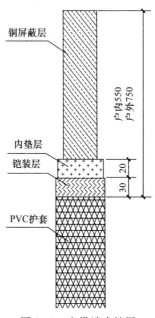

图 20-1　电缆端头护层

处的地线用焊锡填满编织带，形成防潮段，如图 20-2 所示。

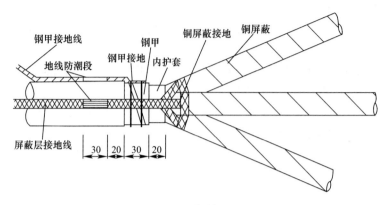

图 20-2 焊接地线

4.6 包绕填充胶

用电缆填充胶填满三芯分叉处，并用密封胶带包绕，使其外观成橄榄形。缠绕密封胶带时，先清洁电缆护套表面和电缆芯线，密封胶带的缠绕最大直径应大于电缆外径约 15mm，并将线芯包在其中。

4.7 固定三指手套

将手套套入三指根部，用喷灯加热收缩固定；加热时，从手套的根部依次向上端收缩固定。

4.8 剥切铜屏蔽层和半导电层

由手套指端量取 55mm 铜屏蔽层，其余剥去。从铜屏蔽层断口端量取 20mm 半导电层，其余剥去。

4.9 制作应力锥

将电缆芯线擦干净后，从各线芯铜屏蔽带上端 10mm 处的线芯绝缘层起，用自黏胶带包成橄榄。

4.10 固定应力管

用清洁剂清理铜屏蔽层、半导电层、绝缘层表面，确保表面无杂质然后将三相分别套入应力管，应力管搭接到屏蔽层 20mm，从应力管端开始向上加热收缩固定。

4.11 压接接线端子

量取接线端子孔深加 5mm 作为剥切长度，剥除线芯绝缘层，端部削成铅笔头状。先清洁线芯和接线端子，然后将接线端子紧套在线芯上，用液压钳压接三道，再用钢锉将压痕的棱锉平滑，最后用填充胶填充端子与绝缘层的间隙及接线端子上的压坑，并搭接绝缘层和端子 10mm，使其平滑。

4.12　固定绝缘管

清洁绝缘管、应力管和指套表面后，套人绝缘管至三叉根部（管上端超出填充胶 10mm），从根部起加热固定。

4.13　固定相色密封管

将相色密封管套在端子接管部位，先预热端子，由上端起加热固定，户内电缆头制作完毕。

4.14　固定防雨裙

先套入三孔防雨裙，自由就位后加热收缩，然后每相再套两个单孔防雨裙，加热颈部固定，如图 20-3 所示。

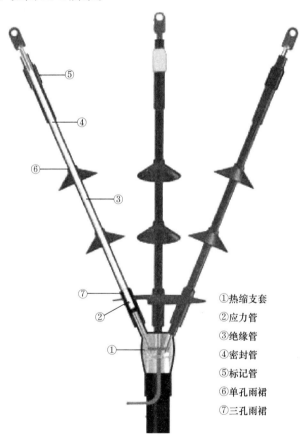

①热缩支套
②应力管
③绝缘管
④密封管
⑤标记管
⑥单孔雨裙
⑦三孔雨裙

图 20-3　固定防雨裙

4.15　固定密封管和相色管

将密封管套在端子接管部位，先预热端子，由上端起加热固定，再将相色管分别套在密封管上，加热固定。

4.16 试验、试运行

电缆头制作完毕后，交由试验部门做试验。试验合格后，送电空载运行 24h 无异常现象，可办理交接手续。

5 质量标准

5.1 主控项目

5.1.1 高压电力电缆直流耐压试验必须符合现行国家标准《电气装置安装工程 电气设备交接试验标准》GB 50150—2016 的规定。

5.1.2 电缆头的半导电带、屏蔽带包缠不超过应力锥中间最大处，锥体匀称，表面光滑。

5.1.3 铠装电力电缆头的接地线应采用铜绞线或镀锡铜编织带，电缆芯线和接地线截面积不应小于相关规定。

5.1.4 电缆头密封严密，填料饱满，无裂纹，芯线连接紧密。

5.2 一般项目

5.2.1 电缆头外形美观、光滑，芯线弯曲处无皱折，并有光泽。

5.2.2 电缆头制作完成后，应及时安装牢固，相序正确。

6 成品保护

6.0.1 电缆头制作前，将绝缘三叉手套、绝缘管、应力管、密封管、相色管按顺序摆放在瓷盘中，用白布盖好，防止杂物进入。

6.0.2 电缆头制作完毕后，试验部门应尽快试验，试验合格后安装固定。

6.0.3 暂不能送电或有其他作业时，应对电缆头采取保护措施，同时电缆头不得受力。

7 注意事项

7.1 应注意的质量问题

7.1.1 在电缆头制作过程中必须保证施工现场干燥和清洁。制作过程必须连续进行、一次完成，以免电缆头受潮或在试验时泄漏电流过大。

7.1.2 三叉手套或绝缘管加热收缩时，加热温度应控制在 110～120℃，并调整加热火焰呈黄色。加热火焰不能停留在一个位置，避免局部烧伤或无光泽。

7.1.3 热缩管加热收缩时，火焰应慢慢接近材料，在材料周围移动均匀加热，并保持火焰朝着前进（收缩）方向预热材料。火焰应螺旋状前进，保证管子沿周围方向充分均匀收缩，防止热缩管出现气泡或褶皱。

7.1.4　绝缘管切割时，其端面应平整，防止绝缘管端部加热收缩时出现开裂。

7.1.5　焊接部位处理时，将钢带锉出新槎，焊接使用电烙铁不得小于规定值，避免地线焊接不牢。

7.1.6　在电缆钢带上焊接地线时，电烙铁温度应适中，注意不要将电缆绝缘层烫伤。

7.2　应注意的安全问题

7.2.1　施工现场所用电应符合国家现行标准《施工现场临时用电安全技术规范》JGJ 46—2005 的规定，手持电动工具使用时必须通过漏电保护装置。

7.2.2　电缆头试验时，试验人员不少于两人，穿好绝缘鞋，一人操作，另一人监护，并做好防护措施。

7.2.3　使用酒精喷灯时应随用随点，不用即熄，并远离易燃易爆物品。

8　质量记录

8.0.1　材料出厂合格证。

8.0.2　材料、构配件进场检验记录。

8.0.3　设计变更、工程洽商记录。

8.0.4　电缆试验报告单（绝缘摇测记录、耐压试验报告）。

8.0.5　电缆头制作、接线和线路绝缘测试检验批质量验收记录。

第 21 章　户内交联聚乙烯绝缘电缆硅橡胶
预制式终端头制作

本工艺标准适用于建筑电气安装工程 10(6)kV 交联聚乙烯绝缘电缆户内或户外热缩终端头、户内型交联聚乙烯绝缘电缆硅橡胶预制式终端头、低压热缩电缆终端头、耐高温防水矿物绝缘电缆终端头的制作。

1　引用标准

《建筑电气工程施工质量验收规范》GB 50303—2015
《建筑工程施工质量验收统一标准》GB 50300—2013

2　术语

2.0.1　电缆终端头
电缆终端头是将电缆与其他电气设备连接的部件。
2.0.2　电缆中间头
电缆中间头是将两根电缆连接起来的部件。
2.0.3　电缆附件
电缆终端头与中间头统称为电缆附件。电缆附件应与电缆本体一样能长期安全运行，并具有与电缆相同的使用寿命。

3　施工准备

3.1　作业条件

3.1.1　施工现场应清洁、干燥，并备有 220V 交流电源。电缆头制作由持有电工操作证的人员进行。

3.1.2　作业场所环境温度在 0℃ 以上，相对湿度在 70％ 以下。

3.1.3　高空作业（电杆上）应搭好平台。室外制作电缆头时，应在良好天气的条件下进行，严禁在雨、雾、大风天气中施工，并应有防尘措施。

3.1.4　变压器和高压开关柜（高压开关）安装完成；电缆敷设完毕，绝缘测试合格。

3.2　材料及机具

3.2.1　主要材料：热缩管、电缆终端头套、镀锌螺丝、电力复合酯、三指手套、绝缘管、接线端子、应力管、铜编织带、填充胶、密封胶带、密管、相色管、防雨裙。所用材料应符合电压等级及设计要求，并有出厂合格证。

3.2.2 辅助材料：焊锡、焊锡膏、清洁剂、砂纸、白布、汽油、硅酯等。

3.2.3 主要机具：钢锯、钢锉、电工刀、电工钳、鲤鱼钳、液压钳（电动或手动型）、钢卷尺、喷灯、电烙铁。

3.2.4 测量器具：2500V 兆欧表（10000V 以下至 3000V 的电气设备或回路采用）；1000V 兆欧表（3000V 以下至 500V 的电气设备或回路采用）；500V 兆欧表（500V 以下至 100V 的电气设备或回路采用）；250V 兆欧表（100V 以下的电气设备或回路采用）。

4　操作工艺

4.1　工艺流程

材料检验 → 电缆绝缘遥测 → 剥切铠装层 → 接地线焊接 → 固定三指手套 → 剥切热缩管 → 剥切铜屏蔽层 → 制作应力锥 → 清洁绝缘层 → 涂抹硅脂 → 固定终端头绝缘套 → 压接线端子 → 试验、试运行

4.2　材料检验

检查电缆外观有无异常，附件是否齐全。

4.3　电缆绝缘摇测

将电缆两端封头打开，检查电缆是否受潮，用 2500V 兆欧表测试合格后方可进行下道工序。

4.4　剥切电缆护层

根据施工电缆及终端头型号，量取尺寸并切除多余的护套和铠装层，在切除过程中切勿损伤铜屏蔽层，用相色带将电缆三相端头铜屏蔽层固定好，剥除填充料，将三相分开。

4.5　焊接地线

用铜丝把接地编织带绑扎在铠装和三相屏蔽层上并焊牢，在距电缆外护套端部下约 40mm 处，对接地编织带焊锡。

4.6　固定三指手套

套上热缩分支手套，加热使其均匀收缩密封三芯电缆分叉处，套上热缩管，将涂有热熔胶的一端分别套至手套三指根部，加热使其均匀收缩，根据安装位置和相序将三相排列好。

4.7　剥切热缩管

根据所装终端头型号、截面，在每相上量取剥切长度 A，见表 21-1，剥去 A

段的热缩管切热缩管时，不能损伤铜屏蔽层，剥切见表 21-1。

剥切热缩管尺寸（A） 表 21-1

截面（mm²） 长度及型号		25	35	50	70	95	120	150	185	240	300	400	500	630
剥切长度 A（mm）	NH15	215	215	220	225	230	235	235	240	245	245	255	260	310
	NH20	—	240	245	250	255	260	260	265	270	270	280	285	—
	NH35	—	—	355	355	360	365	370	375	375	380	385	390	—

4.8 剥切铜屏蔽层和半导电层

按表 21-2 所列尺寸剥切电缆，除去护套端部 40mm 以外的铜屏蔽层，在操作过程中不得损坏半导电层，保留铜屏蔽端头以上 20mm 的外半导电层，其余剥除，注意不要损伤绝缘层，把 B 尺寸以外的绝缘层剥去。勿损伤导体，将绝缘层端部倒角 $1 \times 45°$，见图 21-1。

剥切绝缘层尺寸（B） 表 21-2

型号	截面（mm²）	B（mm）	半导体层	铜屏蔽层
NH15	25～500	145		
NH15	630	170	20	20
NH20	35～500	170		
NH35	50～500	270		

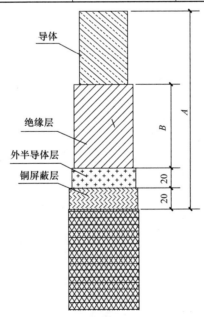

图 21-1 绝缘层端部倒角

4.9　制作应力锥

先用半导电带从铜屏蔽层端头前约 2mm 处缠绕一层，将铜屏蔽层与外半导电层的台阶覆盖住，再从铜屏蔽层端头开始缠绕成宽约 20mm、外径为 D（见表 21-3）的圆柱缠绕体，向下缠绕几层至热缩管端部以下 5～10mm。

应力锥外径尺寸（D）　　　　　　　　　　　　　表 21-3

长度及型号 ＼ 截面（mm²）	25	35	50	70	95	120	150	185	240	300	400	500	630
剥切长度 A（mm） NH15	26	27	29	30	32	33	35	36	38	40	43	48	51.5
剥切长度 A（mm） NH20	—	30	32	33	35	36	38	40	43	45	48	54.5	—
剥切长度 A（mm） NH35	—	—	40	43	45	45	48	48	51.5	54.5	58	60	—

4.10　清洁绝缘层和半导

用浸有清洁剂的清洁纸从绝缘层向半导电带缠绕体方向一次性清洁绝缘层及半导电层，不得反方向进行，以免把半导电颗粒带到绝缘层上。检查绝缘层，如有残留的半导电颗粒或较深的凹槽，可用细砂纸打磨或用玻璃铲刮干净，再用新的清洁纸清洁。

4.11　涂抹硅酯

将硅酯均匀涂抹在电缆的绝缘层和终端头内，把塑料帽套在缆芯上，防止线芯刮伤终端头。

4.12　固定终端头绝缘套

用一只手抓住绝缘套的中部，另一只手堵住绝缘套顶部小孔，将绝缘套套在电缆上，使电缆导体从绝缘套顶部露出，再用力推绝缘套，直至绝缘套应力锥与电缆上的半导电带缠绕体接触紧密。

4.13　压接端子

安装好绝缘套后擦去挤出来的硅酯，去掉塑料护帽，把接线端子套在导体上，端子下端与终端头顶部接触。在终端头底部电缆上缠绕一圈封胶带。将底部裙边复原，并装上卡带，然后压接接线端子，最后压接接地端子

4.14　试验、试运行

电缆终端头制作完毕后，试验部门对电缆进行绝缘电阻、直流耐压及泄漏电流的试验，其数值应符合国家标准的规定。试验合格后，送电空载运行 24h 无异常现象，并办理交接手续。

5　质量标准

5.1　主控项目

5.1.1　高压电力电缆直流耐压试验必须符合现行国家标准《电气装置安装

工程 电气设备交接试验标准》GB 50150—2016 的规定。

5.1.2 电缆头的半导电带、屏蔽带包缠不超过应力锥中间最大处，锥体匀称，表面光滑。

5.1.3 铠装电力电缆头的接地线应采用铜绞线或镀锡铜编织带，电缆芯线和接地线截面积不应小于下表的规定，见表 21-4。

电缆芯线和接地线截面积（mm²）　　　　　　　　　　表 21-4

电缆线芯截面	接地线截面积
16 及以下	与线芯等截面
16 以上，120 及以下	16
150 以上	25

5.1.4 电缆头密封严密，填料饱满，无裂纹，芯线连接紧密。

5.2 一般项目

5.2.1 电缆头外形美观、光滑，芯线弯曲处无皱折，并有光泽。

5.2.2 电缆头制作完成后，应及时安装牢固，相序正确。

6 成品保护

6.0.1 电缆头制作前，将连接管、硅橡胶接头、热缩管按顺序摆放在瓷盘中，用白布盖好，防止杂物进入。

6.0.2 电缆头制作完毕后，试验部门应尽快试验，试验合格后安装固定。

6.0.3 暂不能送电或有其他作业时，应对电缆头采取保护措施，同时电缆头不得受力。

7 注意事项

7.1 应注意的质量问题

7.1.1 热缩分支手套时，加热温度控制在 100～120℃，并调整加热火焰呈黄色；加热火焰不能停留在一个位置，避免局部烧伤或无光泽。

7.1.2 硅橡胶预制式套管应小于电缆线芯绝缘 2～5mm，防止预制式套管与芯线接触不密实。

7.1.3 在电缆头制作过程中，必须保证施工现场空气的干燥，制作过程必须连续进行、一次完成，以免电缆头受潮造成试验时泄漏电流过大。

7.1.4 热缩管加热收缩时，火焰要慢慢接近材料，在材料周围移，均匀加热，并保持火焰朝着前进（收缩）方向预热材料。火焰应螺旋状前进，保证管子沿周围方向充分均匀收缩，防止热缩管出现气泡或褶皱。

7.1.5　绝缘管切割时，其端面应平整，防止绝缘管端部加热收缩时出现开裂。

7.2　应注意的安全问题

7.2.1　施工现场所用电应符合国家现行标准《施工现场临时用电安全技术规范》JGJ 46—2005 的规定，手持电动工具使用时必须通过漏电保护装置。

7.2.2　电缆头试验时，试验人员不少于两人，做好两侧电缆监护，穿好绝缘鞋，并做好防护措施。

7.2.3　使用酒精喷灯时应随用随点，不用即熄，并远离易燃易爆物品。

8　质量记录

8.0.1　材料出厂合格证。

8.0.2　材料、构配件进场检验记录。

8.0.3　设计变更、工程洽商记录。

8.0.4　电缆试验报告单（绝缘摇测记录、耐压试验报告）。

8.0.5　电缆头制作、接线和线路绝缘测试检验批质量验收记录。

第 22 章　低压热缩电缆终端头制作

本工艺标准适用于建筑电气安装工程 0.6/1kV 以下的室内或户外聚氯乙烯绝缘、聚氯乙烯护套、电力电缆终端头的制作安装。

1　引用标准

《建筑电气工程施工质量验收规范》GB 50303—2015
《建筑工程施工质量验收统一标准》GB 50300—2013

2　术语（略）

3　施工准备

3.1　作业条件

3.1.1　施工现场应清洁、干燥，并备有 220V 交流电源。电缆头制作由持有电工操作证的人员进行。

3.1.2　作业场所环境温度在 0℃以上，相对湿度在 70% 以下。

3.1.3　高空作业（电杆上）应搭好平台。室外制作电缆头时，应在良好环境下进行，严禁在雨、雾、大风天气中施工，并应有防尘措施。

3.1.4　变压器和高压开关柜（高压开关）安装完成。

3.1.5　电缆敷设完毕，绝缘测试合格。

3.1.6　电缆支架及电缆头固定支架安装齐全。

3.2　材料及机具

3.2.1　主要材料：热缩管、电缆终端头套、镀锌螺丝、电力复合酯、三指手套、绝缘管、接线端子、应力管、铜编织带、填充胶、密封胶带、密管、相色管、防雨裙。所用材料应符合电压等级及设计要求，并有出厂合格证。

3.2.2　辅助材料：焊锡、焊锡膏、清洁剂、砂纸、白布、汽油、硅酯等。

3.2.3　主要机具：钢锯、钢锉、电工刀、电工钳、鲤鱼钳、液压钳（电动或手动型）、喷灯、电烙铁。

3.2.4　测量器具：钢卷尺、万用表、1000V 兆欧表

4　操作工艺

4.1　工艺流程

准备工作 → 电缆绝缘摇测 → 剥切铠装层、打卡子 → 接地线焊接 →

套电缆分支手套 → 接线端子 → 固定热缩管 → 连接设备

4.2　准备工作

准备材料和工具，核对电缆型号、规格，检查电缆是否受潮。

4.3　电缆绝缘摇测

用 1000V 兆欧表对低压电缆进行绝缘摇测，绝缘电阻应大于 10MΩ，如不符合要求，检查电缆是否受损或受潮。摇测完毕后，应将芯线分别对地放电。

4.4　剥切铠装层、打卡子

4.4.1　绝缘合格后，根据电缆与设备连接的具体尺寸确定剥除长度，并按相关要求剥除外护套。

4.4.2　剥电缆铠装钢带，用钢锯在第一道卡子向上 3～5mm 处，锯一环形深痕，深度为钢带厚度的 2/3，不得锯透。

4.4.3　用螺丝刀在锯痕尖角外将钢带挑起，用钳子将钢带撕掉，然后用钢锉将钢带毛刺去掉，使其光滑。

4.4.4　将地线的焊接部位用钢锉处理，以备焊接。

4.4.5　在打钢带卡子的同时，将接地线一端卡在卡子里。

4.4.6　利用电缆本身钢带作卡子，卡子宽度为钢带宽的 1/2。采用咬口的方法将卡子打牢，必须打两道，防止钢带松开，两道卡子的间距为 15mm（见图 22-1），也可采用铜丝缠绕的方式固定接地线。

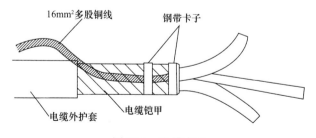

图 22-1　电缆卡子

4.5　接地线焊接

接地线采用镀锡铜编织带，截面积应符合表 22-1 的规定，长度根据实际需要而定。将接地线焊接于钢带上，焊接应牢固，不应有虚焊现象。

电缆芯线和接地线截面积（mm²）　　　　　　　　　表 22-1

电缆线芯截面	接地线截面积
16 及以下	与线芯等截面
16 以上，120 及以下	16
150 以上	25

4.6 套电缆分支手套

用填充胶填堵线芯根部的间隙，然后选用与电缆规格、型号相适应的热缩分支手套套入线芯根部，均匀加热使手套收缩。

4.7 压接线端子

4.7.1 量取接线端子孔深加 5mm 作为剥切长度，剥去电缆芯线绝缘，将接线端子内壁和芯线表面擦干净，除去氧化层和油渍，并在芯线上涂电力复合酯。

4.7.2 将芯线插入接线端子内，调节接线端子孔的方向到合适位置，用压线钳压紧接线端子，压接应在两道以上。

4.8 固定热缩管

4.8.1 用填充胶填满接线端子根部裸露的间隙和压坑。

4.8.2 根据不同的相位，将黄、绿、红、蓝、双色热缩管套入电缆各芯线与接线端子的连接部位，用喷灯轴向加热，使热缩管均匀收缩，包紧接头，加热收缩时不应产生褶皱和裂缝。

4.9 连接设备

4.9.1 将已制作好终端头的电缆固定在预先做好的电缆头支架上，并将芯线分开。根据接线端子的型号选用螺栓，将电缆接线端子压接在设备上，注意应使螺栓由下向上或从内向外穿，平垫和弹簧垫应安装齐全。

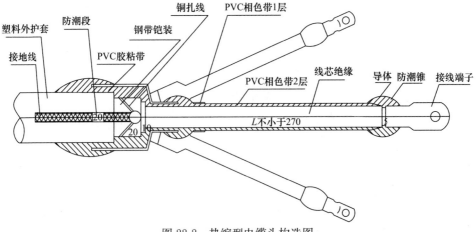

图 22-2　热缩型电缆头构造图

5　质量标准

5.1　主控项目

5.1.1　铠装电力电缆头的接地线应采用铜绞线或镀锡铜编织带，截面积不应小于表 22-2 的规定。

电缆芯线和接地线截面积（mm²）　　　　　　　　表 22-2

电缆线芯截面	接地线截面积
16 及以下	与线芯等截面
16 以上，120 及以下	16
150 以上	25

5.1.2　低压电缆线间和线对地的绝缘电阻值必须大于 10MΩ。

5.1.3　电线、电缆接线必须准确，并联运行电线或电缆的型号、规格、长度、相位应一致。

5.2　一般项目

5.2.1　电缆终端头固定牢固，芯线与接线端子压接牢固，接线端子与设备连接紧密，相序正确，绝缘包扎严密。

5.2.2　电缆终端头的支架安装应符合规范规定。支架的安装应平整、牢固，成排安装的支架高度应一致，偏差不应大于 5mm；间距均匀、排列整齐。

6　成品保护

6.0.1　加强保卫措施，防止电缆头丢失。

6.0.2　电缆头制作完毕后，应立即与设备连接，不得乱放，以防损伤。

6.0.3　电缆头附近进行明火作业时，应注意将电缆头保护好，防止将电缆头烧坏或烤伤。

7　注意事项

7.1　应注意的质量问题

7.1.1　焊接部位处理时，将钢带锉出新槎，焊接使用的电烙铁不得小于 500W，避免地线焊接不牢。

7.1.2　接线端子与芯线应规格一致，压接数量不得小于 2 道，避免缆芯线与接线端子压接不紧固。

7.1.3　用电工刀剥线时，不宜用力过大，电缆绝缘外皮不完全切，里层电缆皮应撕下，防止损伤电缆芯线。

207

7.1.4 电缆芯线锯断前应量好尺寸，以芯线能调换相序为宜，防止缆芯线过长或过短。

7.1.5 在电缆钢带上焊接地线时，电烙铁温度应适中，注意不要将电缆绝缘层烫伤。

7.2 应注意的安全问题

7.2.1 施工现场所用电应符合国家现行标准《施工现场临时用电安全技术规范》JGJ 46 的规定，手持电动工具使用时必须通过漏电保护装置。

7.2.2 电缆头试验时，试验人员不少于两人，穿好绝缘鞋，一人操作，另一人监护，并做好防护措施。

7.2.3 使用酒精喷灯时应随用随点，不用即熄，并远离易燃易爆物品。

8 质量记录

8.0.1 材料出厂合格证。

8.0.2 材料、构配件进场检验记录。

8.0.3 设计变更、工程洽商记录。

8.0.4 电缆试验报告单（绝缘摇测记录、耐压试验报告）。

8.0.5 电缆头制作、接线和线路绝缘测试检验批质量验收记录。

第 23 章　耐高温矿物绝缘电缆终端头制作

本工艺标准适用于建筑电气安装工程 10(6)kV 耐高温矿物绝缘电缆终端头的制作。

1　引用标准

《建筑电气工程施工质量验收规范》GB 50303—2015
《建筑工程施工质量验收统一标准》GB 50300—2013
《矿物绝缘电缆敷设技术规程》JGJ 232—2011

2　术语（略）

3　施工准备

3.1　作业条件

3.1.1　施工现场应清洁、干燥，并备有 220V 交流电源。电缆头制作由持有电工操作证的人员进行。

3.1.2　作业场所环境温度在 0℃ 以上，相对湿度在 70% 以下。

3.1.3　变压器和高压开关柜（高压开关）安装完成。

3.1.4　电缆敷设完毕，绝缘测试合格。

3.1.5　电缆支架及电缆头固定支架安装齐全。

3.2　材料及机具

3.2.1　主要材料：热缩管、电缆终端头套、镀锌螺丝、电力复合酯、绝缘管、接线端子、应力管、铜编织带、填充胶、密封胶带、密管、相色管。所用材料应符合电压等级及设计要求，并有出厂合格证。

3.2.2　辅助材料：焊锡、焊锡膏、清洁剂、砂纸、白布、汽油、硅酯等。

3.2.3　主要机具：钢锯、钢锉、电工刀、电工钳、鲤鱼钳、液压钳（电动或手动型）、喷灯、电烙铁。

3.2.4　测量器具：钢卷尺、万用表、1000V 兆欧表。

4　操作工艺

4.1　工艺流程

电缆敷设检查 → 将电缆按所需长度截断 → 剥切电缆护套 → 电缆绝缘电阻摇测 →

制作终端绝缘与密封 → 安装接线端子 → 相位校对及接线 → 试验、试运行

4.2 电缆敷设检查

检查已敷设好的电缆是否平、正、直，在温度变化大的场合、有振动源的布线、建筑物的沉降缝和伸缩缝之间是否敷设 S 形弯或 Ω 形弯的减震环及伸缩弯（如图 23-1 所示），电缆敷设允许最小弯曲半径的要求及电敷设固定点是否符合要求。

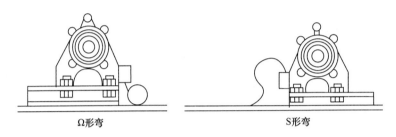

Ω形弯　　　　　　　　　S形弯

图 23-1　减震环及伸缩弯

4.3 将电缆按所需长度截断

首先核对每根电缆的相位并做好记号，确定电缆的安装顺序。然后根据电缆的接线位置，用终端封套固定电缆，并安装好接地铜片，量好电缆铜护层剥切的长度（预留形弯的长度），锯断多余段。

4.4 剥除电缆护套

量好护套剥除长度，使用专用工具剥除护套，然后用干净的棉纱或棉布擦净导线上的氧化镁粉末。为了防止封堵绝缘填料后，潮湿空气从线芯上残留的氧化镁粉进入电缆使电缆绝缘下降，应用砂布磨线芯确保线芯上的氧化镁粉彻底清除干净，并禁止用口吹线芯，以防线芯残留潮湿空气。剥除电缆护套如图 23-2 所示。

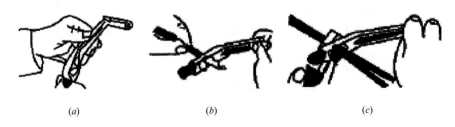

(a)　　　　　　　　(b)　　　　　　　　(c)

图 23-2　剥除电缆护套

4.5　电缆绝缘电阻检查

4.5.1　主要检查铜护套剥切口是否有碰线现象,如有应马上处理,以保证安装质量。线芯对线芯、线芯对地绝缘测试时,将兆欧表的"L"线接电缆芯线,"E"线接电缆的铜护套或其他线芯进行绝缘测试。如电缆绝缘电阻大于 200MΩ 就继续下一步施工,如达不到就要驱潮。多芯电缆绝缘测试如图 23-3 所示。

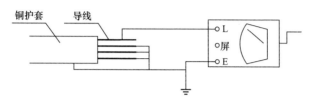

图 23-3　多芯电缆绝缘测试

4.5.2　驱潮方法:点燃喷灯火焰,燃烧至火焰无烟雾并呈透明的微蓝色;将电缆受潮段端末向上倾斜,喷灯火焰移至受潮电缆;火焰往距端末 1m 处加热至电缆护套稍出现褪色后,开始逐渐移向电缆端末,使电缆受热而将潮气慢慢地赶出,如此反复直至将水分排出干净(绝缘电阻达到要求为止)。切记,火焰只可以向端部移动,不能向电缆内部移动,否则会把水分驱回电缆内部。电缆驱潮如图 23-4 所示。

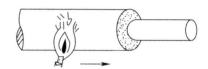

图 23-4　电缆驱潮

4.6　制作终端头

4.6.1　一套完整的终端附件包括:1 个终端封套(图 23-5)、1 片接地铜片(图 23-6)、1 个终端封端(图 23-7)和 1 个终端接线端子(图 23-7、图 23-8)。单芯矿物绝缘电缆终端附件可以不带密封罐,小截面矿物绝缘电缆终端附件可以不带接线端子。终端附件用于线路两端的连接、固定,其规格应根据所使用的矿物绝缘电缆规格进行选用。每条线路需要两套终端附件。终端附件安装成型如图 23-9、图 23-10 所示。

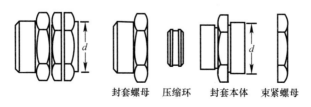

封套螺母　压缩环　封套本体　束紧螺母

图 23-5　终端封套

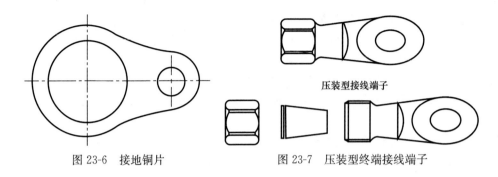

图 23-6　接地铜片　　　　　　图 23-7　压装型终端接线端子

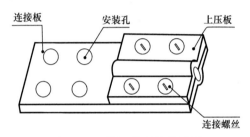

图 23-8　压板型终端接线端子

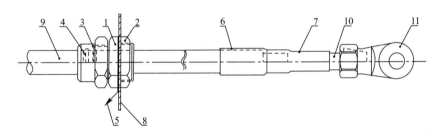

图 23-9　单芯电缆热缩管封端终端附件成型图

1—封套本体；2—束紧螺母；3—封套螺母；4—压缩环；5—接地铜片；6—涂胶热缩管；7—热缩管；
8—支架或壳体；9—矿物绝缘电缆；10—电缆芯线；11—压装型接线端子

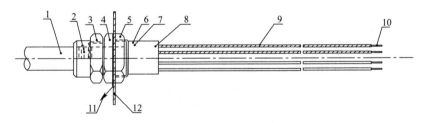

图 23-10　多芯电缆封罐封端终端附件成型图

1—矿物绝缘电缆；2—压缩环；3—封套螺母；4—封套本体；5—束紧螺母；6—密封罐；7—密封料；
8—罐盖；9—热缩管；10—电缆芯线；11—接地铜片；12—支架或壳体

4.6.2　终端封套的安装方法

将电缆端头依次套入封套螺母、压缩环、封套本体，移至电缆固定位置。

将封套本体大端穿入孔板，在孔板的另一面将接地片套入封套本体大端，而后轻微旋入束紧螺母。

电缆终端制作好后伸出适当长度，用扳手先后将封套螺母、束紧螺母旋紧，使电缆与封套、封套与孔板牢靠地固定。

4.6.3　制作终端绝缘密封

制作终端绝缘密封采用封罐终端封端和热缩套管终端封端两种。封罐终端封端由密罐和罐盖两部分组成，如图 23-11 所示。它与密封绝缘料配合使用，主要用于多芯矿物绝缘电缆的终端密封绝缘，也可用于单芯矿物绝缘电缆的终端密封绝缘。热缩套管终端封端如图 23-12 所示。

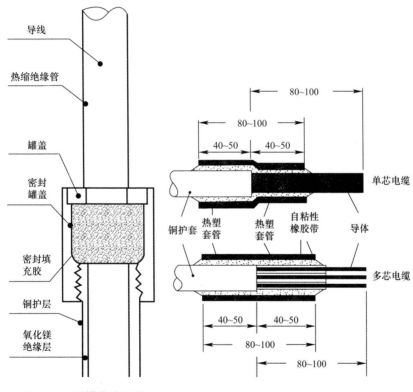

图 23-11　封罐终端封端　　　　　　图 23-12　热缩管终端封端

1　封罐终端封端的安装方法如下：

电缆端头剥切好并清理完毕后，先在电缆端头的铜护套表面轻微抹点润滑油（机油），而后用手将密封罐滚花段内螺纹旋入电缆端头的铜护套直至无法旋入。

在涂抹润滑油时不要使它粘到氧化镁粉绝缘层；

采用封罐旋合器旋入密封罐至电缆剥切口伸出密封罐内孔底边约1mm。旋合时，封罐旋合器的牙口应夹紧密封罐的滚花，用力应均匀；

填入适量密封绝缘料，而后置入罐盖；采用罐盖压合器将罐盖压入密封罐至与密封罐端口齐平。

2 热缩管终端封端的安装方法有如下两种：

第一种直接采用内壁涂有热熔胶的热缩套管，其制作方法如下：

用剥切刀具剥去电缆的铜护套，露出80～100mm的铜芯导线，擦去表面氧化镁粉末；

如果是单芯电缆，套进与电缆截面相应的带热熔胶的热缩套管；

如果是多芯电缆，可在芯与芯之间绕包几层自粘性橡胶带，再整根绕包，使芯间、芯与外护层之间绝缘，再套进热收缩管。套入热缩套管时，一半套在铜护套上，另一半套在铜芯线上；

用喷灯火焰均匀加热热缩管使之收缩紧密。加热时采用外火焰，并以较快的速度沿套管往端末移动，以防热缩管过热熔脱。

第二种采用无胶热缩管配合热熔胶进行制作，其制作方法如下：

用剥切刀具剥去电缆的铜护套，露出80～100mm的铜芯导线，擦去表面氧化镁粉末；

用喷灯火焰稍对电缆剥切口加热，然后涂以热熔胶；

芯间充满热熔胶后，套进无胶热缩管，按上述相同的方法加热收缩密封。

4.7 终端接线端子安装

终端接线端子用于电缆导电线芯与电气箱、柜、盒及其他电气设备接线端头的连接。将电缆导线弯曲至设备接线处，量出铜接线端子与导线连接的位置，锯断多余导线，安装接线端子。根据结构的不同，矿物绝缘电缆终端接线端子可分为压装型接线端子、压板型接线端子以及压接型接线端子三种。

4.7.1 压装型终端接线端子连接方法：压装型接线端子其特点是安装方便、连接紧密、接触可靠，是安装矿物绝缘电缆的标准接线端子。适用于与35mm² 及以上电缆的连接。根据电缆线芯截面的不同，压装型接线端子的规格有多种。压装型接线端子连接方法如下：

选择同电缆规格相匹配的压装型接线端子；

将铜导电线芯端头清理干净并打磨圆整后，依次套入压装螺母、压装斜垫；

将铜导线端头置入端子本体的内孔至顶部；

用扳手将压装螺母旋入端子本体，使铜导电线芯与接线端子紧紧地连接在一起。

4.7.2 压板型终端接线端子连接方法：这类端子主要用于大截面规格的矿物绝缘电缆，其特点是与设备连接的接触面积大，导电电流也大。压板型接线端子的使用方法如下：

选择同电缆规格相匹配的压板型接线端子；

旋松四只连接螺丝，将打磨圆整的导线端末置入上压板与连接板之间的卡槽。导线端面应与上压板端面齐平；

均匀地旋紧四只连接螺丝，使导线与接线端子紧密地连接在一起；

将连接板通过安装孔连接到铜排上。在铜排的相应位置应事先钻好相应的连接孔，接线端子与铜排采用螺栓连接（此步骤待系统绝缘复测合格后进行）。

4.7.3 压接型终端接线端子连接方法：压接型接线端子为矿物绝缘电缆常用的接线端子（俗称铜鼻子），在市场上有标准件。适用于 $25mm^2$ 及以下矿物绝缘电缆。压接型接线端子连接方法如下：

选择同电缆规格相匹配的压接装型接线端子。这类铜接线端子使用时，要求采用套管较长的一种端子；

采用压接钳压接，要求压接两个点，以保证端子与线芯的良好连接。

4.8　相位校对及接线

用核相器校对电缆相位，然后根据电缆的相位接线处的相位，逐根弯曲成型，用螺栓、螺丝将电缆连接于设备上。

4.9　送电运行试验

4.9.1 电缆头制作完毕后，按要求重新测量绝缘电阻，再送电空载运行，无异常现象。

4.9.2 试验合格后，做好产品合格证、试验报告和运行记录等技术资收集整理工作。

5　质量标准

5.1　主控项目

5.1.1 电缆头的半导电带、屏蔽带包缠不超过应力锥中间最大处，锥体匀称，表面光滑。

5.1.2 电缆头绝缘电阻必须符合规范规定。

5.1.3 电缆头密封严密，填料饱满，无裂纹，芯线连接紧密。

5.2　一般项目

5.2.1 电缆头外形美观、光滑，芯线弯曲处无皱折，并有光泽。

5.2.2 电缆头制作完成后，应及时安装牢固，相序正确。

5.2.3 电缆的终端头和中间接头安装之后，应立即进行一次绝缘测试，经过 24h 之后再测试一次，以确认电缆线路绝缘性能的良好。

5.2.4 电缆的终端应牢靠地固定在电缆和电气设备上，电缆的铜护套其接地保护连接应牢靠。

6 成品保护

6.0.1 缆头制作前，将绝缘三指手套、绝缘管、应力管、密封管、相色管按顺序摆放在瓷盘中，用白布盖好，防止杂物进入。

6.0.2 电缆头制作完毕后，试验部门应尽快试验，试验合格后安装固定。

6.0.3 暂不能送电或有其他作业时，应对电缆头采取保护措施，同时电缆头不得受力。

7 注意事项

7.1 应注意的质量问题

7.1.1 从开始剥切到制作完毕必须连续进行、一次完成，以免受潮。

7.1.2 在施工过程中，电缆一旦割开或锯断，应立即进行下一道工序的施工，若锯断后要放置一段时间后再施工一定要及时做好电缆的临时封端，以免氧化镁绝缘层受潮。当发现潮气进入端部，可用汽油喷灯对电缆端部进行驱潮处理。

7.1.3 电缆头制作过程中，应注意的质量问题有：

1 电缆序号、相序必须认真核对。

2 热缩管加热收缩时不能局部烧伤或无光泽，调整加热火焰呈黄色，加热火焰不能停留在一个位置。

3 热缩管加热收缩时不能出现气泡、开裂，要按一定方向转圈，均匀地进行加热收缩，切割绝缘管端面要平整。

7.1.4 电缆头制作完毕后，立即加围栏保护，防止砸、碰，并要防水、防潮。

7.1.5 当矿物电缆铜护层与其他金属（如钢支架）直接接触时，应加衬垫，以免产生电化反应。

7.2 应注意的安全问题

7.2.1 施工现场所用电应符合国家现行标准《施工现场临时用电安全技术规范》JGJ 46—2005 的规定，手持电动工具使用时必须通过漏电保护装置。

7.2.2 电缆头试验时，试验人员不少于两人，做好两侧电缆监护，穿好绝缘鞋，一人操作，另一人监护（删除），并做好防护措施。

7.2.3 使用酒精喷灯时应随用随点，不用即熄，并远离易燃易爆物品。

8 质量记录

8.0.1 材料出厂合格证。

8.0.2 材料、构配件进场检验记录。

8.0.3 设计变更、工程洽商记录。

8.0.4 电缆试验报告单（绝缘摇测记录、耐压试验报告）。

8.0.5 电缆头制作、接线和线路绝缘测试检验批质量验收记录。

第24章 电缆中间接头制作

本工艺标准适用于民用建筑、工业、石化等行业中电气安装工程送配电系统中电缆中间接头的制作。

1 引用标准

《建筑电气工程施工质量验收规范》GB 50303—2015
《建筑工程施工质量验收统一标准》GB 50300—2013

2 术语（略）

3 施工准备

3.1 作业条件

3.1.1 施工现场应清洁、干燥，并备有220V交流电源。电缆头制作应由持有电工操作证的人员进行。

3.1.2 作业场所环境温度在0℃以上，相对湿度在70%以下。

3.1.3 室外施工时，应搭设临时帐篷，而且应在天气良好的条件下进行，严禁在雨、雾、风天气中施工，并应有防尘措施。

3.1.4 电缆敷设完毕，绝缘测试合格。

3.1.5 电缆支架及电缆头固定支架安装齐全。

3.2 材料及机具

3.2.1 主要材料：内（外）热缩管、相热缩管、铜屏蔽网、相色带、铜编织带、橡胶带、热熔化带、半导电带、聚乙烯带、接地线等应与电缆配套，符合设计要求，并有出厂合格证。

3.2.2 辅助材料：焊锡、焊锡膏、白布、砂纸、芯线连接管、清洗剂、汽油、硅酯、电缆保护管等。

3.2.3 主要工机具：电工刀、电工钳、钢锉、钢锯、螺丝刀、液压钳（手或电动型）、钢卷尺、喷灯、电烙铁等。

3.2.4 测量器具：钢卷尺、万用表、2500V兆欧表等。

4　操作工艺

4.1　工艺流程

材料检验 → 电缆绝缘遥测 → 剥切电缆护层 → 剥切通屏蔽层或钢铠层 →
接固定应力管 → 压接连接管 → 包绕填充胶及绝缘胶带 → 固定绝缘管 →
安装屏蔽网及地线 → 固定护套 → 试验、试运行

4.2　材料检验

检查电缆外观有无异常，附件是否齐全。

4.3　电缆绝缘摇测

将电缆两端封头打开，检查电缆是否受潮，用2500V兆欧表测试格后方可进行下道工序。

4.4　剥切电缆护层

4.4.1　确定中心标线：将电缆留适当余度后放平，在待连接的两根缆端部的2m内分别调直、擦干净，画出电缆接头中心线。

4.4.2　剥外护层及铠装：从中心标线开始在两根电缆的不同芯线分别量取800mm、50mm，按图24-1所示尺寸剥除外护层；距断口50mm的铠装上用铜丝绑扎三圈，再用钢锯沿铜丝绑扎处边缘锯出环形深痕，然后用电工钳将钢带剥除，如图24-1所示。剥内护层：从铠装层断口处留下20mm内护层，其余剥除，并清除填充物。

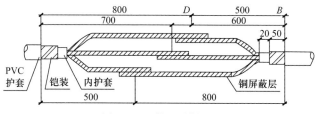

图24-1　剥切电缆护层

4.4.3　锯芯线：按下图所示尺寸将相应芯线锯断。

4.5　剥除铜屏蔽层

从电缆各芯线端头量取300mm剥除屏蔽层，从屏蔽层断口各量取20mm剥除半导电层，然后用清洁纸彻底清除绝缘体表面的半导电层颗粒。

4.6　固定应力管

在电缆的各相上套入应力管，应力管搭盖铜屏蔽层20mm，用喷灯加热收缩固定。在电缆护层被剥除较长一边套入密封套、护套筒，护层被剥除较短一边套

入密封套，每相芯线上套入内外绝缘管、半导电管及铜网。加热收缩固定热缩材料时，调节加热火焰呈黄色，加热火焰不能停留在一个位置，应按一定方向转圈，保证热缩材料充分均匀收缩。

4.7 压接连接管

在芯线压接前，先将护筒和密封套穿在电缆上，在芯线端部量取连接管长度的 1/2 加 5mm 作为芯线剥切长度，剥除线芯绝缘体，先用清洁纸清洁线芯和连接管，用液压钳压接三道，同样方法压接连接管另一的芯线。

4.8 包绕填充胶及绝缘胶带

在连接管上用细砂布打磨管子的压痕、棱角和毛刺，并擦拭干净。后在连接管上包绕填充胶及绝缘胶带，并与两端绝缘搭接。

4.9 固定绝缘管

4.9.1 固定内绝缘管：将三根内绝缘管从电缆端拉出分别套在两端力管之间，由中间向两端均匀加热收缩固定。

4.9.2 固定外绝缘管：将外绝缘管套在内绝缘管的中心位置上，由中间向两端均匀加热收缩固定。

4.9.3 固定半导电管：依次将两根半导电管套在外绝缘管上，两端盖铜屏蔽层各 50mm，再由两端向中间加热收缩固定。

4.10 安装屏蔽网及地线

从电缆一端芯线分别拉出屏蔽网，连接两端铜屏蔽层，端部用铜丝绑扎。用地线缠绕扎紧芯线，在两端用铜丝绑扎的铠装处和两侧用铜丝绑扎的屏蔽层上，用焊锡焊牢。

4.11 固定护套

将金属护套管移至接头位置，两端用铜丝扎紧在电缆外护层上，再将热缩护套管移至金属护套管上，加热收缩，两端应覆盖电缆外护层 100mm。当不用金属护套管时，应将热缩外护套管移至接头位置，加热缩覆盖在内护套管上。

4.12 试验、试运行

电缆中间头制作完毕后，交由试验部门做试验。试验合格后，送电空载运行24h，无异常现象，可办理交接手续。

5 质量标准

5.1 主控项目

5.1.1 高压电力电缆直流耐压试验必须符合现行国家标准《电气装置安装工程 电气设备交接试验标准》GB 50150—2016 的规定。

5.1.2 电缆头的半导电带、屏蔽带包缠不超过应力锥中间最大处，锥体匀称、表面光滑。

5.1.3　铠装电力电缆头的接地线应采用铜绞线或镀锡铜编织带，面积不应小于表 24-1 的规定。

电缆芯线和接地线截面积（mm²）　　　　　　　　　表 24-1

电缆线芯截面	接地线截面积
16 及以下	与线芯等截面
16 以上，120 及以下	16
150 以上	25

5.1.4　电缆头密封严密，填料饱满，无裂纹，芯线连接紧密。

5.2　一般项目

5.2.1　电缆头外形美观、光滑，芯线弯曲处无皱折，并有光泽。

5.2.2　电缆头制作完后，应及时安装牢固，相序正确。

5.2.3　低压电缆线间和线对地的绝缘电阻值必须大于 10MΩ。

5.2.4　焊接部位处理时，将钢带锉出新槎，焊接使用的电烙铁不得小于 500W，避免地线焊接不牢。

5.2.5　在电缆钢带上焊接地线时，电烙铁温度应适中，注意不要将电缆绝缘层烫伤。

6　成品保护

6.0.1　电缆中间接头制作完毕后，应及时布放在电缆支架上，并固定牢固。室外的电缆接头应及时进行保护。

6.0.2　暂不能送电或其他作业时，对电缆接头采取保护措施，同时电缆头不得受力。

7　注意事项

7.1　应注意的质量问题

7.1.1　电缆芯线连接时，其连接管规格应与线芯相符。采用压接时，压模的尺寸应与导线的规格匹配，防止电缆芯线与连接管、接线端子不配套。

7.1.2　在电缆头制作过程中必须保证施工现场干燥和清洁，制作过程必须连续进行、一次完成，以免电缆头受潮或在试验时泄漏电流过大。

7.1.3　热缩管加热收缩时，火焰应慢慢接近材料，在材料周围移动，均匀加热，并保持火焰朝着前进（收缩）方向预热材料。火焰应螺旋前进，保证管子沿周围方向充分均匀收缩，防止热缩管出现气泡或褶皱。

7.1.4 电缆钢带上焊接地线时，电烙铁温度应适中，注意不要将电缆绝缘层烫伤。

7.2 应注意的环境问题

7.2.1 施工现场所用电应符合国家现行标准《施工现场临时用电全技术规范》JGJ 46—2005 的规定，手持电动工具使用时必须通过漏电包保装置。

7.2.2 电缆头试验时，试验人员不少于两人，穿好绝缘鞋，一人操作，另一人监护，并做好防护措施。

7.2.3 使用酒精喷灯时应随用随点，不用即熄，并远离易燃易爆物品。

8 质量记录

8.0.1 材料出厂合格证。

8.0.2 材料、构配件进场检验记录。

8.0.3 设计变更、工程洽商记录。

8.0.4 电缆试验报告单（绝缘摇测记录、耐压试验报告）。

8.0.5 电缆头制作、接线和线路绝缘测试检验批质量验收记录。

第25章 灯具安装

本施工工艺标准适用于室内电气照明安装工程。不适用于特殊场所，如矿井、船舶等地的电气照明灯具及吊扇安装工程。

1 依据标准

《建筑工程施工质量验收统一标准》GB 50300—2013
《建筑电气工程施工质量验收规范》GB 50303—2015

2 术语（略）

3 施工准备

3.1 作业条件

3.1.1 影响灯具安装的模板、脚手架拆除：顶棚和墙面喷浆、油漆或壁纸等及地面清理工作基本完成。

3.1.2 顶棚、墙面的抹灰工作、室内装饰浆活及地面清理工作均已结束。

3.1.3 安装灯具的预埋螺栓、吊杆和吊顶上嵌入式灯具安装专用骨架等完成，按设计要求做承载试验合格。

3.1.4 导线绝缘测试合格，高空安装的灯具，地面通断电试验合格。

3.2 材料要求

3.2.1 各型灯具：灯具的型号、规格必须符合设计要求和国家标准的规定。灯内配线严禁外露，灯具配件齐全，无机械损伤、变形、油漆剥落，灯罩破裂，灯箱歪翘等现象。所有灯具应有产品合格证。

3.2.2 灯具导线：照明灯具使用的导线其电压等级不应低于交流 500V，其最小线芯截面应符合表 25-1 所示的要求。

线芯最小允许截面 表 25-1

安装场所的用途		线芯最小截面（mm²）		
		铜芯软线	铜线	铝线
照明用灯头线	民用建筑室内	0.4	0.5	2.5
	工业建筑室内	0.5	0.8	2.5
	室外	1.0	1.0	2.5
移动式用电设备	生活用	0.4	—	—
	生产用	1.0	—	—

3.2.3 灯卡具（爪子）：塑料灯卡具（爪子）不得有裂纹和缺损现象。

3.2.4 其他材料：胀管、木螺丝、螺栓、螺母、垫圈、弹簧、灯头铁件、铅丝、灯架、灯口、日光灯脚、灯泡、灯管、镇流器、电容器、起辉器、起辉器座、熔断器、吊盒（法兰盘）、软塑料管，自在器、吊链、线卡子、灯罩、尼龙丝网、焊锡、焊剂（松香、酒精）、橡胶绝缘带、粘塑料带、黑胶布、砂布、抹布、石棉布等。

3.3 主要机具

3.3.1 红铅笔、卷尺、小线、线坠、水平尺、手套、安全带、扎锥。

3.3.2 手锤、錾子、钢锯、锯条、压力案子、扁锉、圆锉、剥线钳、扁口钳、尖嘴钳、丝锥、一字改锥、十字改锥。

3.3.3 活扳子、套丝板、电炉、电烙铁、锡锅、锡勺、台钳等。

3.3.4 台钻、电钻、电锤、射钉枪、兆欧表、万用表、工具袋、工具箱、高凳等。

4 操作工艺

4.1 工艺流程

检查灯具 → 组装灯具 → 安装灯具 → 通电试运行

4.2 灯具检查

4.2.1 根据灯具的安装场所检查灯具是否符合要求：

1 在易燃和易爆场所应采用防爆式灯具；

2 有腐蚀性气体及特征潮湿的场所应采用封闭式灯具，灯具的各部件应做好防腐处理；

3 潮湿的厂房内和户外的灯具应采用有汇水孔的封闭式灯具；

4 多尘的场所应根据粉尘的浓度及性质，采用封闭式或密闭式灯具；

5 灼热多尘场所应采用投光灯；

6 可能受机械损伤的厂房内，应采用有保护网的灯具；

7 震动场所灯具应有防震措施（如采用吊链软性连接）；

8 除开敞式外，其他各类灯具的灯泡容量在100W及以上者均应采用瓷灯口。

4.2.2 灯内配线检查：

1 灯内配线应符合设计要求及有关规定；

2 穿入灯箱的导线在分支连接处不得承受额外应力和磨损，多股软线的端头需盘圈，涮锡；

3 灯箱内的导线不应过于靠近热光源，并应采取隔热措施；

4 使用螺灯口时，相线必须压在灯芯柱上。

4.2.3　特殊灯具检查：

1　各种标志灯的指示方向正确无误；

2　应急灯必须灵敏可靠；

3　事故照明灯具应有特殊标志；

4　供局部照明的变压器必须是双圈的，初次级均应装有熔断器；

5　携带式局部照明灯具用的导线，宜采用橡套导线，接地或接零线应在同一护套内。

4.3　灯具组装

4.3.1　组合式吸顶花灯的组装：

1　适宜的场地，将灯具的包装箱、保护薄膜拆开铺好。

2　戴上干净的纱线手套。

3　参照灯具的安装说明将各组件连成一体。

4　灯内穿线的长度应适宜，多股软线线头应搪锡。

5　应注意统一配线颜色以区分相线与零线，对于螺口灯座中心簧片应接相线，不得混淆。

6　理顺灯内线路，用线卡或尼龙扎带固定导线以避开灯泡发热区。

4.3.2　吊顶花灯的组装：

1　选择适宜的场地，将灯具的包装箱、保护薄膜拆开铺好；

2　戴上干净的纱线手套；

3　首先将导线从各个灯座口穿到灯具本身的接线盒内。导线一端盘圈、搪锡后接好灯头。理顺各个灯头的相线与零线，另一端区分相线与零线后分别引出电源接线。最后将电源结线从吊杆中穿出。

4　各种灯泡、灯罩可在灯具整体安装后再装上，以免损坏。

4.4　灯具安装

4.4.1　普通灯具安装

1　塑料（木）台的安装。将接灯线从塑料（木）台的出线孔中穿出，将塑料（木）台紧贴住建筑物表面，塑料（木）台的安装孔对准灯头盒螺孔，用机螺丝将塑料（木）台固定牢固。如果在圆孔楼板上固定塑料（木）台，应按如图 25-1 所示的方法施工。

2　把从塑料（木）台甩出的导线留出适当维修长度，削出线芯，然后推入灯头盒内，线芯应高出塑料（木）台的台面。用软线在接灯线芯上缠绕 5～7 圈后，将灯线芯折回压紧。用粘塑料带和黑胶布分层包扎紧密。将包扎好的接头调顺，扣于法兰盘内，法兰盘（吊盒、平灯口）应与塑料（木）台的中心找正，用长度小于 20mm 的木螺丝固定。

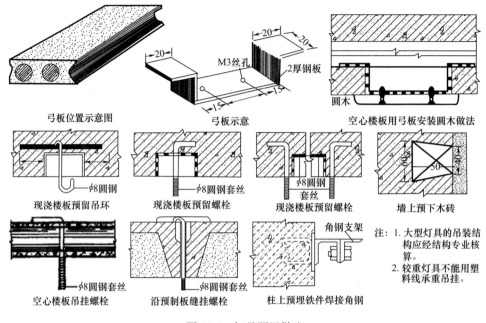

图 25-1　灯具预埋做法

3　自在器吊灯安装：首先根据灯具的安装高度及数量，把吊线全部预先掐好，应保证在吊线全部放下后，其灯泡底部距地面高度为 $800\sim1100\text{mm}$ 之间。削出线芯，然后盘圈、涮锡、砸扁。根据已掐好的吊线长度断取软塑料管，并将塑料管的两端管头剪成两半，其长度为 20mm，然后把吊线穿入塑料管。把自在器穿套在塑料管上。将吊盒盖和灯口盖分别套入吊线两端，挽好保险扣，再将剪成两半的软塑料管端子紧密搭接，加热粘合，然后将灯线压在吊盒和灯口螺柱上。如为螺钉口，找出相线，并作好标记，最后按塑料（木）台安装接头方法将吊线灯安装好。

4.4.2　日光灯安装

1　吸顶日光灯安装：根据设计图确定出日光灯的位置，将日光灯贴紧建筑物表面，日光灯的灯箱应完全遮盖住灯头盒，对着灯头盒的位置打好进线孔，将电源线甩入灯箱，在进线孔处应套上塑料管以保护导线。找好灯头盒螺孔的位置，在灯箱的底板上用电钻打好孔，用机螺丝拧牢固，在灯箱的另一端应使用胀管螺栓加以固定。如果日光灯是安装在吊顶上的，应该用自攻螺丝将灯箱固定在龙骨上。灯箱固定好后，将电源线压入灯箱内的端子板（瓷接头）上。把灯具的反光板固定在灯箱上，并将灯箱调整顺直，最后把日光灯管装好。

2　吊链日光灯安装：根据灯具的安装高度，将全部吊链编好，把吊链挂在灯箱挂钩上，并且在建筑物顶棚上安装好塑料（木）台，将导线依顺序偏叉在吊链内，并引入灯箱，在灯箱的进线孔处应套上软塑料管以保护导线，压入灯箱内的端子板（瓷接头）内。将灯具导线和灯头盒中甩出的电源线连接，并用粘塑料带和黑胶布分层包扎紧密。理顺接头扣于法兰盘内，法兰盘（吊盒）的中心应与塑料（木）台的中心对正，用木螺丝将其拧牢固。将灯具的反光板用机螺丝固定在灯箱上，调整好灯脚，最后将灯管装好。

4.4.3　各型花灯安装

1　组合式吸顶花灯安装：根据预埋的螺栓和灯头盒的位置，在灯具的托板上用电钻开好安装孔和出线孔，安装时将托板托起，将电源线和从灯具甩出的导线连接并包扎严密。应尽可能地把导线塞入灯头盒内，然后把托板的安装孔对准预埋螺栓，使托板四周和顶棚贴紧，用螺母将其拧紧，调整好各个灯口，悬挂好灯具的各种装饰物，并上好灯管和灯泡。

2　吊式花灯安装：将灯具托起，并把预埋好的吊杆插入灯具内，把吊挂销钉插入后要将其尾部掰开成燕尾状，并且将其压平。导线接好头，包扎严实，理顺后向上推起灯具上部的扣碗，将接头扣于其内，且将扣碗紧贴顶棚，拧紧固定螺丝。调整好各个灯口。上好灯泡，最后再配上灯罩。

4.4.4　光带的安装

根据灯具的外型尺寸确定其支架的支撑点，再根据灯具的具体重量经过认真核算，选用支架的型材制作支架，做好后，根据灯具的安装位置，用预埋件或用胀管螺栓把支架固定牢固。轻型光带的支架可以直接固定在主龙骨上；大型光带必须先下好预埋件，将光带的支架用螺丝固定在预埋件上，固定好支架，将光带的灯箱用机螺丝固定在支架上，再将电源线引入灯箱与灯具的导线连接并包扎紧密。调整各个灯口和灯脚，装上灯泡和灯管，上好灯罩，最后调整灯具的边框应与顶棚面的装修直线平行。如果灯具对称安装，其纵向中心轴线应在同一直线上，偏斜不应大于 5mm。

4.4.5　壁灯的安装

先根据灯具的外形选择合适的木台（板）或灯具底托把灯具摆放在上面，四周留出的余量要对称，然后用电钻在木板上开好出线孔和安装孔，在灯具的底板上也开好安装孔，将灯具的灯头线从木台（板）的出线孔中甩出，在墙壁上的灯头盒内接头，并包扎严密，将接头塞入盒内。把木台或木板对正灯头盒，贴紧墙面，可用机螺丝将木台直接固定在盒子耳朵上，如为木板就应该用胀管固定。调整木台（板）或灯具底托使其平正不歪斜，再用机螺丝将灯具拧在木台（板）或灯具底托上，最好配好灯泡、灯伞或灯罩。安装在室外的壁灯，其台板或灯具底托与墙面之间应加防水胶垫，并应打好泄水孔。

4.4.6　行灯安装

1　电压不得超过 36V；

2　灯体及手柄应绝缘良好，坚固耐热，耐潮湿；

3　灯头与灯体结合紧固，灯头应无开关；

4　灯泡外部应有金属保护网；

5　金属网、反光罩及悬吊挂钩，均应固定在灯具的绝缘部分上；

6　在特别潮湿场所或导电良好的地面上，或工作地点狭窄，行动不便的场所，行灯电压不得超过 12V；

7　携带式局部照明灯具所用的导线宜采用橡套软线，接地或接零线应在同一护套线内。

4.4.7　手术台无影灯安装

1　固定螺丝的数量，不得少于灯具法兰盘上的固定孔数，且螺栓直径应与孔径配套；

2　在混凝土结构上，预埋螺栓应与主筋相焊接，或将挂钩末端弯曲与主筋绑扎锚固；

3　固定无影灯底座时，均须采用双螺母；

4　手术室工作照明回路配电箱内应装有专用的总开关及分路开关，室内灯具应分别接在两条专用的回路上。

4.4.8　金属卤化物灯（钠铊铟灯、镝灯等）安装

1　灯具安装高度宜在 5m 以上，电源线应经接线柱连接，并不得使电源线靠近灯具的表面。

2　灯管必须与触发器和限流器配套使用。

3　投光灯的底座应固定牢固，按需要的方向将驱轴拧紧固定。

4　事故照明的线路和白炽灯泡容量在 100W 以上的密封安装时，均应使用 BV-105 型的耐温线。

5　36V 及其以上照明变压器安装：变压器应采用双圈的，不允许采用自耦变压器。初级与次级应分别在两盒内接线；电源侧应有短路保护，其熔丝的额定电流不应大于变压器的额定电流；外壳、铁芯和低压侧的一端或中心点均应接保护地线。

6　公共场所的安全灯应装有双灯。

7　固定在移动结构（如活动托架等）上的局部照明灯具的敷线要求：

导线的最小截面应符合设计和规范要求；导线应敷于托架的内部；导线不应在托架的活动连接处受到拉力和磨损，应加套塑料套予以保护。

4.5　通电试运行

4.5.1　灯具、配电箱（盘）安装完毕，且各条支路的绝缘电阻摇测合格，方允许通电试运行。通电后应仔细检查和巡视，检查灯具的控制是否灵活、准确；

4.5.2　开关与灯具控制顺序相对应，吊扇的转向及调带开关是否正确，如果发现问题必须先断电，然后查找原因进行修复。

5　质量标准

5.1　基本规定

5.1.1　一般规定

1　动力和照明工程的漏电保护装置应做模拟动作试验。

2　接地（PE）或接零（PEN）支线必须单独与接地（PE）或接零（PEN）干线相连接，不得串联连接。

3　主要设备、材料、成品和半成品进场验收应有记录，符合规范规定。

4　外观检查：灯具涂层完整，无损伤，附件齐全。防爆灯具铭牌上有防爆标志和防爆合格证号，普通灯具有安全认证标志。

5　对成套灯具的绝缘电阻、内部接线等性能进行现场抽样检测。灯具的绝缘电阻值不小于 $2M\Omega$，内部接线为铜芯绝缘电线，芯线截面积不小于 $0.5mm^2$，橡胶或聚氯乙烯（PVC）绝缘电线的绝缘层厚度不小于 0.6mm。对游泳池和类似场所灯具（水下灯及防水灯具）的密闭和绝缘性能有异议时，按批抽样送有资质的试验室检测。

5.2　普通灯具安装

5.2.1　主控项目

灯具的固定应符合下列规定：

1　灯具重量大于 3kg 时，固定在螺栓或预埋吊钩上。

2　软线吊灯，灯具重量在 0.5kg 及以下时，采用软电线自身吊装；大于 0.5kg 的灯具采用吊链，且软电线编叉在吊链内，使电线不受力。

3　灯具固定牢固可靠，不使用木楔。每个灯具固定用螺钉或螺栓不少于 2 个；当绝缘台直径在 75mm 及以下时，采用 1 个螺钉或螺栓固定。

4　花灯吊钩圆钢直径不应小于灯具挂销直径，且不应小于 6mm。大型花灯的固定及悬吊装置，应按灯具重量的 2 倍做过载试验。（质量大于 10kg 的灯具，固定装置及悬吊装置应按灯具重量的 5 倍恒定均布载荷做强度试验，且持续时间不得少于 15min。）

5　当钢管做灯杆时，钢管内径不应小于 10mm，钢管厚度不应小于 1.5mm。

6　固定灯具带电部件的绝缘材料以及提供防触电保护的绝缘材料，应耐燃烧和防明火。

当设计无要求时，灯具的安装高度和使用电压等级应符合下列规定：

7 一般敞开式灯具，灯头对地面距离不小于下列数值（采用安全电压时除外）：室外：2.5m（室外墙上安装）；厂房：2.5m；室内：2.2m；软吊线带升降器的灯具在吊线展开后：0.8m。

8 危险性较大及特殊危险场所，当灯具距地面高度小于 2.4m 时，使用额定电压为 36V 及以下的照明灯具，或有专用保护措施。

9 当灯具距地面高度小于 2.4m 时，灯具的可接近裸露导体必须接地（PE）或接零（PEN）可靠，并应有专用接地螺栓，且有标识。

5.2.2 一般项目

1 引向每个灯具的导线线芯最小截面积应符合表 25-2 的规定。

导线线芯最小截面积（mm²）   表 25-2

灯具安装的场所及用途		线芯最小截面积		
		铜芯软线	铜线	铝线
灯头线	民用建筑室内	0.5	0.5	2.5
	工业建筑室内	0.5	1.0	2.5
	室外	1.0	1.0	2.5

2 灯具及其配件齐全，无机械损伤、变形、涂层剥落和灯罩破裂等缺陷；软线吊灯的软线两端做保护扣，两端芯线搪锡；当装升降器时，套塑料软管，采用安全灯头；除敞开式灯具外，其他各类灯具灯泡容量在 100W 及以上者采用瓷质灯头；连接灯具的软线盘扣、搪锡压线，当采用螺口灯头时，相线接于螺口灯头中间的端子上；灯头的绝缘外壳不破损和漏电；带有开关的灯头，开关手柄无裸露的金属部分。

3 变电所内，高低压配电设备及裸母线的正上方不应安装灯具。

4 装有白炽灯泡的吸顶灯具，灯泡不应紧贴灯罩；当灯泡与绝缘台间距离小于 5mm 时，灯泡与绝缘台间应采取隔热措施。

5 安装在重要场所的大型灯具的玻璃罩，应采取防止玻璃罩碎裂后向下溅落的措施。

6 投光灯的底座及支架应固定牢固，枢轴应沿需要的光轴方向拧紧固定。

7 安装在室外的壁灯应有泄水孔，绝缘台与墙面之间应有防水措施。

5.3 专用灯具安装

5.3.1 主控项目

1 36V 及以下行灯变压器和行灯安装必须符合下列规定：

行灯电压不大于 36V，在特殊潮湿场所或导电良好的地面上以及工作地点狭窄、行动不便的场所行灯电压不大于 12V；变压器外壳、铁芯和低压侧的任意一端或中性点，接地（PE）或接零（PEN）可靠；行灯变压器为双圈变压器，其电源侧和负荷侧有熔断器保护，熔丝额定电流分别不应大于变压器一次、二次的额定电流；行灯灯体及手柄绝缘良好，坚固耐热耐潮湿；灯头与灯体结合紧固，灯头无开关，灯泡外部有金属保护网、反光罩及悬吊挂钩，挂钩固定在灯具的绝缘手柄上。

2　游泳池和类似场所灯具（水下灯及防水灯具）的等电位联结应可靠，且有明显标识，其电源的专用漏电保护装置应全部检测合格。自电源引入灯具的导管必须采用绝缘导管，严禁采用金属或有金属护层的导管。

3　手术台无影灯安装应符合下列规定：

固定灯座的螺栓数量不少于灯具法兰底座上的固定孔数，且螺栓直径与底座孔径相适配；螺栓采用双螺母锁固；在混凝土结构上螺栓与主筋相焊接或将螺栓末端弯曲与主筋绑扎锚固；配电箱内装有专用的总开关及分路开关，电源分别接在两条专用的回路上，开关至灯具的电线采用额定电压不低于 750V 的铜芯多股绝缘电线。

4　应急照明灯具安装应符合下列规定：

应急照明灯的电源除正常电源外，另有一路电源供电；或者是独立于正常电源的柴油发电机组供电；或由蓄电池柜供电或选用自带电源型应急灯具；应急照明在正常电源断电后，电源转换时间为：疏散照明≤15s；备用照明≤15s（金融商店交易所≤1.5s）；安全照明≤0.5s；疏散照明由安全出口标志灯和疏散标志灯组成。安全出口标志灯距地高度不低于 2m，且安装在疏散出口和楼梯口里侧的上方；疏散标志灯安装在安全出口的顶部，楼梯间、疏散走道及其转角处应安装在 1m 以下的墙面上。不易安装的部位可安装在上部。疏散通道上的标志灯间距不大于 20m（人防工程不大于 10m）；疏散标志灯的设置，不影响正常通行，且不在其周围设置容易混同疏散标志灯的其他标志牌等；应急照明灯具、运行中温度大于 60℃的灯具，当靠近可燃物时，采取隔热、散热等防火措施。当采用白炽灯，卤钨灯等光源时，不直接安装在可燃装修材料或可燃物件上；应急照明线路在每个防火分区有独立的应急照明回路，穿越不同防火分区的线路有防火隔堵措施；疏散照明线路采用耐火电线、电缆，穿管明敷或在非燃烧体内穿刚性导管暗敷，暗敷保护层厚度不小于 30mm。电线采用额定电压不低于 750V 的铜芯绝缘电线。

5　防爆灯具安装应符合下列规定：

上述 5.3.1 中灯具的防爆标志、外壳防护等级和温度组别与爆炸危险环境相适配。当设计无要求时，灯具种类和防爆结构的选型应符合表 25-3 的规定。

灯具种类和防爆结构的选型   表 25-3

爆炸危险区域 防爆结构 照明设备种类	I区		II区	
	隔爆型 d	增安型 e	隔爆型 d	增安型 e
固定式灯	○	×	○	○
移动式灯	△		○	
携带式电池灯	○		○	
镇流器	○	△	○	○

注：○为适用；△为慎用；×为不适用。

灯具配套齐全，不用非防爆零件替代灯具配件（金属护网、灯罩、接线盒等）；灯具的安装位置离开释放源，且不在各种管道的泄压口及排放口上下方安装灯具；灯具及开关安装牢固可靠，灯具吊管及开关与接线盒螺纹啮合扣数不少于 5 扣，螺纹加工光滑、完整、无锈蚀，并在螺纹上涂以电力复合酯或导电性防锈酯。

5.3.2　一般项目

1　36V 及以下行灯变压器和行灯安装应符合下列规定：

行灯变压器的固定支架牢固，油漆完整；携带式局部照明灯电线采用橡套软线。

2　手术台无影灯安装应符合下列规定：

底座紧贴顶板，四周无缝隙；表面保持整洁、无污染，灯具镀、涂层完整无划伤。

3　应急照明灯具安装应符合下列规定：

疏散照明采用荧光灯或白炽灯；安全照明采用卤钨灯，或采用瞬时可靠点燃的荧光灯；安全出口标志灯和疏散标志灯装有玻璃或非燃材料的保护罩，面板亮度均匀度为 1∶10（最低∶最高），保护罩应完整、无裂纹。

4　防爆灯具安装应符合下列规定：

灯具及开关的外壳完整，无损伤、无凹陷或沟槽，灯罩无裂纹，金属护网无扭曲变形，防爆标志清晰；灯具及开关的紧固螺栓无松动、锈蚀，密封垫圈完好。

5.4　建筑物景观照明、航空障碍标志灯和庭院灯安装

5.4.1　主控项目

1　建筑物彩灯安装应符合下列规定：

建筑物顶部彩灯采用有防雨性能的专用灯具，灯罩要拧紧；彩灯配线管路按明配管敷设，且有防雨功能。管路间、管路与灯头盒间螺纹连接，金属导管及彩灯的构架、钢索等可接近裸露导体接地（PE）或接零（PEN）可靠；垂直彩灯悬挂挑臂采用不小于 10 号的槽钢。端部吊挂钢索用的吊钩螺栓直径不小于 10mm，螺栓在槽钢上固定，两侧有螺帽，且加平垫及弹簧垫圈紧固；悬挂钢丝绳直径不小于 4.5mm，底把圆钢直径不小于 16mm，地锚采用架空外线用拉线盘，埋设深度大于 1.5m；垂直彩灯采用防水吊线灯头，下端灯头距离地面高于 3m。

2　霓虹灯安装应符合下列规定：

霓虹灯管完好，无破裂：灯管采用专用的绝缘支架固定，且牢固可靠。灯管固定后，与建筑物、构筑物表面的距离不小于 20mm。霓虹灯专用变压器采用双圈式，所供灯管长度不大于允许负载长度，露天安装的有防雨措施；霓虹灯专用变压器的二次电线和灯管间的连接线采用额定电压大于 15kV 的高压绝缘电线。二次电线与建筑物、构筑物表面的距离不小于 20mm。

3　建筑物景观照明灯具安装应符合下列规定：

每套灯具的导电部分对地绝缘电阻值大于 2MΩ；在人行道等人员来往密集场所安装的落地式灯具，无围栏防护，安装高度距地面 2.5m 以上；金属构架和灯具的可接近裸露导体及金属软管的接地（PE）或接零（PEN）可靠，且有标识。

4　航空障碍标志灯安装应符合下列规定：

灯具装设在建筑物或构筑物的最高部位。当最高部位平面面积较大或为建筑群时，除在最高端装设外，还在其外侧转角的顶端分别装设灯具；当灯具在烟囱顶上装设时，安装在低于烟囱口 1.5～3m 的部位且呈正三角形水平排列；灯具的选型根据安装高度决定；低光强的（距地面 60m 以下装设时采用）为红色光，其有效光强大于 1600cd。高光强的（距地面 150m 以上装设时采用）为白色光，有效光强随背景亮度而定；灯具的电源按主体建筑中最高负荷等级要求供电：灯具安装牢固可靠，且设置维修和更换光源的措施。

5　庭院灯安装应符合下列规定：

每套灯具的导电部分对地绝缘电阻值大于 2MΩ：立柱式路灯、落地式路灯、特种园艺灯等灯具与基础固定可靠，地脚螺栓备帽齐全。灯具的接线盒或熔断器盒，盒盖的防水密封垫完整。金属立柱及灯具可接近裸露导体接地（PE）或接零（PEN）可靠。接地线单设干线，干线沿庭院灯布置位置形成环网状，且不少于 2 处与接地装置引出线连接。由干线引出支线与金属灯柱及灯具的接地端子连接，且有标识。

5.4.2　一般项目

1　建筑物彩灯安装应符合下列规定：

1）建筑物顶部彩灯灯罩完整，无碎裂；

2）彩灯电线导管防腐完好，敷设平整、顺直。

2　霓虹灯安装应符合下列规定：

1）当霓虹灯变压器明装时，高度不小于 3m；低于 3m 采取防护措施；

2）霓虹灯变压器的安装位置方便检修，且隐蔽在不易被非检修人触及的场所，不装在吊平顶内；

3）当橱窗内装有霓虹灯时，橱窗门与霓虹灯变压器一次侧开关有联锁装置，确保开门不接通霓虹灯变压器的电源；

4）霓虹灯变压器二次侧的电线采用玻璃制品绝缘支持物固定，支持点距离不大于下列数值：水平线段：0.5m；垂直线段：0.75m；

5）建筑物景观照明灯具构架应固定可靠，地脚螺栓拧紧，备帽齐全；灯具的螺栓紧固、无遗漏。灯具外露的电线或电缆应有柔性金属导管保护。

3 航空障碍标志灯安装应符合下列规定：

同一建筑物或建筑群灯具间的水平、垂直距离不大于45m；

灯具的自动通、断电源控制装置动作准确。

4 庭院灯安装应符合下列规定：

灯具的自动通、断电源控制装置动作准确，每套灯具熔断器盒内熔丝齐全，规格与灯具适配；

架空线路电杆上的路灯，固定可靠，紧固件齐全、拧紧，灯位正确；每套灯具配有熔断器保护。

5.5 建筑物照明通电试运行

5.5.1 主控项目

1 照明系统通电，灯具回路控制应与照明配电箱及回路的标识一致；开关与灯具控制顺序相对应，风扇的转向及调速开关应正常。

2 公用建筑照明系统通电连续试运行时间应为24h，民用住宅照明系统通电连续试运行时间应为8h。所有照明灯具均应开启，且每2h记录运行状态1次，连续试运行时间内无故障。

6 成品保护

6.0.1 灯具、吊扇进入现场后应码放整齐、稳固。并要注意防潮，搬运时应轻拿轻放，以免碰坏表面的镀锌层、油漆及玻璃罩。

6.0.2 安装灯具时不要碰坏建筑物的门窗及墙面。

6.0.3 灯具安装完毕后不得再次喷浆，以防止器具污染。

7 注意问题

7.1 应注意的质量问题

7.1.1 成排灯具、吊扇的中心线偏差超出允许范围。在确定成排灯具的位置时，必须拉十字线。

7.1.2　安装在重要场所的大型灯具的玻璃罩，应有防止其碎裂后向下溅落的措施（除设计要求外），一般可用透明尼龙丝编织的保护网，网孔的规格应根据实际情况决定。

7.1.3　木台固定不牢，与建筑物表面有缝隙。木台直径在 150mm 及以下时，应用两条螺丝固定；木台直径在 150mm 以上时，应用三条螺丝时成三角形固定。

7.1.4　法兰盘、吊盒、平灯口不在塑料（木）台的中心上。其偏差超过 1.5mm。安装时应先将法兰盘、吊盒、平灯口的中心对正塑料（木）台的中心。

7.2　应注意的安全问题

7.2.1　使用梯子靠在柱子工作，顶端应绑牢。在光滑坚硬的地面上使用梯凳时，必须考虑防滑措施。

7.2.2　安装较重大的灯具，必须搭设脚手架操作。安装在重要场所的大型灯具的玻璃罩应有防止其碎裂后向下溅落的措施，除设计另有要求外，一般可用透明尼龙编织的保护网，网孔的规格应根据实际情况决定。

7.2.3　使用人字梯必须坚固，距梯脚 40～60mm 处要设拉绳，防止劈开；不准站在梯子最上一层工作，梯凳上禁止放工具、材料。

7.3　应注意的绿色施工问题

7.3.1　废料及时回收。

7.3.2　灯具包装箱盒及时回收，做好落手清工作。

8　质量记录

8.0.1　灯具、绝缘导线产品出厂合格证。

8.0.2　灯具安装工程预检、自检、互检记录。

8.0.3　设计变更洽商记录，竣工图。

8.0.4　电气照明器具及其配电箱（盘）安装分项工程质量检验评定记录。

8.0.5　电气绝缘电阻测试记录。

第 26 章　室外照明灯具安装

本工艺标准适用于一般照明路灯、LED 路灯、太阳能路灯、普通庭院灯、LED 庭院灯、投光灯安装工程。

1　依据标准：

《建筑工程施工质量验收统一标准》GB 50300—2013
《建筑电气工程施工质量验收规范》GB 50303—2015

2　术语（略）

3　施工准备

3.1　作业准备
3.1.1　施工图纸和技术资料齐全。
3.1.2　施工方案编制完毕并经审批。
3.1.3　施工前应组织参施人员熟悉图纸、方案，并进行安全、技术交底。
3.1.4　灯具的电源电缆敷设到位，并绝缘测试合格。
3.1.5　场地平整，具备施工作业条件。
3.1.6　高空安装的灯具，地面通断电实验合格。

3.2　材料准备
3.2.1　各种路灯灯具的型号、规格必须符合设计要求。灯具应有产品合格证，生产许可证、"CCC"认证标识。

3.2.2　一般路灯要求
1　常规路灯灯具的效率不应低于 60%；
2　灯具配件应齐全，无机械损伤、变形、油漆剥落、灯罩破裂等现象；
3　路灯灯具的防护等级、密封性能必须在 IP55 以上；
4　反光器应干净整洁，并应进行抛光氧化或镀膜处理，反光器表面应无明显划痕；
5　透明罩的透光率应达到 90% 以上，并应无气泡、明显的划痕和裂纹；
6　封闭路灯灯具的灯头引线应采用耐热绝缘管保护，灯罩与尾座的连接配合应无间隙；

7 灯内配线严禁外露，且相线、零线（N）、接地线（PE）用不同颜色设置，金属网无扭曲变形，密封垫完好。灯头线应使用额定电压不低于 500V 的铜芯绝缘线。功率小于 400W 的最小允许线芯截面应为 1.5mm²，功率在 400～1000W 的最小允许线芯截面应为 2.5mm²。

3.2.3 路灯安装使用的灯杆、灯臂、抱箍、螺栓、压板等金属构件应进行热镀锌处理，防腐质量应符合现行国家标准《金属覆盖及其他有关覆盖层维氏和努氏显微硬度试验》GB/T 9790—1988、《热喷涂　金属零部件表面的预处理》GB/T 11373—2017、现行行业标准《钢铁热浸铝工艺及质量检验》JB/T 9206—1999 的有关规定。

3.2.4 灯杆、灯臂等热镀锌后应进行油漆涂层处理，其外观、附着力、耐湿热性应符合现行行业标准《灯具油漆涂层》QB 1551—1992 的有关规定；进行喷塑处理后覆盖层应无鼓包、针孔、粗糙、裂纹或漏喷区缺陷，覆盖层与基体应有牢固的结合强度。

3.2.5 普通环形钢筋混凝土电杆，应符合下列规定：

1 表面应光洁平整，壁厚均匀，无露筋、跑浆现象；

2 电杆应无纵向裂缝，横向裂缝的宽度不应超过 0.1mm，长度不应超过电杆周长的 1/3；

3 杆身弯曲不应超过杆长的 1‰。

3.3　机具设备

3.3.1 手动工具：电工组合加工工具、钢锯、扁锉、圆锉、台钳、压力案子、活扳手、套丝板、喷灯。

3.3.2 电动工具：台钻、电钻等。

3.3.3 测量器具：兆欧表、万用表、试电笔、卷尺、角尺、水平尺、小线、线坠等。

3.3.4 安全环保工具：手套、保险带、标志绳、脚扣、工具袋、工具箱、垃圾清理袋等。

3.3.5 其他工具：起重机、梯子、移动升降梯、锡锅、锡勺、电炉、电烙铁等。

4　操作工艺

4.1　工艺流程

测量定位 → 基础施工 → 灯杆灯具安装 → 接地施工 → 控制系统安装 →
绝缘测试 → 试运行

4.2 测量定位

4.2.1 根据路灯安装施工图及道路中心线和参考点，确定路灯的安装位置及基础高度，并标出基础安装位置。基础顶面标高应提供标桩。

4.2.2 直线杆顺线路方向位移不应超过设计挡距的 3%；直线杆沿线路方向横向位移不应超过 50mm；转角杆、分支杆的横线路、顺线路方向的位移均不应超过 50mm。

4.3 基础施工

4.3.1 根据施工图要求的基础尺寸、标高挖好基础坑，基础坑的开挖深度和大小应符合设计规定。基础坑深度的允许偏差应为＋100mm、－50mm。当土质原因等造成基础坑深与设计坑深偏差＋100mm 以上时，应按以下规定处理：

1 偏差在＋100～＋300mm 时，应采用铺石灌浆处理；

2 偏差超过规定值的＋300mm 以上时，超过的＋300mm 部分可采用填土或砂、石夯实处理，分层夯实厚度不宜大于 100mm，夯实后的密实度不应低于原状土，然后再采用铺石灌浆处理；

3 灯基础钢筋笼与预埋钢板应符合设计要求。

4.3.2 根据设计要求的混凝土强度等级采用一次浇筑法制作混凝土基础。

4.3.3 当钢筋混凝土电杆采用直埋和拉线稳固的方法时，电杆基坑深度应符合设计规定。对一般土质，电杆埋深宜为杆长的 1/6，并应符合表 26-1 的规定。对特殊土质或无法保证电杆的稳固时，应采取加卡盘、围桩、打人字拉线等加固措施。

电杆埋设深度（m） 表 26-1

杆长	8	9	10	11	12	13	15
埋深	1.5	1.6	1.7	1.8	1.9	2.0	2.5

4.4 灯杆、灯臂及灯具安装

4.4.1 根据产品说明书安装好灯杆组件，然后利用起重机将灯杆吊起到基础的上方，缓缓下降至适当高度，调整灯杆，使灯杆底座的螺栓孔穿过预埋好的地脚螺栓，并使电源电缆穿进灯杆至接线盒处，放下并扶正灯杆，将灯杆与底座固定牢固。立杆时应有防止杆身滚动、倾斜的措施。钢灯杆吊装时应采取防止钢缆擦伤灯杆表面油漆或喷塑防腐装饰层的措施。见图 26-1。

4.4.2 根据产品说明书安装好灯臂组件，然后将灯臂安装在灯杆上。杆上路灯灯臂的抱箍应紧固，不得松动，装灯方向与道路纵向应成 90°，误差不得大于 3°。

4.4.3 安装灯具组件：

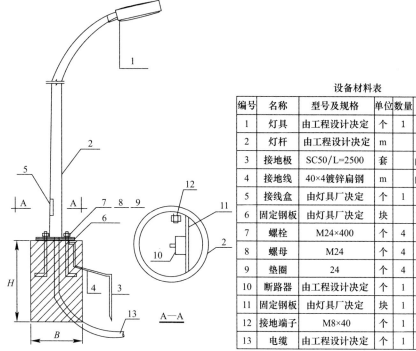

设备材料表

编号	名称	型号及规格	单位	数量	备注
1	灯具	由工程设计决定	个	1	
2	灯杆	由工程设计决定	m		
3	接地极	SC50/L=2500	套		由工程设计决定
4	接地线	40×4镀锌扁钢	m		由工程设计决定
5	接线盒	由灯具厂决定	个	1	
6	固定钢板	由灯具厂决定	块		
7	螺栓	M24×400	个	4	
8	螺母	M24	个	4	
9	垫圈	24	个	4	
10	断路器	由工程设计决定	个	1	
11	固定钢板	由灯具厂决定	块	1	
12	接地端子	M8×40	个	1	
13	电缆	由工程设计决定	个	1	

图 26-1　路灯安装

注：所有金属构件均应作防腐处理；灯杆基础尺寸由工程设计决定；灯杆及所有金属构件均应可靠接地。

1　根据厂家提供的说明书及组装图认真核对紧固件、连接件及其他附件。

2　根据说明书穿各分支回路的绝缘电线。

3　根据组装图组装并接线。

4　安装各种附件。

4.4.4　将灯具安装在灯臂上，并将灯具电源线沿灯臂、灯杆敷设至灯杆内的接线盒处。灯具安装纵向中心线和灯臂纵向中心线应一致，灯具横向水平线应与地面平行，紧固后目测应无歪斜。灯具的悬挑长度不宜超过灯具安装高度的1/8，且不宜超过 2m。同一街道、公路、广场、桥梁的路灯安装高度（从光源到地面）、仰角、装灯方向宜保持一致。

4.5　接地接零保护

4.5.1　在中性点直接接地的路灯低压网中，金属灯杆及电气设备的外壳宜采用低压接零保护。

1　在保护接零系统中，用熔断器做保护装置时，单相短路电流不应小于熔断片额定熔断电流的 4 倍；用自动开关做保护装置时，单相短路电流不应小于自动开关瞬时或延时动作电流的 1.5 倍。

2 保护零线和相线的材质应相同，当相线的截面在 35mm² 及以下时，保护零线的最小截面应为 16mm²；当相线的截面在 35mm² 及以上时，保护零线的最小截面不应小于相线截面的 50%。

3 保护接零时，在线路分支、首端及末端应安装重复接地装置，接地装置的接地电阻不应大于 10Ω。

4.5.2 在用电设备较少且分散、采用接零保护确有困难且土壤电阻率较低时，可采用低压接地保护。金属灯杆的接地电阻不应大于 4Ω。

4.6 接线

4.6.1 调整电源电缆和灯具配电导线在接线盒内的位置，并截取适当长度，削好线芯。

4.6.2 将电源电缆和灯具配电导线分别压接在断路器的进出线两侧。

4.6.3 有关接线标准请参见本册《管内绝缘导线敷设及连接工艺标准》中相关内容。接线盒见图 26-2。

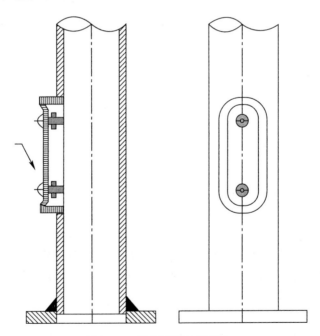

图 26-2 路灯庭院灯接线盒

4.7 路灯控制系统安装

4.7.1 路灯运行控制宜采用光控开关、定时钟、路灯控制仪（路灯经纬仪开关）和遥控系统等。

4.7.2 路灯的开、关灯动作，宜设在自然光的照度值 2～10lx 之内。

4.7.3 路灯控制电器的安装应符合国家现行标准《城市道路照明工程施工及验收规程》CJJ 89—2012 的规定。

4.8 绝缘测试：接、焊、包全部完成后，应检查导线接、焊、包是否符合施工验收规范及质量评定标准的规定。检查无误后再进行绝缘测试。

4.8.1 照明线路的绝缘摇测一般选用 500V，量程为 1～500MΩ 兆欧表。绝缘阻值应不小于 1MΩ。

4.8.2 照明绝缘线路绝缘摇测按下面的两步进行：

1 首先将路灯接线盒内导线分开，开关处导线连通。摇测应将干线和支线分开，一人摇测，另一人应及时读数并记录。

2 电气器具全部安装完在送电前进行摇测时，按系统、按线路摇测绝缘电阻。应先将线路上的开关、刀闸、仪表、设备等用电开关全部置于断开位置，摇测方法同上所述，确认绝缘摇测无误后再进行送电试运行。

4.9 试运行：试运行时首先通电，通电后应仔细检查和巡视，检查灯具的控制是否灵活、准确；电器元件是否正常，如果发现问题必须先断电，然后查找原因进行修复。修复后，重新进行通电试运行，合格后填写通电试运行记录。

5 质量标准

5.1 主控项目

5.1.1 电标及金属附件均应可靠接地。

5.1.2 不得用裸铝导线以及电缆金属护套层做接地线。接地线不得兼作他用。

5.1.3 采用接零保护时，单相开关应装在相线上，保护零线上严禁装设开关或熔断器。

5.1.4 采用法兰底座固定金属灯杆的螺栓数量不少于灯杆法兰底座上的固定孔数，且螺栓直径与底座孔径相适配；螺栓采用双螺母锁固。

5.2 一般项目

5.2.1 在灯臂、灯盘、灯杆内穿线不得有接头，穿线孔口或管口应光滑、无毛刺。

5.2.2 进入接线盒垂直管上上口穿缆后管口应密封处理良好。

5.2.3 保护接地线、中性线截面选用正确，线色符合规定，连接牢固紧密。

5.2.4 直线路段安装单、双挑路灯时，在无障碍等特殊情况下，灯间距与设计间距的偏差应小于 2%。灯杆垂直偏差应小于半个杆梢，直线路段单、双挑灯排列成一直线时，灯杆横向位置偏移应小于半个杆根。钢灯杆安装时接线手孔朝向应一致，宜朝向人行道或慢车道侧。灯臂应固定牢靠，与道路纵向垂直偏差不应大于 3°。

6 成品保护

6.0.1 路灯及组件进入现场后应入库并分类码放整齐，码放高度适宜，以免损坏。并注意防潮，搬运过程中应注意轻拿轻放，以免碰坏表面的镀锌层、油漆及玻璃罩。

6.0.2 安装路灯时不要碰坏地上地下建筑物或其他管线，不要污染环境。

7 应注意的问题

7.1 应注意的质量问题

7.1.1 确定路灯的位置时，测量定位要准确，以免路灯的位置偏差超出允许范围。

7.1.2 采用焊接连接接地体时，应严格按本书《防雷及接地安装工艺标准》中的焊接要求进行焊接，以免搭接长度不够。

7.2 应注意的安全问题

7.2.1 登高作业时应采用升降梯进行，并采用有相应的防滑措施。高度超过 2m 时必须系好安全带。

7.2.2 做好施工现场安全、技术交底，并及时做好签字交接工作手续。

7.2.3 焊接作业时，要戴好防护眼镜和专用防护手套。

7.2.4 禁止雨天上杆作业，雷雨开气不得摇测接地电阻。

7.2.5 六级大风禁止高空作业。

7.2.6 灯具基础开挖，应采取隔离措施，夜间设警示灯。

7.3 应注意的绿色施工问题

7.3.1 废料及时回收。

7.3.2 灯具包装箱盒及时回收，做好落手清工作。

7.3.3 基础开挖，要防止扬尘。

8 质量记录

8.0.1 灯杆、灯具、光源、镇流器等出厂合格证件及"CCC"认证及证书复印件。

8.0.2 材料、构配件进场检验记录。

8.0.3 预检、隐检记录。

8.0.4 设计变更、工程洽商记录。

8.0.5 电气器具通电安装检查记录。

8.0.6 照明通电试运行记录。

8.0.7 专用灯具安装工程检验批质量检验记录。

8.0.8 专用灯具安装分项工程质量检验记录。

第27章 开关、插座安装

本工艺标准适用于建筑工程中室内电气照明开关、插座安装。

1 引用标准

《建筑电气工程施工质量验收规范》GB 50303—2015
《建筑工程施工质量验收统一标准》GB 50300—2013

2 术语（略）

3 施工准备

3.1 作业条件

3.1.1 充分熟悉施工图纸及相关技术文件。

3.1.2 按施工图纸要求准备施工标准图集和质量记录表格。

3.1.3 编制施工技术措施及施工、安全技术交底文件。技术交底经审批。

3.1.4 向作业班组进行安全技术交底。

3.2 材料及机具

3.2.1 主要材料：开关、插座等。

3.2.2 辅助材料：各种木（塑料）台、各种螺丝、塑料胀塞、膨胀螺栓、多种规格型号绝缘导线、砂布、焊锡、焊锡膏、绝缘包扎带等。

3.2.3 主要工机具：手锤、錾子、剥线钳、尖嘴钳、中小号螺丝刀（"＋""－"字）各一套、试电笔、专用压接钳、小号油漆刷、人字梯等。

3.2.4 测量器具：万用表、兆欧表500V、钢卷尺、卷尺、小号水平尺等。

4 操作工艺

4.1 工艺流程

校对接线盒的位置和标高 → 检查清理 → 接线 → 面板安装 → 通电试验

4.2 校对盒的位置和标高

根据施工图，以500mm线为基准复核盒的位置和标高。如盒子较深、大于25mm时，应加装套盒。

4.3　接线盒检查清理

用錾子轻轻地将盒子内残留的水泥、灰块等杂物剔除，用小号油漆刷将接线盒内杂物清理干净。清理时注意检查有无接线盒预埋安装位置错位（即螺丝安装孔错位 90°）、螺丝安装孔耳缺失、相邻接线盒高差超标等现象，应及时修整。如接线盒埋入较深，超过 1.5cm 时，应加装套盒。

4.4　接线

4.4.1　先将盒内导线留出维修长度后剪除余线，用剥线钳剥出适宜长度，以刚好能完全插入接线孔的长度为宜。接线宜采用安全型压接帽压。并应注意区分相线、零线及保护地线，不得混乱。开关、插座的相线应经开关关断。

4.4.2　要求同一场所的开关切断方向一致，操控灵活，导线压接牢固。开关连接的导线宜在圆孔接线端子内折回头压接（孔径允许折回头压接时）。多联开关不允许拱头连接，应采用缠绕或 LC 型压接帽压接总头后，再进行分支连接。

4.4.3　插座接线：单相两孔插座有横装和竖装两种，如图 27-1 所示。横装时，面对插座的右极接相线，左极接零线；竖装时，面对插座的上极接相线，下极接零线。安装时应注意插座内的接线标识。

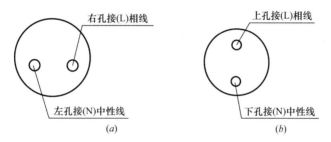

图 27-1　两孔插座

（a）单相两孔插座横装；（b）单相两孔插座竖装

4.4.4　单项三孔及三相四孔插座接线，如图 27-2 所示。

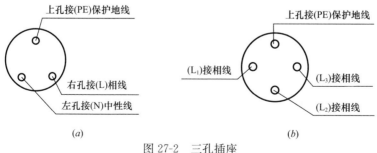

图 27-2　三孔插座

（a）单相三孔插座；（b）三相四孔插座

245

4.4.5 不同电源种类或不同电压等级的插座安装在同一场所时，外观有明显区别，不能互相代用，使用的插头与插座应配套。同一场所的三相插座相序一致。插座箱内安装多个插座时，导线不允许拱头连接，宜采用接线缠绕形式接线。

4.4.6 压接端子接线时，导线应顺时针方向盘圈压紧在开关、插座的相应端子上。插接端子接线时，线芯直接插入接线孔内，孔径较大时，导线弯回头，再将顶丝旋紧，线芯不得外露。接线时导线要留有维修余量，剥线时不应伤线芯。

4.5 开关、插座安装的一般规定

4.5.1 暗装开关、插座：按接线要求，将盒内甩出的导线与插座、开关的面板按相序连接压好，理顺后将开关或插座推入盒内，调整面板对正盒眼，用机螺丝固定牢固。固定时应使面板端正，并紧贴墙面。

4.5.2 开关安装一般规定：

1 装在同一建（构）筑物的开关，应采用同一系列的产品，开关的通向一致，操作灵活、接触可靠。

2 板式开关距地面高度设计无要求时，应为 1.3m，距门口为 0～200mm，开关不得置于单扇门后。

3 开关位置应与灯位相对应，并列安装的开关高度应一致。

4 在易燃、易爆和特别潮湿的场所，开并应分别采用防爆型、密闭或安装在其他场所进行控制。

4.5.3 插座安装一般规定：

1 车间及实验室等工业用插座，除特殊场所设计另有要求外，距地面不应低于 0.3m。

2 在托儿所、幼儿园及小学等儿童活动场所应采用安全插座。采用通插座时，其安装高度不应低于 1.8m。

3 同一室内安装的插座高度应一致，成排安装的插座高度应一致。

4 地面安装插座应有保护盖板。专用盒的进出导管及导线的孔洞，应用防水密封胶严密封堵。

5 在特别潮湿、有易燃易爆气体及粉尘的场所不应装设插座，如有特殊要求应安装防爆型插座，且有明显的防爆标志。

4.5.4 开关、插座安装按接线要求，将盒内导线与开关、插座的面板连接好后，将面板推入，对正安装孔，用镀锌机螺丝固定牢固。固定时使面板端正，与墙面平齐。对附在面板上的安装孔装饰帽应事先取下备用，在面板安装调整时注意查标高水平线及盒箱垂直线，按照每个盒子的大小作出"♯"字，按照

"♯"字修方正盒口，如果过深或偏差太大可加调整圈处理，然后再盖上，以免多次拆卸划损面板。

4.5.5　安装在室外的开关、插座应为防水型，面板与墙面之间应有防水措施。

4.5.6　安装在装饰材料（木装饰或软包等）上的开关、插座与装饰材料间设置隔热阻燃制品如石棉布等。

4.6　通电试验

开关、插座安装完毕后，且各条支路的绝缘电阻摇测合格后，方允许通电试运行。通电后应仔细检查和巡视，检查灯具的控制是否灵活、准确；开关与灯具控制顺序相对应，如发现问题必须先断电，然后查找原因进行修复。

5　质量标准

5.1　主控项目

5.1.1　当交流、直流或不同电压等级的插座安装在同一场所时，应有明显的区别，且必须选择不同结构、不同规格和不能互换的插座；配套的插头应按交流、直流或不同电压等级区别使用。

5.1.2　插座接线应符合下列规定：

1　单相两孔插座，面对插座的右孔或上孔与相线连接，左孔或下孔与零线连接；单相三孔插座，面对插座的右孔与相线连接，左孔与零线连接；

2　单相三孔、三相四孔及三相五孔插座的接地（PE）或接零（PEN）线接在上孔。插座的接地端子不与零线端子连接。同一场所的三相插座，接线的相序一致；

3　接地（PE）或接零（PEN）线在插座间不串联连接。

5.1.3　特殊情况下插座安装应符合下列规定：

1　当接插有触电危险家用电器的电源时，采用能断开电源的带开关插座，开关断开相线；

2　潮湿场所采用密封型并带保护地线触头的保护型插座，安装高度不低于 1.5m。

5.1.4　照明开关安装应符合下列规定：

1　同一建筑物、构筑物的开关采用同一系列的产品，开关的通断位置一致，操作灵活、接触可靠；

2　相线经开关控制；民用住宅无软线引至床边的床头开关。

5.2　一般项目

5.2.1　插座安装应符合下列规定：

1　当不采用安全型插座时，托儿所、幼儿园及小学等儿童活动场所安装高度不小于 1.8m；

2 暗装的插座面板紧贴墙面，四周无缝隙，安装牢固，表面光滑整洁、无碎裂、划伤，装饰帽齐全；

3 车间及试（实）验室的插座安装高度距地面不小于 0.3m；特殊场所暗装的插座不小于 0.15m；同一室内插座安装高度一致；

4 地插座面板与地面齐平或紧贴地面，盖板固定牢固，密封良好。

5.2.2 照明开关安装应符合下列规定：

1 开关安装位置便于操作，开关边缘距门框边缘的距离 0.15～0.2m，开关距地面高度 1.3m；拉线开关距地面高度 2～3m，层高小于 3m 时，拉线开关距顶板不小于 100mm，拉线出口垂直向下。

2 相同型号并列安装同一室内开关安装高度一致，且控制有序不错位。并列安装的拉线开关的相邻间距不小于 20mm。

3 暗装的开关面板应紧贴墙面，四周无缝隙，安装牢固，表面光滑整洁、无碎裂、划伤，装饰帽齐全。

6 成品保护

6.0.1 检查整改时应注意保持地面、墙面整洁，不得污损。

6.0.2 应注意不得损伤已装好的开关、插座表面。

6.0.3 调试完毕后应关门上锁，以防丢失。

7 注意事项

7.1 应注意的质量问题

7.1.1 开关、插座周围抹灰质量差，而且接线盒内污染严重，造成接线盒内螺丝耳锈蚀或脱落。致使木台、盖板与墙面不严或不平，螺丝耳脱落的接线盒造成盖板安装不规范，松动现象等出现。应与土建施工员加以联系，采取接线盒周围自制专用模具，一次性抹好，减少隐患。

7.1.2 操作人员未严格按规范及现行标准施工，应加强规范的学习、贯彻，施工员技术交底应全面，有针对性，质量检查人员应及时、到位，严格按验评标准检查，发现问题及时纠正，防止大面积返工及遗留不治之症，同时提高操作工人的技术水平。

7.1.3 安装开关、插座时，应调整面板或修补墙面后再紧固螺丝，使其紧贴建筑物表面，以防开关、插座的面板不平整，与建筑物表面之间有缝隙。

7.1.4 安装开关、插座时，导线应严格分色，校线准确，防止开关未断相线，以及插座的相线、零线及地线压接错误。

7.1.5　在接线时应仔细分清各路灯具的导线，依次压接，并保证开方向一致，防止多灯房间开关与控制灯具顺序不对应。

7.2　应注意的安全问题

7.2.1　现场机具布置必须符合安全规范，机具摆放间距必须考虑操作空间，机具摆放整齐，留出行走及材料运输通道。

7.2.2　严格按照机具使用的有关规定进行操作。对加工用的电动工具要坚持日常保养维护，定期做安全检，不用时立即切断电源。

7.2.3　登高作业时应采用梯子或脚手架进行，并采取相应的防滑措施。高度超过 2m 时必须系好安全带。

7.2.4　严禁两人在同一梯子上作业。

7.2.5　通电检查时应注意安全，漏电保护装置应齐全可靠。

7.2.6　严禁带电作业。

7.3　应注意的绿色施工问题

施工场地应做到工完场清。多余的线头剪下后应及时清理干净，集中堆放交有关部门处理，严禁焚烧。

8　质量记录

8.0.1　设计交底记录。

8.0.2　技术交底记录。

8.0.3　工程材料报验单。

8.0.4　开关、插座、风扇安装检验批质量验收记录。

8.0.5　开关、插座分项工程质量验收记录。

8.0.6　设计变更洽商记录、竣工图。

第 28 章　防雷及接地安装

本工艺标准适用于一般工业与民用建筑物或构筑防雷接地、保护接地、工作接地、重复接地及屏蔽接地装置、防雷接地引下线、变配电室接地干线、避雷针、避雷网（带）等防雷接地的制作、安装工程施工。

1　引用标准

《建筑电气工程施工质量验收规范》GB 50303—2015

《建筑物电子信息系统防雷技术规范》GB 50171—2012

《建筑物防雷设计规范》GB 50057—2010

《电气装置安装工程　接地装置施工及验收规范》GB 50169—2016

《建筑工程施工质量验收统一标准》GB 50300—2013

2　术语（略）

3　施工准备

3.1　作业条件

3.1.1　接地装置作业条件

1　按设计要求确定人工接地极位置，且清理好场地。

2　建筑物底板钢筋与柱钢筋连接已绑扎完毕。

3　建筑物桩基内钢筋与柱筋已绑扎完毕。

4　现场临时电源已具备，并满足安全功能和使用功能。

3.1.2　避雷引下线明敷作业条件

1　在建筑物或构筑物避雷引下线设计位置脚手架已搭好，并达到使用和安全功能要求，或设有安全可靠的爬梯。

2　土建外粉或粗装修完毕。

3　现场临时电源已具备，并达到使用和安全功能。

4　接地装置已施工完毕。

3.1.3　避雷引下线暗敷作业条件

1　脚手架已搭设好，并满足使用和安全功能。

2 利用柱主筋作引下线时，钢筋绑扎完毕。

3 接地装置已施工完毕。

4 现场临时电源已具备，并达到使用和安全功能。

3.1.4 变电室接地干线敷设作业条件

1 接地干线支持件制作完毕，已运到现场。

2 变配电设备已安装完毕。

3 保护管预埋符合要求。

4 土建墙面抹灰完毕。

5 工作场地已清理好。

6 电源具备，并达到使用和安全功能。

3.1.5 避雷针安装作业条件

1 避雷接地体及引下线已施工完毕。

2 土建结构工程已完成，并随结构施工预埋件已埋好。

3 需要脚手架处，脚手架搭设已完成，并能满足使用和安全功能。

4 现场临时电源已具备，并能满足使用功能和安全功能。

3.1.6 避雷网（带）安装的作业条件

1 避雷接地体及引下线已施工完毕。

2 具备扁钢、圆钢调直的现场，具备垂直运输设备。

3 土建女儿墙抹灰已完毕。

4 屋面防水施工已完毕。

5 现场临时电源已具备，并能满足使用功能和安全功能。

3.2 材料及机具

3.2.1 主要材料：镀锌圆钢、镀锌角钢、镀锌钢管、镀锌扁钢、避雷针等。

3.2.2 辅助材料：镀锌螺栓、垫圈、弹簧垫圈、支架、电焊条、氧气、乙炔、专用卡子、防锈漆、黄色油漆、绿色油漆等。

3.2.3 主要机具：电焊机、切割机、冲击钻、台钻、电焊工具、钢锯、压力案子、倒链（或绞磨）、电工工具、卷尺等。

3.2.4 测量器具：接地电阻测定仪、钢卷尺、水平尺、线坠等。

4 操作工艺

4.1 工艺流程

自然接地体 → 人工接地体 → 接地体安装 → 明敷接地线安装 →

电气设备保护接地安装 → 接地装置导线截面选择 → 避雷针制作 →

| 避雷针及引下线安装 | → | 接地装置及避雷针、引下线的连接 |

4.2 自然接地体

4.2.1 下列地下设施以及建筑结构可以作为高层建筑及交流电气设备的接地体，当自然接地体接地电阻不能满足要求时，应敷设人工接地体予以补充，自然接地体应至少在不同的两点与接地干线连接。

1 埋设在地下的金属管道，但严禁利用有可燃或有爆炸物质的管道。

2 金属井管。

3 与大地有可靠连接的建筑物金属结构。

4 水工构筑物及类似构筑物的金属管、桩。

5 高层建筑基础钢筋。

4.2.2 交流电气设备的接地线可利用下列接地体接地：

1 建筑物的金属结构（梁、柱）及设计规定的混凝土结构内主筋。

2 生产用的起重机轨道、配电装置的外壳、走廊、平台、电梯竖井、起重机与升降机的构架、运输皮带的钢梁、电除尘器的构架等金属结构。

3 配线的钢管。

4 利用接地线应保证全长为完好的电气通路。

4.2.3 不得使用蛇皮管、保温管的金属外皮或金属网、电缆的金属套作为接地线，但其应可靠与接地干线连接。

4.2.4 在地下不得采用裸铝线导体作为接地体或接地线。

4.3 人工接地体

4.3.1 接地极制作：根据设计要求制作，接地极一般以型钢制作。设计无要求时，做法如下：

1 角钢接地极：采用∠50mm×50mm×5mm的角钢，长2.5m，前切割成尖状。

2 钢管接地极：采用直径为50mm、长2.5m、壁厚度不小于3.5mm的钢管制成。如为直流电力网中的接地极，其壁厚不应小于4.5mm，前端做成尖状。

3 采用无镀层的型钢做接地极时，禁止将接地极进行涂漆防腐。

4.3.2 测量、定位、土方开挖：根据工程设计进行施工，并应满足下列要求：

1 人工接地体不应埋设在垃圾、炉渣和有强烈腐蚀性的土壤中，到时应换土。接地线不应穿过白灰、焦砟层，如无法避开，接地线应采水泥砂浆保护。用化学方法降低土壤电阻率时，应使用对金属腐蚀性弱和水溶成分含量低的材料。

2　土壤中含有电解时产生腐蚀性物质的地方，不宜敷设直流电力网中的接地装置，可采用改良土壤或将接地装置移位。

3　接地体与建筑物的距离不宜小于 1.5m。

4　独立避雷针的接地装置与道路或建筑物的出入口距离应大于 3m，与地下电缆的距离不应小于 1.5m。

4.3.3　接地体安装：

1　将接地极垂直打入地中，其尾端离地面不应小于 0.6m。为避免接地极尾端被锤夯裂口，钢管可套用护管帽，角钢可加焊钢板。

2　地下接地线敷设：将型钢平直矫正，沿已挖好的土沟敷设，埋于土中无镀层的型钢不应涂防腐漆。扁钢宜立放于沟中，埋深不应小于 0.6m。当与公路、管道交叉时，以及在可能使接地线受到机械损伤的场所，均应加套钢管或角钢保护。

3　垂直接地体的间距不宜小于其长度的 2 倍，水平接地体的间距不宜小于 5m。

4　接地引出线安装：可以采用焊接或接地线直接引出的方法，引出线露出地面不应小于 0.4m，防雷接地的引出线露出地面应为 1.5～1.8m。引入建筑物的接地线，在入口处以黑色漆标出接地记号，为检测方便，应在室外 1.5～1.8m 处设置断接卡子。

5　回填土：接地体安装完毕，经隐蔽验收及中间检查合格后即可回填土。回填土不应夹有石块和建筑垃圾等杂物，不得回填有较强腐蚀生的土壤，在回填时应分层夯实。

6　接地电阻测试：接地体施工完毕，应测试接地电阻。其接地电阻应符合设计要求，如不能满足，可采用增加接地极或降低土壤电阻率方法，直到符合要求。

4.4　明敷接地线安装

4.4.1　放线、定位：根据工程设计施工图，用打粉线的方法放线。

电气装置的接地部分应采用单独接地线与接地干线相连，严禁串连接地。明敷接地线应符合下列要求：

1　接地线应水平或垂直敷设，也可与建筑物倾斜结构平行安装。在直线段上，接地线应横平竖直、无扭曲现象。

2　接地线沿建筑物墙壁水平敷设时，离地面距离宜保持在 0.25～0.30m，与墙壁距离宜保持在 10～15mm。

3　接地线敷设在便于检查、不妨碍设备拆卸与检修的位置。

4 接地干线至少在不同的两点与接地网连接，并预留为测量接地电阻值的断开点。

4.4.2 支持钩子制作安装：

1 支持钩子宜采用型钢制作。扁钢接地极宜采用－25mm×3mm 扁钢制作支持钩子；圆钢接地线可采用 ϕ10mm 的圆钢或－25mm×3mm 扁钢制作支持钩子。直埋的支持钩子尾部做成鱼状，直线段长为 130～150mm，弯曲部分的长度不宜大于扁钢接地线的宽度或圆钢接地线直径的三倍。

2 支持钩子的间距，在水平直线部分宜为 0.5～1.5m，垂直直线部分宜为 1.5～3m，转弯部分宜为 0.3～0.5m。

4.4.3 接地线敷设：

1 保护管敷设：接地线穿过墙壁时应加保护管，保护管长度以露出墙面为宜；接地线过门口时，可直埋通过，从门的两侧引出，引出处宜加保护管保护。

2 接地线跨越建筑物伸缩缝、沉降缝时，应设补偿装置，可以利用接地线本身弯成弧状代替。

3 接地线表面应涂以 15～100mm 宽度相等的黄、绿相间的彩色条纹，在每个导体的全部长度上或在可接触到的部位上明显标示。当使胶带时，应使用黄绿双色胶带。

4.5 电气设备保护接地安装

4.5.1 携带式和移动式电力设备的接地：

1 携带式电力设备应采用供电线路中的专用芯线作接地线，用作接地的专用芯线严禁作为负荷线；携带式和移动式电力设备严禁利用其他用电设备的零线接地；零线和接地线应分别与接地网连接。

2 携带式电气设备的接地线应采用截面积不小于 1.5mm² 软的铜绞线。

3 移动式电气设备和机械的接地应符合固定式电气设备的接地要求。由固定的电源或由移动式发电设备供电的移动式机械，应和其供电电源的接地装置有金属连接。

4.5.2 固定式设备的保护接地：

1 固定电气设备的接地线，应采用截面不小于 1.5mm² 的软铜，用螺栓连接，且软铜线端头应镀锡。在有振动的地方采用螺栓连接时，应加装弹簧垫圈。

2 变压器、发电机等设备的保护接地可采用型钢与接地干线焊接连接，但保护接地和工作接地（中性点接地）必须都与人工接地体连接。

4.6 接地装置导体截面选择

4.6.1 当工程设计无要求时，接地导体截面应符合热稳定和机械度的要求，但不应小于表 28-1 的规定。

钢接地体的最小规格　　　　表 28-1

种类、规格及单位		地上		地下交（直）流电流回路
		室内	室外	
圆钢直径（mm）		6	8	10 (12)
扁钢	截面（mm²）	60	100	100 (100)
	厚度（mm）	3	4	4 (6)
角钢厚度（mm）		2	2.5	4 (6)
钢管管壁厚度（mm）		2.5	2.5	3.5 (4.5)

注：1. 表中括号内的数值指直流电力网中经常流过电流的接地线和接地体最小规格。
　　2. 电力线路杆塔的接地体引出线截面不应小于 50mm²，引出线应热镀锌。

4.6.2　低压电气设备地面上外露的接地线最小截面应符合表 28-2 的规定。

低压电气设备地面上外露的接地线最小截面　　　　表 28-2

名称	铜（mm²）	铝（mm²）
明敷的裸导体	4	6
绝缘导体	1.5	2.5
电缆的接地芯或相线包在同一保护外壳内的多芯导线的接地芯	1	1.5

4.7　避雷针制作安装

避雷针的制作与安装应根据设计进行，当设计无规定时，避雷针应按下列方法和要求制作安装。

4.7.1　避雷针针尖制作：

1　避雷针针尖用镀锌圆钢或镀锌钢管制作。采用圆钢时，圆钢直径应为 19～25mm；采用钢管时，钢管壁厚不得小于 3mm，直径不得小于 25～40mm。

2　针尖长度根据避雷针全高来选择，针尖长度选择见表 28-3。

针尖长度选择　　　　表 28-3

避雷针全高（m）	1.0	2.0	3.0	4.0	5.0	6.0	独立避雷针
针尖长度（m）	1.0	2.0	1.5	1.0	1.5	1.5	圆钢1.1

3　将圆钢顶端锻制或车制成长 70mm 的锥体，或将钢管的顶端切割成 4～6 个尖瓣，收缩焊接连成一个尖形的整体，用焊锡填满空隙。

4　镀锡或镀锌：将尖端 200mm 一段镀锡或镀锌，锡层或锌层应均匀。

4.7.2　避雷针制作：较长的避雷针由多节组成，各节均可由镀锌钢管制作，钢管壁厚不得小于 3mm。针体各节尺寸见表 28-4。

避雷针针体各节尺寸　　　　　　　　　　　　表 28-4

各节尺寸（m） ＼ 针体高度（mm）	1	2	3	4	5	6
第一节	1.0	2.0	1.5	1.0	1.5	1.5
第二节	—	—	1.5	1.5	1.5	2.0
第三节	—	—	—	1.5	2.0	2.5

可采用钢管或圆钢制作，第二节应采用 ϕ40mm 的钢管制作，第三节应采用 ϕ50mm 钢管制作。

1 避雷针各节之间采用焊接的方法连接，两节之间插入深度以 0.25m 为宜。

2 避雷针制成后整体镀锌，或在镀层被破坏处涂防锈漆和调和漆。

4.7.3 独立避雷针制作：

1 针尖制作：见本标准 4.7.1 的相关内容。

2 针体制作：独立避雷针针体一般由镀锌圆钢制作，根据避雷针高度选择主筋的直径，最高一节主筋直径不应小于 16mm，最下一节的主筋直径应最粗，横材和斜材可采用稍细一些的圆钢制作，针体断面应呈等边三角形。较高的避雷针可做成多节，每节之间用螺栓连接。

3 主筋、横材及斜材之间一律采用电焊焊接连接，焊接之前应对每一段圆钢进行调直处理。

4 整个避雷针制作完成后，无镀层的金属构架涂防锈漆一道，灰调和漆两道。

4.7.4 避雷针安装：

1 建筑物顶部避雷针底座制安：建筑物顶部避雷针底座由厚度不小于 8mm 的钢板制成，呈正方形，正方形尺寸不小于 400mm×400mm。底座以预埋或预埋螺栓的方法固定。

2 将避雷针垂直地焊接固定在底座上，并在底座和避雷针针体之间加焊三块三角形筋板。三块筋板均匀地分布在针体周围，筋板与针体、底座之间采用焊接的方式全部焊接，焊接应饱满。筋板以不小于 6mm 厚的钢板制成，全部焊接完成后，将无镀层及镀层被破坏的金属构件全部涂防锈漆一道和灰调和漆两道。

3 独立避雷针均有混凝土基础，采用地脚螺栓连接的方法将避雷针垂直地固定在其基础上。较长的避雷针吊装时，其吊点不应少于三点，以防弯曲变形。

4.7.5 烟筒避雷针安装：

1 避雷针的制作见本标准 4.7.1 和 4.7.2，烟筒避雷针长一般为 1.5～2.0m。

2 避雷针数量选择：烟筒避雷针安装数量见表 28-5。

烟筒避雷针数量　　　　　　　　　　表 28-5

烟筒尺寸	内径（m）	1.0	1.0	1.5	1.5	2.0	2.0	2.5	2.5	3.0
	高度（m）	15～30	31～50	15～45	46～80	15～30	31～100	15～30	31～100	15～100
避雷针根数		1	2	2	3	2	3	2	3	3

3　避雷针安装：避雷针垂直安装于烟筒的顶部，焊接固定在预埋件上或用螺栓固定。烟筒顶部有围栏、信号台等金属结构时，避雷针可用卡子与其固定。

4　在金属烟筒上安装避雷针，当烟筒壁厚大于 4mm 时，避雷针可直接焊接固定在烟筒上。

4.8　避雷针及引下线安装

4.8.1　建筑物顶部避雷线安装：避雷线的安装位置由工程设计决定。

1　避雷线采用镀锌型钢，当采用圆钢明敷时，其直径不得小于 8mm；采用扁钢时，不得小于 12mm×4mm。安装前应调直，转弯处不应成为死弯。

2　沿建筑物顶部边缘敷设的避雷线宜安装在支架上，支架在建筑物施工时应预埋。支架以－12mm×3mm 的镀锌扁钢或直径为 8mm 的镀锌圆钢制作，支架露出建筑物 100～150mm（当设计无要求时，支架高度不宜小于 150mm 为宜）。

3　避雷线安装在混凝土支座上。混凝土支座：底部 200mm×200mm，上部 150mm×150mm，高 150mm。支座上部中央埋设支架，支架以－12mm×3mm 的镀锌扁钢或直径为 8mm 的镀锌圆钢制作，露出 100～120mm 为宜。

4　避雷线固定间距为 1.0～1.5m，转弯处为 0.5m，固定间距应均匀。避雷线与支架之间可采用螺栓固定，也可采用焊接固定，避雷线之间的连接应采用搭接焊接，所有焊接处必须涂沥青防腐漆。

5　建筑物顶部的避雷线与避雷针、凸起的金属构筑物及金属管道、烟筒等应焊接成一整体。

6　节日彩灯沿避雷线平行敷设时，避雷线应高出彩灯 30mm。

4.8.2　暗式避雷线安装（均压环）：

1　利用建筑物钢筋的暗式避雷线，其钢筋直径不得小于 8mm。

2　高层建筑在一定高度应安装暗式避雷网，从距地面 30m 起，每向上三层，在结构圈梁内敷设一圈－25mm×4mm 的扁钢，或利用圈梁主筋作为避雷线，此避雷线与引下线至少有两处焊接连接。

3　高层（十层以上）建筑体上，周围突出的金属构件、金属门窗等均应与避雷线引下线焊接连接。

4.8.3　避雷接地引下线安装：

1　避雷接地引下线采用镀锌型钢制成，采用圆钢明敷时，其直径不得小于

8mm，暗敷时其直径不得小于 12mm；采用扁钢明敷时，不得小于－12mm×4mm，暗敷时不得小于－25mm×4mm。安装前应调直，转弯处不应成为死弯，引下线应沿最短距离接至接地体。

2 沿墙明敷设的避雷引下线应垂直安装，与墙面保持 15mm 的距离。引下线采用圆钢或扁钢钩子固定，固定钩子应在建筑结构施工时预埋，固定间距为 1.5～2.0m，间距应均匀。

引下线距地 1.5～1.8m 一段利用钢管或角钢保护。当避雷装置仅一处引下线时，被保护长度为 1.8m，且不应设断接卡子；当避雷装置有两处及以上的引下线时，被保护长度宜为 1.5m，并装设一套断接卡子。

3 暗装引下线：当利用建筑物钢筋做引下线时，应利用建筑物的筋，将不少于两根主筋并联，且每一主筋从上至下焊接连成一电气通路，主筋用预埋连接板的方式引出建筑砌体。主筋与连接板必须焊接牢固，焊接截面不应小于所有被连接主筋的截面之和。用于连接人工接地体的连接板，其高度不应小于 0.5m。

4 烟筒、水塔等建筑物的避雷引下线，可利用金属爬梯引下，采用栓固定方式固定引下线。直接焊接在金属烟筒筒体上的避雷针，可利用烟筒筒体作为引下线，在烟筒底部应有对称的两处与接地体的引出焊接连接。

5 架空电力线路避雷接地引下线应与杆身紧贴，每 1.5～2.0m 与杆身固定一次。

4.9 接地装置及避雷线（带）、引下线的连接

4.9.1 接地体及接地线的连接：

1 接地体（线）的连接必须采用搭接焊接连接，其焊接长度必须符合下列要求：

扁钢接地线：扁钢宽度的 2 倍，且至少 3 个棱边焊接。

圆钢接地线：圆钢直径的 6 倍。

圆钢和扁钢连接时，其搭接长度为圆钢直径的 6 倍。

2 接地线与接地极之间的连接：接地线与角钢接地极焊接连接时，加 V 形卡子或直接将接地线煨成 Ω 形与钢管焊接连接。

3 防腐处理：接地装置经焊接连接后应作防腐处理，埋于地下的焊接处涂沥青防腐漆，地上的焊接处涂一道防锈漆后再涂调和漆。

4.9.2 避雷针（线、带）及引下线的连接：

1 需装设断接卡子处另有要求外，所有连接均采用搭接焊接方式连接。搭接焊接的要求应符合本标准 4.9.1 的规定。

2 避雷针（线、带）及其接地装置，应采取自下而上的施工顺序，首先安装集中接地装置，后安装引下线，最后进行接闪器施工。

3　筑物上的避雷针（线、带）应和建筑物顶其他金属物体连接成整体。

5　质量标准

5.1　主控项目

5.1.1　人工接地装置或利用建筑物基础钢筋的接地装置必须在地面以上按设计要求位置设测试点。

5.1.2　测试接地装置的接地电阻值必须符合设计要求。

5.1.3　防雷接地的人工接地装置的接地干线埋设，经人行通道处埋地深度不应小于 1m，且应采取均压措施或在其上方铺设卵石或沥青地面。

5.1.4　接地模板顶面埋深不应小于 0.6m，接地模块间距不应小于模块长度的 3~5 倍。接地模块埋设基坑，一般为模块外形尺寸的 1.2~1.4 倍，且在开挖深度内详细记录地层情况。

5.1.5　接地模块应垂直或水平就位，不应倾斜设置，保持与原土层接触良好。

5.1.6　暗敷在建筑物抹灰层内的引下线应有卡钉分段固定；明敷的引下线应平直、无急弯，与支架焊接处，油漆防腐，且无遗漏。

5.1.7　变压器室、高低压开关室内的接地干线应有不少于 2 处与接地装置引出干线连接。

5.1.8　当利用金属构件、金属管道做接地线时，应在构件或管道与接地干线间焊接金属跨接线。

5.1.9　建筑物顶部的避雷针、避雷带等必须与顶部外露的其他金属物体连成一个整体的电气通路，且与避雷引下线连接可靠。

5.2　一般项目

5.2.1　当设计无要求时，接地装置顶面埋设深度不应小于 0.6m。圆钢、角钢及钢管接地极应垂直埋入地下，间距不应小于 5m。接地装置的焊接应采用搭接焊，搭接长度应符合下列规定：

1　扁钢与扁钢搭接为扁钢宽度的 2 倍，不少于三面施焊；

2　圆钢与圆钢搭接为圆钢直径的 6 倍，双面施焊；

3　圆钢与扁钢搭接为圆钢直径的 6 倍，双面施焊；

4　扁钢与钢管，扁钢与角钢焊接，紧贴角钢外侧两面，或紧贴 3/4 钢管表面，上下两侧施焊；

5　除埋设在混凝土中的焊接接头外，有防腐措施。

5.2.2　当设计无要求时，接地装置的材料采用为钢材，热浸镀锌处理，最小允许规格、尺寸应符合表 28-6 的规定。

最小允许规格、尺寸 表 28-6

种类、规格及单位		敷设位置及使用类别			
		地上		地下	
		室内	室外	交流电流回路	直流电流回路
圆钢直径（mm）		6	8	10	12
扁钢	截面（mm²）	60	100	100	100
	厚度（mm）	3	4	4	6
角钢厚度（mm）		2	2.5	4	6
钢管管壁厚度（mm）		2.	2.5	3.5	4.5

5.2.3 接地模块应集中引线，用干线把接地模块并联焊接成一个环路，干线的材质与接地模块焊接点的材质应相同，钢制的采用热浸镀锌扁钢，引出线不少于 2 处。

5.2.4 钢制接地线的焊接连接应符合《建筑电气工程施工质量验收规范》GB 50303—2015 第 24.2.1 条的规定，材料采用及最小允许规格、尺寸应符合《建筑电气工程施工质量验收规范》GB 50303—2015 第 24.2.2 条的规定。

5.2.5 明敷接地引下线及室内地干线的支持件间距应均匀，水平直线部分 0.5～1.5m；垂直直线部分 1.5～3m；弯曲部分 0.3～0.5m。（明敷的室内接地干线支持件应固定可靠，支持件间距应均匀，扁形导体支持件固定间距宜为 500mm；圆形导体支持件固定间距宜为 1000mm；弯曲部分宜为 0.3～0.5m。）

5.2.6 接地线在穿越墙壁、楼板和地坪处应加套钢管或其他坚固的保护套管，钢套管应与接地线做电气连通。

5.2.7 变配电室内明敷接地干线安装应符合下列规定：

1 便于检查，敷设位置不妨碍设备的拆卸与检修；

2 当沿建筑物墙壁水平敷设时，距地面高度 250～300mm；与建筑物墙壁间的间隙 10～15mm；

3 当接地线跨越建筑物变形缝时，设补偿装置；

4 接地线表面沿长度方向，每段为 15～100mm，分别涂以黄色和绿色相间的条纹；

5 变压器室、高压配电室的接地干线上应设置不少于 2 个供临时接地用的接线柱或接地螺栓。

5.2.8 当电缆穿过零序电流互感器时，电缆头的接地线应通过零序电流互感器后接地；由电缆头至穿过零序电流互感器的一段电缆金属护层和接地线应对地绝缘。

5.2.9 配电间隔和静止补偿装置的栅栏门及变配电室金属门铰链处的接地

连接，应采用编织铜线。变配电室的避雷器应用最短的接地线与接地干线连接。

5.2.10 设计要求接地的幕墙金属框架和建筑物的金属门窗，应就近与接地干线连接可靠，连接处不同金属间应有防电化腐蚀措施。

5.2.11 避雷针、避雷带应位置正确，焊接固定的焊缝饱满无遗漏，螺栓固定的应备帽等防松零件齐全，焊接部分补刷的防腐油漆完整。

5.2.12 避雷带应平正顺直，固定点支持件间距均匀、固定可靠，每个支持件应能承受大于 49N（5kg）的垂直拉力。当设计无要求时，支持件间距符合《建筑电气工程施工质量验收规范》GB 50303—2015 第 24.2.5 条的规定。

6　成品保护

6.0.1 开挖接地极、接地线沟槽及坑时，注意不要损坏其他专业地下管线。

6.0.2 警示其他工种在挖土方时注意不要损坏接地装置和接地线。

6.0.3 接地装置施工时不得破坏建筑物散水和外墙装修。

6.0.4 利用建筑物基础钢筋的接地装置施工时，不得随意移动已绑扎好的结构钢筋。

6.0.5 明设避雷引下线敷设安装保护角钢或保护管时，应注意保护好土建结构及装修面。

6.0.6 变配电室接地干线敷设时不得碰坏或污染墙面。

6.0.7 喷浆或刷涂料前应预先将避雷引下线或接地干线用纸包扎好。

6.0.8 搬运物件不得砸坏避雷引下线和接地干线。

6.0.9 焊接避雷引下线或接地干线应对墙面采取保护措施。

6.0.10 屋面施工时，特别是拆除脚手架时应采取措施，不得碰坏避雷针和避雷网。

6.0.11 坡屋顶装避雷带时，应采取相应措施，以免踩坏屋面瓦。

6.0.12 接闪器施工时不得损坏屋面防水层及外檐瓷砖等。

6.0.13 明敷避雷网（带）安装完成后应注意保护，不得被其他工种碰撞弯曲变形。

6.0.14 利用主体结构钢筋作接地及引下线时，应与土建工种密切配合，电气焊接成通路的钢筋网严禁破坏。钢筋需要调整时，应通知电气人员补焊，以保证其整体性。

7　注意事项

7.1　应注意的质量问题

7.1.1 接地线、避雷线焊接搭接长度不够：圆钢搭接应双面焊，单面焊时

261

应以 12 倍钢筋直径焊接，扁钢保证三个棱面的焊接。

7.1.2 避雷网不顺直，高低起伏，转角为死弯：钢筋应拉直再施工，接钢筋部位应弯成乙字形，侧面焊接，转角应弯成弧状，弯曲半径不小于钢筋直径的 10 倍。

7.1.3 避雷卡子固定不牢，卡固钢筋松动：应采用专用避雷卡子、膨胀螺栓固定，卡固钢筋卡子必须加弹簧垫圈。

7.2 应注意的安全问题

7.2.1 焊接设备的机壳应有良好接地，配电箱应设漏电保护器，电缆、电焊钳应有可靠的绝缘，电气应有专业人员操作，并使用防护用品，以免触电。

7.2.2 焊工应使用有防护玻璃而不漏光的面罩，防止弧光刺伤眼睛，应使用电焊手套、脚罩等防护用品，以防烫伤。

7.2.3 进行气焊作业时，氧气、乙炔瓶放置间距应不小于 5m，并设防回火装置，作业人员应戴墨镜，使用手套等防护用品。

7.2.4 在易燃易爆物品周围电气焊作业时，应用防火材料做成的挡板隔开，并采取防火措施。

7.2.5 雨、雪天禁止在室外焊接作业，夏天电气焊作业时，应备好清凉饮料，场地应通风良好，防止中毒或因高温而晕倒。

7.2.6 接地装置施工时，如位于较深的基坑内，应注意高处坠物，设安全网等防坠物措施，同时做好护坡等处理，以防塌方。

7.2.7 人力打接地极，应扶稳接地极，以免接地极摇晃，大榔头击空伤人；扶接地极人员应戴防护眼睛，以防铁屑伤眼。

7.2.8 高处进行避雷引下线施工时，应佩戴安全带，随身携带工具袋，随时将工具装在工具包内，妥善保管，防止工具高处坠落伤人。

7.3 应注意的绿色施工问题

7.3.1 开挖接地极、接地线、基坑等沟槽，沟槽不能及时回填时，应采取保护措施，保证土方湿润；接地线埋设结束后，应及时回填土方，以免扬尘污染空气。

7.3.2 凡在居民稠密区进行人工接地极施工时，应严格控制作业时间，不得在午休时间和晚 22 时后施工，以免强影响居民休息。

7.3.3 电焊作业时，应有防火挡板隔离，以免电弧光伤人。

7.3.4 人工接地极所挖沟应做好护栏，并挂警示牌，夜间挂警示灯，以防行人失足跌落。

7.3.5 电锤打孔，墙上开槽应采取措施，避免扬尘污染环境。

7.3.6 油漆作业结束后应及时收回包装桶。

8 质量记录

8.0.1 设计交底记录。

8.0.2 安全技术交底记录。

8.0.3 镀锌钢材、铜材材质证明产品出厂合格证。

8.0.4 电气设备、材料检查验收记录。

8.0.5 接地电阻测试记录。

8.0.6 接地装置安装检验批质量验收记录。

8.0.7 避雷针引下线和变配电室接地干线敷设检验批质量验收记录表。

8.0.8 接闪器安装检验批质量验收记录表。

8.0.9 隐蔽工程检查验收记录。

8.0.10 设计变更洽商记录、竣工图。

第 29 章　等电位联结安装

本工艺标准适用于一般工业与民用建筑总等电位联结、辅助等电位联结、局部等电位联结的工程施工。

1　引用标准

《建筑电气工程施工质量验收规范》GB 50303—2015
《建筑工程施工质量验收统一标准》GB 50300—2013
《电气装置安装工程　接地装置施工及验收规范》GB 50169—2016

2　术语（略）

3　施工准备

3.1　作业条件

3.1.1　设备、管线明装的墙面应施工完毕。

3.1.2　暗装设备或暗敷管线在混凝土内时，土建钢筋应绑扎完毕。

3.1.3　暗装设备或暗敷管线在砖墙内时，应预留孔洞或砌墙凝固后开槽打洞。

3.1.4　进行卫生间、弱电机房、手术室等房间的等电位联结时，金属构件、金属管道、厨卫设备、手术设备等应安装结束。

3.1.5　金属门窗等电位联结应在门窗窗框定位后墙面装饰层施工之前进行。

3.1.6　建筑物内钢筋网等电位联结，应在钢筋绑扎完进行。

3.2　材料及机具

3.2.1　主要材料：等电位联结端子箱、等电位联结端子排、铜排、热镀锌圆钢、镀锌扁钢、钢管、PVC 绝缘管、塑料铜芯线等。

3.2.2　辅助材料：焊条、铜焊条、氧气乙炔等。

3.2.3　主要工机具：电焊机、切割机、电锤、台钻、电工工具、电焊工具、气焊工具、钢锯、扳手、榔头等。

3.2.4　测量器具：接地电阻测定仪、钢卷尺、水平尺、线坠等。

4　操作工艺

4.1　工艺流程

测量定位 → 保护管预埋（暗敷）→ 端子排（箱）安装 → 支架安装 →

联结线敷设 → 导通性试验

4.2　测量定位

施工图确定总等电位联结（简称 MEB）和局部等电位联结（简称 LEB）的端子板、联结线等电气器具固定点的位置及走向，从始端（MEB/LEB 端子板）至终端（外露可导电部分）、先干线后支线，找好水平或垂直线，用粉线袋沿线路中心弹线，如图 29-1 所示。

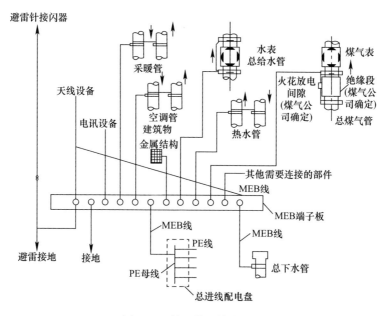

图 29-1　等电位联结线施工

4.3　保护管预埋（暗敷）

等电位联结线穿塑料管敷设，采用套管粘接，用小刷子蘸上配套的塑料管胶粘剂，均匀涂抹在管子的外壁上和套管的内壁上，将管子插入套箍，管口应插到位。胶粘剂要求粘接 1min 不移动即可。管道弯曲其曲率半径不小于 6 倍的管外径。现浇混凝土墙内管路暗敷设，管路应敷设在两层钢筋中间，管进盒箱时应煨成灯叉弯，管路每隔 1m 处用镀锌铁丝绑扎牢固，弯曲部位按要求固定，向上引管不宜过长，以能煨弯为准，向墙外引管可使用"管帽"预留管口，等拆模后取出"管帽"再接管。等电位联结线塑料管在砖墙内敷设，保护层应不小于15mm，应将管槽深度扩展到1.5倍的管外径的深度，将管子固定好后用水泥砂浆抹平。

4.4 等电位端子排（箱）安装

4.4.1 根据设计要求确定各等电位端子箱位置，设计无要求时，总等电位端子箱宜设置在电源进线柜或进线配电箱、盘附近处。

4.4.2 局部等电位端子箱应设置在便于检测、与各连点接线最短处，确定位置后将等电位端子箱固定。

4.4.3 等电位端子箱的安装：

1 明装端子箱的安装：在混凝土墙上固定时，当等电位联结线暗配塑料管穿铜导线及暗分线盒时，先将分线盒内杂物清理干净，然后将导线理顺，端子箱找准位置后，将导线端头引至箱内，逐个剥削导线端头，再逐个压接上。端子箱找平找整后用金属膨胀螺栓固定；当等电位联结用镀锌圆钢或镀锌扁钢暗装时，端子箱找准位置后，将圆钢、扁钢理顺后用金属膨胀螺栓将端子箱固定；如在木结构或轻钢龙骨护板墙上固定等电位端子箱时，应采用加固措施。

2 暗装等电位端子箱的安装：在预留孔洞中将箱体标高及水平尺寸找好。稳住箱体后用水泥砂浆填实周边并抹平齐，待水泥砂浆凝固后再安装盘面。如箱底与外墙平齐时，应在外墙固定金属网后再做墙面抹灰，不得在箱底板上直接抹灰。安装盘面要求平整，周边间隙均匀对称，盘面、门平正，不歪斜，螺丝垂直受力均匀。

4.5 支架安装

当等电位联结线敷设在设备间内且材料为型钢时，可采用支架安装的方法明敷设。固定支架前应拉线，并用水平尺复核，使之水平。沿联结线走向均匀分布固定点，弹好线，然后在固定点位置进行钻孔，埋入金属膨胀螺栓，将支架固定好。固定支架时两端后中间，使支架固定高度一致。支架可采用自制或定型产品。

4.6 联结线敷设与连接

4.6.1 等电位联结线敷设：隐蔽部分的等电位联结线及其连接处，电气施工人员应做隐检记录及检测报告，并应在竣工图上注明其实际走向和部位。

4.6.2 等电位联结线连接：等电位导体间的连接可采用焊接，焊接不应有夹渣、咬边、气孔及未焊透情况，也可采用螺栓连接，应保证接面光洁、压接牢固。在腐蚀性场所应采取防腐措施，如热镀锌等。等电位联结端子板应采用螺栓连接，以便拆卸进行定期检测。当等电位联结线采用不同材质的导体连接时，可采用熔接法进行连接，也可采用压接，压接时压接处应涮锡处理。

1 等电位联结线与建筑物防雷接地的金属体连接应采用搭接焊的办法，所有 MEB 线均采用 40mm×4mm 的镀锌扁钢在墙内或地面内暗敷设。相邻管道及金属结构允许用一根 MEB 线连接。

2　等电位联结线与端子板连接时，应采用接线鼻子、镀锌扁钢或铜带，通过 M6×30 的螺栓及配套的螺母、弹簧垫圈与端子板压接牢固。

3　等电位联结线与各种管道的连接：首先，根据管道外径的大小选择相应规格的专用抱箍（抱箍内径等于管道外径），抱箍应为镀锌扁或铜带，厚度满足强度要求。然后，将抱箍套在管道上，通过相应规格螺栓、螺母及弹簧垫圈与等电位联结线连接牢固，安装时要将抱箍与管道的接触表面刮干净。

施工完毕后，应测试导电的连续性，导电不良处应及时补做跨接线。金属管道连接处一般不需加跨接线。给水系统的水表应加跨接线，以保证水管的等电位联结和接地有效。金属管道的金属保护套管应与金属管道跨接连接。

为避免用煤气管道做接地极，煤气管入户后应插入一绝缘段，如在法兰盘间插入绝缘板，与户外埋地的煤气管道隔离，防止雷电流在煤气道内产生电火花，在此绝缘段两端应跨接火花放电间隙。此项工作由煤气公司确定。

厚壁金属管道经设计允许，也可采用焊接法焊接后进行防锈处理。

4　等电位联结线与卫生设备、炊具等的连接：结构施工过程中，在卫生设备、炊具等的安装位置附近预埋 100mm×30mm×3mm 的镀锌扁钢作为连接板，并将该镀锌扁钢与建筑物接地系统焊接为一体。当在混凝土柱上预埋连接板时，连接板应设在柱脚处；当在砖墙上预埋连接板时，应从砖缝引出。安装卫生设备时，用 BVR-4mm² 的导线把预埋的连接板与卫生设备的安装螺钉或金属外壳连通即可。

4.6.3　金属门、窗的局部等电位联结：

金属门、窗的等电位联结线应暗敷设，并应在门窗框定位后，在墙面粉刷施工前进行。等电位联结线应紧贴墙体表面敷设，砖墙时，沿砖缝敷设。

1　金属门窗等电位联结线材料采用直径为 10mm 的镀锌圆钢或 25mm×4mm 镀锌扁钢，将预埋件与钢窗框、固定铝合金窗框的铁板或固定金属门框铁板连接，采用搭接焊，搭接长度不应小于 100mm，双面施焊。

2　如金属门窗框不能直接搭接焊时，预先制作 100mm×30mm×3mm 的连接件，再将一端与金属门窗采用不少于两套 M6 螺栓连接，另一端与等电位连接线采用螺栓连接或搭接焊连接。

3　当主体采用钢柱时，将金属门、窗连接导体的一端直接焊在钢柱上。

4.6.4　防静电架空地板、金属栏杆、金属吊顶龙骨的局部等电位联结：

吊顶主龙骨在距伸臂范围内应做辅助等电位联结，辅助等电位联结线与吊顶龙骨吊件的连接，可利用吊件所配的螺栓，在伸臂范围外的吊顶龙骨可不做等电位联结。电梯轨道、金属垃圾道、楼梯扶手和栏杆按设计要求应做等电位联结。

4.6.5 游泳池的局部等电位联结：

1 于游泳池内便于检测处设置局部等电位端子板，金属地漏、金属管等设备通过等电位联结线与等电位端子板连通。

2 如室内原无 PE 线，则不应引入 PE 线，将装置外可导电部分相互连接即可。为此，室内也不应采用金属穿线管或金属护套电缆。

3 在游泳池边地面下无钢筋时，应敷设电位均衡导线，间距约为 0.6m，最少在两处做横向连接。如在地面下敷设采暖管线，电位均衡导线应位于采暖管线上方。电位均衡导线也可敷设网格为 150mm×150mm、$\phi3$ 的铁丝网，相邻铁丝网之间应相互焊接。

4.6.6 厨房、浴房、卫间的局部等电位联结：

1 在厨房、卫生间内便于检测位置设置局部等电位端子板，端子板与等电位联结干线连接。地面内钢筋网宜与等电位联结线连通，当墙为混凝土墙时，墙内钢筋网也宜与等电位联结线连通。厨房、卫生间内金属地漏、下水管等设备通过等电位联结线与局部等电位端子板连接。连接时抱箍与管道接触处的接触表面须刮拭干净，安装完毕后刷防护漆。抱箍内径等于管道外径，抱箍大小依管道大小而定。等电位联结线采用 BVR-4mm² 铜导线穿塑料管于地面或墙内暗敷设。

2 厨房、卫生间地面或墙内暗敷不小于 25mm×4mm 镀锌扁钢构成环状。地面内钢筋网宜与等电位联结线连通，当墙为混凝土墙时，墙内钢筋网也宜与等电位联结线连通。厨房、卫生间内金属地漏、下水管等设备通过等电位联结线与扁钢环连通。连接时抱箍与管道接触处的接触表面须刮拭干净，安装完毕后刷防护漆。抱箍内径等于管道外径，抱箍大小依管道大小而定。等电位联结线采用截面不小于 25mm×4mm 的镀锌扁钢。

4.7 导通性测试

等电位联结安装完成后，应进行导通性测试，测试用电源可采用空载电压 4～24V 的直流和交流电源，测试电流不应小于 0.2A，当测得等电位联结端子板与等电位联结范围内的金属管道等金属体末端之间的电阻不超过 0.3Ω 时，可认为等电位联结是有效的，测量等电位联结端子板与等电位联结范围内的金属构件、金属管道等末端之间的电阻，通常情况下是比较困难的，测量时可以分段进行，然后将测量的电阻值相加，如发现导通不良的等电位连接处，应找出原因及时整改。采取跨接线或加大连接线截面等措施，直到符合要求为止。

等电位联结在投入使用后，应定期作导通性测试，为保证等电位联结顺利施工，土建、电气、暖卫等专业施工和管理人员，要密切配合，互创施工条件。在管道检修时，应由电气人员在断开管道前，预先增加临时跨接线，以保证等电位联结始终导通。

5　质量标准

5.1　主控项目

5.1.1　建筑物等电位联结干线应从与接地装置有不少于 2 处直接连接的接地干线或总等电位箱引出，等电位联结干线或局部等电位箱间的连接形成环形网路，环形网路应就近与等电位联结干线或局部等电位箱连接。支线间不应串联连接。

5.1.2　等电位联结的线路最小允许截面应符合表 29-1 的规定：

线路最小允许截面（mm²） 表 29-1

材料	截面	
	干线	支线
铜	16	6
钢	50	16

5.2　一般项目

5.2.1　等电位联结的可接近裸露导体或其他金属部件、构件与支线连接应可靠、熔焊、钎焊或机械紧固应导通正常。

5.2.2　需等电位联结的高级装修金属部件或零件，应有专用接线螺栓与等电位联结支线连接，且有标识；连接处螺帽紧固、防松零件齐全。

6　成品保护

6.0.1　搬运物件时不得砸坏等电位联结线。

6.0.2　进行厨卫间等电位联结时，应注意保护厨卫器具。

6.0.3　焊接时注意采取保护墙面、金属门窗框等措施。

6.0.4　等电位联结线施工时不得砸碰及弄脏墙面。

6.0.5　喷浆前预先将等电位联结线及等电位端子箱用纸包扎好。

7　注意事项

7.1　应注意的质量问题

7.1.1　抱箍规格应与管子配套，并将接触处的表面刮干净，严格按要求压接，以防抱箍松动、压接不牢。

7.1.2　固定支架前应拉线，并使用水平尺复核，使之水平，然后弹线再固定支架。

7.1.3　固定时先两端后中间，防止支架固定高度不均匀。稳装 MEB 端子板

（箱）时，应先用线坠找正，再固定牢固，防止 MEB 端子板（箱）歪斜。

7.2 应注意的安全问题

7.2.1 进行电焊作业时，电焊机应符合相关规定并使用专用闸箱，必须做到持证上岗，施工前清理易燃易爆物品，设专门看火人及相应灭火器具。

7.2.2 进行气焊作业时，氧气、乙炔瓶放置间距应大于 5m，设有检测合格的氧气表、乙炔表并设防回火装置，同时必须做到持证上岗，设专门看火人及相应灭火器具。

7.2.3 焊工应使用有防护玻璃而不漏光的面罩，防止弧光刺伤眼睛，穿工作服，戴手套和脚罩，防止火花飞溅，引起烫伤。

7.2.4 在室内进行油漆作业时，应注意通风换气。

7.2.5 高处作业应佩戴安全带。

7.3 应注意的绿色施工问题

7.3.1 油漆作业结束后，应及时回收油漆包装材料。

7.3.2 钢材切割噪声大，合理安排作业时间，减少噪声扰民。

7.3.3 电锤打孔，墙上开槽应采取措施，避免扬尘污染环境。

8 质量记录

8.0.1 设计交底记录。

8.0.2 安全技术交底记录。

8.0.3 工程材料报验单。

8.0.4 隐蔽验收记录。

8.0.5 接地电阻测试记录。

8.0.6 建筑物等电位联结检验批质量验收记录表。

8.0.7 等电位联结分项工程质量验收记录。

8.0.8 设计变更洽商记录，竣工图。

第 30 章 绝缘穿刺线夹施工

本工艺标准适用于电气线路绝缘穿刺线夹施工。

1 引用标准

《建筑工程施工质量验收统一标准》GB 50300—2013
《电气装置安装工程 电缆线路施工及验收规范》GB 50168—2006
《建筑电气工程施工质量验收规范》GB 50303—2015

2 术语（略）

3 施工准备

3.1 作业条件
3.1.1 电气竖井土建作业如墙面抹灰、刮白已完成，地面已完成，门已安装。
3.1.2 安装绝缘穿刺线夹的主电缆（电线）、分支电缆（电线）已敷设完成。

3.2 材料机具
3.2.1 材料：绝缘穿刺线夹的规格、型号必须符合设计要求，有合格证、"CCC"认证检验报告，标示清楚、齐全，自锁式尼龙扎带、绝缘胶布、滑石粉、棉纱。
3.2.2 主要机具：电工刀、克丝钳、尖嘴钳、套筒扳手、万用表、兆欧表。

4 操作工艺

4.1 工艺流程

准备工作 → 剥除电缆的外护套 → 安装绝缘穿刺线夹 → 紧固力矩螺母 →
绝缘摇测

4.2 准备工作
4.2.1 根据设计图纸如电气竖井详图等确定绝缘穿刺线夹的安装位置。一般安装标高为距地 1500～3000mm 间。在多条电缆并行安装的井道内，多个绝缘穿刺线夹的安装位置应不在同一平面或立面，应保持 3 倍以上的电缆外径的距离，错开安装位置，以减少堆积占用的安装体积。

4.2.2 电缆在桥架内敷设时，绝缘穿刺线夹应在靠近桥架的墙上安装，不能安装在桥架内。

4.2.3 电缆穿导管敷设时，在绝缘穿刺线夹处应断开，断开长度为 50 倍电缆外径，并用接地线将导管作跨接，并将上、下管口用防火泥进行防火封堵。

4.2.4 在可能机械损伤的场所，绝缘穿刺线夹应安装在接线箱内，且一个回路的绝缘穿刺线夹应安装在同一个接线箱内。

4.3 剥除电缆的外护套

4.3.1 采用电工刀剥除多芯电缆的外护套时，剥除长度应不大于 50 倍的电缆直径，在安装方便的同时尽量减少剥除长度。单芯电缆的外护套也应剥除，但剥除长度稍大于穿刺线夹的宽度即可。剥除外护套时严禁割伤线芯的绝缘层，万一损伤后应及时按照一般电缆绝缘补救规范处理，并接受绝缘测试。

4.3.2 外护套剥除后，应同时剪除裸露的电缆辅料，两端口用绝缘塑料胶带缠绕包裹，以不露出电缆内填充辅料为准。

4.3.3 将多芯电缆分芯，确定各芯线上绝缘穿刺线夹的位置，各芯线间距应能保证安装绝缘穿刺线夹后在 10mm 的间隙。为确保电缆不扭曲，将外护套剥除段的电缆两头用电缆卡子固定。

4.4 安装绝缘穿刺线夹

4.4.1 把绝缘穿刺线夹螺母调节至合适位置，安装到分芯的电缆芯线上，把支线完全插入到支线帽套中，先用手旋拧紧螺母，固定好线夹。

4.5 紧固力矩螺母

4.5.1 用尺寸相应的套筒扳手均匀旋紧螺母，直到顶端断裂脱落，安装完成。

4.6 绝缘摇测

4.6.1 线路检查：安装完成后，应进行自检和互检；检查绝缘穿刺线夹是否符合设计要求及有关施工验收规范及质量评价标准的规定。不符合规定时应立即纠正，检查无误后再进行绝缘摇测。

4.6.2 绝缘摇测：选用 500V，量程为 0～500MΩ 的兆欧表。

4.6.3 从支线电缆处进行绝缘测试，绝缘电阻应大于 0.5MΩ。

5 质量标准

5.1 主控项目

5.1.1 材料进场应具有国家认可机构的检验报告、质量证明文件。

5.1.2 根据主干、分支线缆截面选择匹配的绝缘穿刺线夹，其中一个绝缘穿刺线夹带两个支线回路的，绝缘穿刺线夹型号按两个回路总电流进行选型。

5.1.3　安装完毕，检查所有螺帽是否有脱落。

5.1.4　绝缘穿刺线夹不可以重复使用，一旦拆卸后，由于齿形变形，再次使用无法保证连接的可靠性。

5.2　一般项目

5.2.1　套筒扳手尺寸与螺母需垂直以保证受力均匀，线缆铜芯与刀片同深度接触，从而保证载流的均衡。

5.2.2　每个绝缘穿刺分线夹之间安装的垂直间距不得小于 50mm。

6　产品保护

6.0.1　电缆剥除外套后，将电缆两端口用绝缘塑料胶带缠绕包裹。

6.0.2　安装完成后，绝缘穿刺线夹不应受电缆拉力，在电缆两端采用专用卡子固定。

6.0.3　在可能受机械损伤的场所，应将绝缘穿刺分线夹安装在接线箱中。

7　应注意的问题

7.1　应注意的质量问题

7.1.1　绝缘穿刺线夹不得用于裸导线的连接，裸导线与绝缘导线不得用绝缘穿刺线夹进行分线。

7.1.2　绝缘穿刺线夹不得受泥污等其他污染物污染，不得敲打、受压。

7.2　应注意的安全问题

7.2.1　高处作业应注意高处坠落。

7.2.2　剥除电缆外护套时，要注意刀刃不要划伤自己及别人。

7.2.3　旋紧螺母时不可用力过猛，断裂脱落即可，防止套筒扳手伤人。

7.2.4　支线末端要完全插入电缆帽套中以防触电事故发生。

7.2.5　在带电作业的情况下，操作人员需持证上岗。

7.3　应注意的绿色施工问题

7.3.1　施工前准确计算，避免材料浪费，对电缆外皮等废弃物不能随地乱扔，做到工完料清，场地整洁文明，同时标识清楚，齐全。

8　质量记录

8.0.1　绝缘穿刺分线夹产品合格证件齐全，验收合格。

8.0.2　电缆头制作、接线和线路绝缘测试检验批质量验收记录。

8.0.3　绝缘测试记录。

第31章 太阳能光伏系统施工

本工艺标准适用于太阳能光伏系统的安装工程。

1 引用标准

《手持式电动工具的管理、使用、检查和维修安全技术规程》GB/T 3787—2017
《屋面工程质量验收规范》GB 50207—2017
《钢结构工程施工质量验收规范》GB 50205—2001
《建筑防腐蚀工程施工规范》GB 50212—2014
《建筑防腐蚀工程施工质量验收规范》GB 50224—2010
《玻璃幕墙工程质量检验标准》JGJ/T 139—2001
《建筑幕墙》GB/T 21086—2007
《建筑电气工程施工质量验收规范》GB 50303—2015
《电气装置安装工程电缆线路施工及验收规范》GB 50168—2006
《电气装置安装工程　接地装置施工及验收规范》GB 50169—2016

2 术语（略）

3 施工准备

3.1 作业条件

3.1.1 施工图和设计文件已齐全，已进行技术交底。

3.1.2 施工组织设计或施工方案已经批准。

3.1.3 施工人员已经专业培训。

3.1.4 施工场地的用水、用电、材料储放场地等临时设施能满足要求。

3.1.5 建筑、场地、电源、道路灯条件能满足正常施工需要。

3.1.6 预留基座、预留孔洞、预埋件、预埋管和相关设施符合设计图样要求，并已验收合格。

4 操作工艺

4.1 工艺流程

安装准备 → 轴线定位及测量放线 → 钢结构尺寸复查 → 钢构架组合 →

钢构架验收 → 光伏板安装

4.2　安装准备

根据施工方案确定的施工方法和技术交底的具体措施做好准备工作。开工前先调查、了解施工现场（对危房、瓦房等不具备安装条件的屋面要及时和建设单位说明情况，禁止安装。）及临近地方管线，若现场存在需要改移的设施，配合建设单位协调，做好有关工作。

4.3　支架安装

支架安装：场地清理 → 测量定位 → 支脚底座安装钻孔 → 安装支脚 → 安装横向支撑 → 安装轨道 → 安装斜支撑

4.3.1　场地清理：把要测量定位的场地垃圾清理出场并打扫干净场地。

4.3.2　测量定位：根据基础布置图确定每个支脚安装点的位置。

4.3.3　支架底座安装钻孔：在安装点的位置，根据支脚底座孔距在楼面上打孔，孔的直径、深度直径根据膨胀螺栓尺寸而定。

4.3.4　安装支脚：根据图纸确定前后支脚尺寸，确定好前后支脚位置后，用膨胀螺栓将支脚固定在屋面上（注：必须安装防水胶垫与防水平垫圈），要求与水平面垂直。

4.3.5　安装横向支撑：根据图纸确定横向支撑长度，用连接件将横向支撑与支脚连接（注：两管连接部必须在连接件的中间位置）。

4.3.6　安装轨道：根据图纸要求选择轨道长度，确定轨道方向，用连接件将轨道固定在横向支撑顶部，根据图纸尺寸用螺栓将轨道固定在轨道固定件一侧。

4.3.7　安装斜支撑：根据图纸，选择斜支撑、斜支撑连接件及斜支撑固定螺栓，将斜支撑固定在图纸指定的位置。

4.4　光伏组件安装

4.4.1　光伏组件安装前准备

1　组件的运输与保管应符合制造厂的专门规定。电池组件开箱前必须检查，对照合同、设计、供货单检查组件的尺寸、品牌、合格证、技术参数、外观等，并组织做好开箱检查见证记录，检查合格后使用。

2　组件安装前支架的安装工作应通过质量验收。组件的型号、规格应符合设计要求。组件的外观及各部件应完好无损，安装人员应经过相关安装知识培训和技术交底。

3　组件的安装应符合下列规定：光伏组件安装应按照设计图纸进行。组件固定螺栓的力矩值应符合制造厂或设计文件的规定。组件安装允许偏差应符合表 31-1 规定。

组件安装标准及检验方法　　　　　　　　　　　　　　　表 31-1

序号	检查项目		质量标准		单位	检验方法及器具
1	组件安装	倾斜角偏差	按设计图纸要求或≤1°		度	角度测量尺（仪）
		组件边缘高差	相邻组件间	≤1	mm	钢尺检查
			东西向全场（同方阵）	≤10	mm	钢尺检查
		组件平整度	相邻组件间	≤1	mm	钢尺检查
			东西向全场（同方阵）	≤5	mm	钢尺检查
		组件固定	紧固件紧固牢靠			扭矩扳手检查
2	组件连线	串联数量	按设计要求串联			观察检查
		接插件要连接	插接牢固可靠			观察检查
		组串电压、极性	组串极性正确，电压正常			万用表测量

4　光伏组件的安装应符合下列要求：

光伏组件应按照设计图纸的型号、规格进行安装。

光伏组件固定螺栓的力矩值应符合产品或设计文件的规定。

光伏组件安装允许偏差应符合表 31-2 规定。

光伏组件安装允许偏差　　　　　　　　　　　　　　　表 31-2

项目	允许偏差	
角度偏差	±1°	
光伏组件边缘高度	相邻光伏组件间	≤2mm
	同组光伏组件间	≤5mm

光伏组件进行组串连接后应对光伏组件串的开路电压和短路电流进行测试。

光伏组件间连接线可利用支架进行固定，并应整齐、美观。

同一组光伏组件或光伏组件的连线工作。

严禁触摸光伏组件串的金属带电部位。

严禁在雨中进行光伏组件的连线工作。

5　光伏支架电池板安装检验标准。

光伏支架电池板安装检验标准　　　　　　　　　　　　表 31-3

项目	要求	检查方法
外观检测	无变形、无损伤、不受污染无侵蚀	目测检查
支架安装	支架稳固可靠，表面处理均匀，无锈蚀	实测检查
螺栓力矩	M10 为 45N·m；M12 为 80N·m	实测检查
光伏电池板	无变形、无损伤、不受污染物侵蚀，安装可靠	目测检查

6　组件的安装和接线还应注意如下事项：组件在安装前或安装完成后应进行抽检测试，测试结果应按照规范的格式进行填写。组件安装和移动的过程中，不应拉扯导线。组件安装时，不应造成玻璃和背板的划伤或破损。组件之间连接线不应承受外力。同一组串的正负极不宜短接。单元间组串的跨接线缆如采用架空方式敷设，宜采用 PVC 管进行保护。施工人员安装组件过程中不应在组件上踩踏。进行组件连线施工时，施工人员应配备安全防护用品。不得触摸金属带电部位。对组串完成但不具备接引条件的部位，应用绝缘胶布包扎好。严禁在雨天进行组件的连线工作。

7　组件接地应符合下列要求：带边框的组件应将边框可靠接地。不带边框的组件，其接地做法应符合制造厂要求。组件接地电阻应符合设计要求。

8　电池组件安装

1）经"三检"合格后，才能进行光伏电池板的安装工作。做好中间检查施工记录。

2）组件进场检验：太阳能电池板应无变形、玻璃无损坏、划伤及裂纹。测量太阳能电池板在阳光下的开路电压，电池板输出端与标识正负应吻合。电池板正面玻璃无裂纹和损伤，背面无划伤毛刺等；安装之前在阳光下测量单块电池板的开路电压应符合组件名牌上规定电压值。

3）组件安装：电池板在运输和保管过程中，应轻搬轻放，不得有强烈的冲击和振动，不得横置重压，电池板重量较重的在安装过程中应两人协同安装。

4）电池板的安装应自下而上先安装两端四块电池板，校核尺寸、水平度、对角线方正后拉通线安装中间电池板。先安装上排电池板再安排下排电池板，每块电池板的与横梁固定采用四个压块紧固，旁边为两个单压块，中间为两个双压块，压块螺栓片的牙齿必须与横梁"C"型钢卷边槽平稳咬合，结合紧密端正，电池板受力均匀。

5）安装过程中必须轻拿轻放以免破坏表面的保护玻璃；将两根放线绳分别系于电池板方阵的上下两端，并将其绷紧。以线绳为基准分别调整其余电池板，使其在一个平面内。电池板安装必须做到横平竖直，间隙均匀，表面平整，固定牢靠。同方阵内的电池板边线保持一致；注意电池板的接线盒的方向，采用"头对头"的安装方式，汇线位置刚好在中间，方便施工。

9　电池组件分区原则：每个厂家生产的相同峰值的组件安装在一个方阵区；不足一个方阵的相同峰值的组件保证一个汇流箱组串的电池组件同厂同峰值。这样安装组件可以最大限度地提升整个光伏电站的发电量。

10　光伏电池组件与光伏电池方阵：电池组件单块光伏电池板组成串联的组件，光伏电池方阵则是由串联后的光伏电池组件并联而成，光伏电池组件内部接线符合图纸。

4.5 光伏组件安装完全通则

4.5.1 安装太阳能光伏发电系统要求专门的技能和知识，必须由专业资格的工程师来完成。

4.5.2 安装人员在尝试安装，操作和维护的光伏组件时，请确保完全理解此安装说明手册的资料，了解安装过程中可能会发生伤害的风险。

4.5.3 光伏组件在光照充足或其他光源照射下时生产电力。应当操作时请采取相应的防护措施，避免人员与30V DC或更高电压直接接触。

4.5.4 太阳能光伏组件能把光能转换成直流电能，电量的大小会随着光强的变化而变化。

4.5.5 当组件有电流或具有外部电源时，不得连接或断开组件。

4.5.6 安装、使用组件或进行接线时，应使用不透明材料覆盖在太阳能光伏组件阵列中组件的正面，以停止发电。

4.5.7 应遵守所有地方、地区和国家的相关法规，必要时应先获得建筑许可证。

4.5.8 太阳能光伏组件没有用户可维修的原件，不要拆解、移动或更改任何附属的部件。

4.5.9 太阳能光伏组件安装时不要穿戴金属戒指、表带、耳环、鼻环、唇环或其他的金属配饰。

4.5.10 在潮湿或风力较大的情况下，请不要安装或操作组件。

4.5.11 不要使用或安装已经损坏的组件，不要人为地在组件上聚光。

4.5.12 只有相同型号的光伏组件模块才能组合在一起。避免光伏组件的表面产生不均匀阴影。被遮阴的电池片会变热（"热斑"效应）从而导致组件永久性的损坏。

4.5.13 当有意外情况发生时，请立即把逆变器和断路器关闭。

4.5.14 缺陷或损坏的组件依旧可能会发出电量。如果需要搬运请采取措施遮挡，以确保组件完全遮阴。

4.5.15 在运输和安装组件时，使儿童远离组件。

4.5.16 光伏组件在安装前请一直保存在原包装箱内。

4.6 并网逆变器安装技术措施

4.6.1 按照设备清单，施工图纸及设备技术文件核对逆变器本体及附件备件的规格型号是否符合设计图纸要求。是否齐全，有无丢失及损坏。

4.6.2 逆变器及其附件的试验调整和器身检查结果，必须符合规范规定。

4.6.3 逆变器安装位置应准确，器身表面干净清洁，逆变器本体外观检查无损伤及变形油漆完整。

4.6.4 逆变器与线路连接应符合下列规定：

1 连接紧密，连接螺栓的锁紧装置齐全，瓷套管不受外力；

2 零线沿器身向下接至接地装置的线段，固定牢靠；

3 器身各附件间连接的导线应有保护管，保护管、接线盒固牢靠，盒盖齐全；

4 引向逆变器的母线及其支架、电线保护管和接零线等均应便于拆卸，不妨碍变压器检修时移动。各连接用的螺栓螺纹露出螺母 2～3 扣，保护管颜色一致，支架防腐完整；

5 逆变器及其附件外壳和其他非带电金属部件均应接地，并符合有关要求。

4.7 防雷接地安装

4.7.1 施工准备

1 作业条件：天气情况良好，直流侧其他工序已完成并通过验收，施工材料已到现场。

2 材质要求：所有材料均有出厂合格证和质检报告，材料数目合适质量达标。

3 机具准备：电钻、焊机、毛刷、塑料小桶。

4.7.2 质量要求：扁铁安装前所钻的安装孔位置应于组件接地孔一致；扁铁在与基础槽钢焊接时，焊接长度应为其宽度的两倍长（40×4 的扁铁焊接长度为 40mm×2＝80mm）；扁铁与原屋面防雷接地网焊接点应严格按照施工图进行施工；按照建筑电气防雷技术标准，扁铁与防雷网圆钢搭接的方式为"L"且需双面堆焊；焊接完成后，应将焊缝焊渣去掉用银粉漆涂刷一遍。

4.7.3 工艺流程

扁铁连接、钻孔 → 扁铁与组件安装 → 扁铁与基础槽钢焊接 →

接地系统安装 → 接地电阻测试

4.7.4 操作工艺

1 扁铁连接、钻孔：将扁铁与组件接地孔对应用记号笔做好钻孔标记，用电钻将对应的记号钻好孔，再用焊机按方阵长度将扁铁焊接连接起来。

2 扁铁与组件安装：将焊接连好的扁铁用六角法兰面自攻螺钉与组件接地孔对接，施工时，注意电钻力度和方向以免损伤组件。

3 扁铁与基础槽钢焊接：方阵每排扁铁与组件安装结束后两头需弯头将其与底脚焊接在一起，使整个方阵组件与基础结构连成一个整体。

4 接地系统安装：

1) 埋设接地体的地点应选择在潮湿、土壤电阻率较低的地方，这样比较容易满足接地电阻要求，同时也要尽量避免有腐蚀性物质的地方，避免接地系统腐蚀过快。

2）埋设引下线和接地装置应尽量放在人们走不到或很少走的地方，避免跨步电压危害，还应注意使接地体与金属体或电缆之间保持一定的距离，如果距离不够，应把它们连接成电气通路，以免发生击穿。

3）必须保证结构的可靠性。连接部分必须用电焊或气焊，不能使用锡焊。现场无法焊接时，可采用铆接或螺栓连接，要保证有不少于 $100mm^2$ 的接触面。

4）接地体埋设深度不应小于 $0.5\sim0.8m$。

5）回填土必须夯实。

5 防雷接地电阻测试：每个场地选取 8 个点进行测试，用专业的防雷电阻测试仪对选取的点进行测试，并用专用接地电阻测试记录表格将测试数据记录下来以备后用。

5 质量标准

5.1 主控项目

5.1.1 太阳能光伏系统可以正常运行，并经有关部门检查验收，符合国家标准方可使用。

5.2 基座

5.2.1 基座应与建筑主体结构或地面连接牢固。

5.2.2 在屋面结构层上现场砌（浇）筑的基座应进行防水处理，并应符合《屋面工程质量验收规范》GB 50207—2017 的要求。

5.2.3 预制基座应放置平稳、整齐，不得破坏屋面的防水层。

5.2.4 钢基座及混凝土基座顶面的预埋件，宜为不锈钢材料或进行镀锌处理，否则在支架安装前应涂防腐涂料，并妥善保护。

5.2.5 连接件与基座之间的间隙，应采用细石混凝土填捣密实。

5.3 支架

5.3.1 安装光伏组件或方阵的支架应按设计要求制作。钢结构支架的安装和焊接应符合《钢结构工程施工质量验收规范》GB 50205—2001 的要求。

5.3.2 支架应按设计位置要求准确安装在主体结构上，并与主体结构可靠固定。

5.3.3 钢结构支架焊接完毕，应进行防腐处理。防腐施工应符合《建筑防腐蚀工程施工规范》GB 50212—2014 和《建筑防腐蚀工程质量检验评定标准》GB 50224—2010 的要求。

5.3.4 钢结构支架应与建筑物接地系统接地系统可靠连接。

5.4 光伏组件与方阵

5.4.1 光伏组件的结构强度应满足设计强度要求。

5.4.2 光伏组件上应标注带电警告标识。

5.4.3 光伏组件或方阵应按设计间距排列整齐并可靠固定在支架或连接件上。

5.4.4 光伏组件或方阵与建筑面层或地面之间应留有安装空间和散热间隙，该间隙不得被施工材料或杂物填塞。

5.4.5 在坡屋面上安装光伏组件时，其周边的防水连接构造应按设计要求施工，不得渗漏。

5.4.6 光伏幕墙的安装应符合以下要求：

1 光伏幕墙应满足《玻璃幕墙工程质量检验标准》JGJ/T 139—2001 的相关规定；安装允许偏差应满足《建筑幕墙》GB/T 21086—2007 的相关规定。

2 光伏幕墙应排列整齐，表面平整，缝宽均匀。

3 光伏幕墙应与普通幕墙同时施工，共同接受幕墙相关的物理性能检测。

5.5 电气系统

5.5.1 电气装置安装应符合《建筑电气工程施工质量验收规范》GB 50303—2015 的相关要求。

5.5.2 电缆线路施工应符合《电气装置安装工程电缆线路施工及验收规范》GB 50168—2006 的相关要求。

5.5.3 电气系统接地应符合《电气装置安装工程 接地装置施工及验收规范》GB 50169—2016 的相关要求。

5.5.4 光伏系统直流侧施工时，应标识正、负极性，并宜分别布线。

5.5.5 穿过屋面或外墙的电线应设防水套管，并排列整齐、有防水密封措施。

5.6 系统调试

5.6.1 光伏系统的调试应按单体调试、分系统调试和整套光伏系统调试三个步骤进行。

1 按电气原理图及安装接线图进行，确认设备内部接线和外部接线正确无误。

2 按光伏系统的类型、等级与容量，检查其断流容量、熔断器容量、过压、欠压、过流保护等，检查内容均符合其规定值。

3 按设备使用说明书有关电气系统调整方法及调试要求，用模拟操作检查其工艺动作、指示、讯号和联锁装置的正确、灵敏可靠。

4 检查各光伏支路的开路电压及系统的绝缘性能。

5 进行系统的联合调整试验。

6 成品保护

6.1 光伏阵列的维护

6.1.1 清洗灰尘（雨水；水龙头冲洗；禁用擦或硬刷）；

6.1.2 光伏阵列的支架；

6.1.3 光伏模块是否开裂、发生腐蚀等；

6.1.4 检查每组光伏组件的输出；

6.1.5 检查电线、接线盒是否开裂、被咬或者磨损等；

6.1.6 检查漏电情况；

6.1.7 每次雷电之后检查避雷器。

6.2 蓄电池的维护

6.2.1 如果蓄电池发生颜色变化、蓄电池体或连接头有腐蚀现象、蓄电池体开裂，要特别注意并及时更换维修；

6.2.2 如果接头处发生腐蚀，必须马上清理；

6.2.3 蓄电池充电状态的检查。

6.3 备用电池的检查

7 注意事项

7.0.1 进入施工现场的人员必须正确佩戴安全帽，严禁穿拖鞋、凉鞋、高跟鞋及带钉的鞋，严禁酒后进入施工现场。

7.0.2 检查清理赃物油垢时，应戴帆布手套。

7.0.3 施工场所应保持整洁，垃圾废料应及时清除，做到"工完、料完、场地清"，坚持文明施工，在高处清扫的垃圾和废料不得向下抛掷。

7.0.4 各种手提电动工具、带电机械设备，要有可靠有效的安全接地和防雷装置。

7.0.5 施工现场不得随意倾倒汽油等易燃易爆物品。

7.0.6 重要工序、特殊危险作业，必须编制安全施工措施，填写安全施工作业票，经审查批准，进行安全技术交底后方可施工。

7.0.7 必须认真贯彻执行"安全第一，预防为主"的安全生产方针。

8 质量记录

8.0.1 《进场材料验收单》；

8.0.2 《进场材料记录表》；

8.0.3 《现场材料记录表》；

8.0.4　预埋件或后置螺栓/锚栓连接件验收记录；

8.0.5　基座、支架、光伏组件四周与主体结构的连接节点验收记录；

8.0.6　基座、支架、光伏组件四周与主体围护结构之间的建筑做法；

8.0.7　系统防雷与接地保护的连接节点验收记录；

8.0.8　隐蔽安装的电气管线工程验收记录；

8.0.9　在屋面光伏系统工程施工前，进行屋面防水工程的验收；

8.0.10　在光伏组件或方阵支架就位前，进行基座、支架和框架的验收；

8.0.11　在建筑管道井封口前，进行相关预留管线的验收；

8.0.12　主要材料、设备、成品、半成品、仪表的出厂合格证明或检验资料；

8.0.13　屋面防水检漏记录；

8.0.14　系统调试和试运行记录；

8.0.15　系统运行、监控、显示、计量等功能的检验记录。